NF文庫
ノンフィクション

日本の軍用気球

知られざる異色の航空技術史

佐山二郎

潮書房光人新社

日本の軍用気球——目次

第一章　軍用気球の発達と気球部隊の歩み

第二章　風船爆弾

第四章　軍用気球の操法と運用

第五章　海軍の気球

日本の軍用気球

知られざる異色の航空技術史

第一章　軍用気球の発達と気球部隊の歩み

平賀源内と林子平の気球研究

徳川末期の本草学者平賀源内はオランダ人のエレクテルを模倣して発電機を作ったことで有名だが、気球を購入し自分でも飛行船の模型を作ったという。彼の死後書かれた平賀鳩渓実記に次のように出ている。

「源内長崎より江戸表へ着て、手を廻して求めたる道具どもを、知る人へ土産として贈りし、その中に雲中を乗る大船あり。此雲中飛行船は紅毛の細工にして、長崎へも来らぬ珍器也。然るに源内密かに蓄人へ便りして此度買取り、船を畳んで荷物にして江戸表へ持参して、神田橋辺の大名（田沼主殿頭なるべし）へ土産として遣しけると也。此船へ人の乗ること五六人を限る也。又雲中にて風止む時は、外に風根という物を下よりたゝらにて風を吹き上る也。風根は皮にて拵へ常には畳んで置くと也」

平賀源内より一〇歳若い林子平はヨーロッパ諸国が東洋に勢力を伸ばそうとわが国の近海

年)、「海国兵談」を著し水戦、陸戦を論じ、器械、地形、射撃等の新しい戦術を説き、日本が外国と兵火を交えるときにはこのような作戦によらねばならぬと沿海警備の急を説いた。その書には気球による空襲についても記述がある。気球を「中天を鳥の飛ぶごとく自由自在に乗り廻す気で乗る船ということなり」と説明し気球の図も掲載している。そしてわが国の上空にこれが現れたら風袋を鉄砲で撃てば中のガスが漏れて船は落ちると述べている。

を脅かし始めたとき、海洋防備をゆるがせにできないことを痛感して寛政三年(明治前七七

気球の誕生と発達

気球は一七八三年(わが国では天明三年)フランスで生まれた。ムステール将軍はそれまでの気球が風の吹くままに風下に向かって航行するだけであったのを、風に対して自由に航行することを企てたが、その推進機は手で回転するものであったから十分な力を出すことはできなかった。

一七九四年のフランス革命における仏墺戦争においてフランス軍はベルギーのフルユールスで敵情視察と着弾地点観測のため繋留気球を初めて野戦に使用した。

一七九八年のナポレオンのエジプト遠征にも気球が参加したが上陸地において運送船の火災のため気球器材を焼失してしまった。

一八〇八年にはナポレオンがスペイン、ポルトガルにおいて盛んに気球を使用して敵状を偵察した。

一八二一年、フランスのシャールグリンは炭素ガスを以て水素ガスに代わることを発明し、気球に対する研究を一層推進した。

一八四九年にはオーストリア軍人のウチャチュースが多数のモンゴルフィエ式熱気球に爆弾を載せて三三分間空中を飛揚し、敵上に落下すると同時に爆弾が破裂した。これが空中から爆弾を投下した最初である。

一八五二年、フランスのジファールは初めて気球を従来の球状から円筒形に改めることを発明し、全長四四メートルの気嚢に三馬力の蒸気機関を据え付けて一時間六マイルの速度でパリの上空を飛行した。

イギリスのウエルシーおよびグレーシャーは一八五五年から一〇年間にわたって多くの空中における実験を重ねた。

一八五九年、第二次イタリア独立戦争にフランスのゴダー中尉はモンゴルフィエ式気球に乗って敵状を視察した。

アメリカの南北戦争では写真の利用とともに一層気球の価値を認められた。一八六二年、ストンマン将軍は気球の上から砲兵を指揮する実験を行ない、同年マクレラン将軍は気球の偵察により敵の移動を認め突撃に移って勝利を収めた。その三年後にはグラント将軍が幾多の気球を飛揚して大きな効果を挙げた。

このように近世の戦争には必ず気球を昇騰して敵状を偵察し、あるいは爆弾を敵上に投下するなど、その効果は次第に増加していったが、さらにこれを攻城戦に使用して効果を挙げたのは普仏戦争であった。

一八七〇年、普仏戦争ではフランス軍は連戦連敗し、ガンベッタ以下の共和党はパリ城内に立籠って外国の軍隊と戦った際に、城内で数十個の気球を作り、これに三万余通の書簡および伝書鳩を載せて味方の軍に応援を求めた。ガンベッタは最後に自ら気球に搭乗して重囲を脱し、首尾よくパリ城外に脱出した。この年九月二十三日から翌年一月二十八日までに六五個の気球が一六四人の人間と三八一羽の鳩、五匹の犬、郵便物一万六七五キロをパリ市外に運び出した。

一八八三年、清仏戦争ではフランス軍の安南遠征軍に工兵第一聯隊で編成した気球隊が参加し、軍の運動に追随して戦果を挙げた。一八八五年の興化鎮攻囲には第二旅団長自ら気球に搭乗し戦況を偵察した。

飛行船の登場

一八八五年、フランスのルナール大佐は九馬力の電気発動機を付けた飛行船でパリ上空を一時間一四マイルの速度で自由に航行し、世界の軍事上に大きな驚愕を与えた。フランスの陸軍はこの成功に刺激を受け、将来の戦争に飛行船を欠くことはできないとして大懸賞金を出しその研究を奨励した。その結果として飛行船研究は急速に進歩し、ルナール式、クレマン・バヤール式、ルベルテ式、フェルベル大尉式、ル・タンプ式（軟式）、マーシャル大尉式、マレコット式（半硬式）、スピース式（硬式）等特徴のある各種各様の飛行船が発明されてフランス陸軍は俄かに空中大勢力を得た。

一方ドイツにはフェルディナント・グラフ・フォン・ツェッペリンが現われた。ツェッペリンは元軍籍に身を置いて普墺戦争、アメリカ南北戦争、普仏戦争等に参加した老武将であるが、一八九一年、陸軍中将をもって予備役に編入されるとフランスの飛行船を凌ぐ強力な飛行船の建造を企図し、莫大な資産を全部傾けて飛行船の研究に入った。その時ツェッペリンの年齢は六三歳であった。

ツェッペリンはその生地コンスタンス湖畔のフリードリヒ・ハーフェンに研究所を設け、軟式飛行船を試作して実験を行なった。一九〇六年に初めて容積四二万立方フィート、一七〇馬力の硬式飛行船を製作して第一号と命名し、陸軍に採用された。ドイツ政府はツェッペリンに多大な援助を与えて後援し、一九〇七年さらに第四号飛行船を完成した。その大きさは四六万立方フィート、発動機は二二〇馬力であった。翌年八月政府の命令によって約二一時間にわたり三七八マイルの長距離を飛行したが、エヒテルジンゲン市に碇泊中発動機から失火して焼失してしまった。

この災害に対して国民から五五〇万マルクの寄付金が集まり、ツェッペリンは第五号を建造したが、これも一九一〇年四月、ワイルブルヒにおいて暴風のために破壊された。同年八月、第三号を基に製造を急いでいた第六号が完成していたので初めてベルリンを訪問し、カイゼルの大歓迎を受けたが、これまた初航以来二二日目に格納庫内で爆破するに至った。

ツェッペリンはこのように再三の災害に対しても落胆することなく、同年さらに第七号、

硬式半硬

其一

獨國「ツエッペリン」式

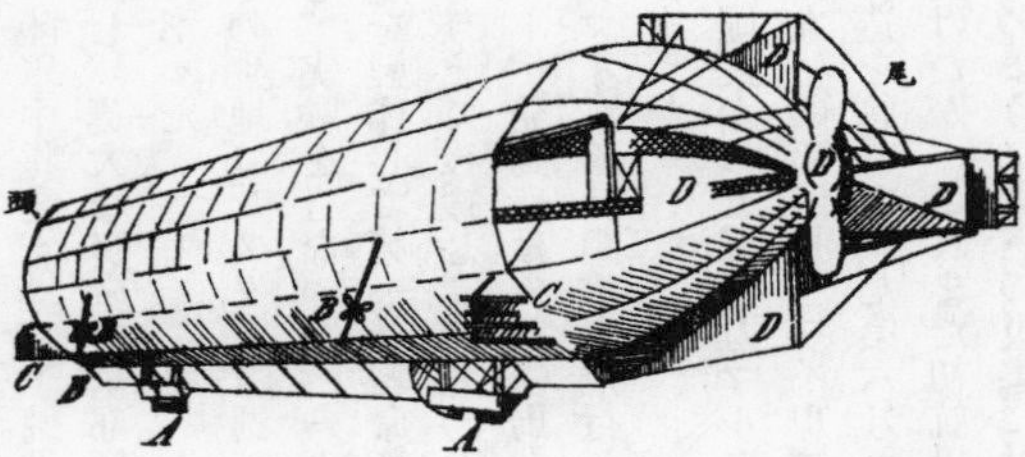

「ツエッペリン」式（硬式）

一、氣球ハ穹窿狀ノ兩端ヲ有スル十六面稜柱狀ヲナス

二、「アルミニユーム」製ノ細桿ヨリナル骨子ヲ以テ氣球體ヲ多數ノ小房ニ區分ス又各骨子ハ曲材ヲ以テ連結シ且斷面三角形ノ龍骨ヲ氣球ノ下面ニ施シテ強固ナラシム

三、各小房每ニ氣囊ヲ有シ之ニ水素瓦斯ヲ塡實ス而シテ其外部ハ一大氣囊ヲ以テ掩覆ス

四、氣球ノ下面ニ二個ノ吊船（A）ヲ有シ之ニ發動機ヲ備ヘ氣球ノ側面ニ備フル螺旋機四個Bヲ回轉セシム

五、頭部兩側ニ水平舵（C）尾部ニ水平垂直舵（C）（D）ヲ備ヘ氣球ノ安定操縱ニ供ス

硬式・半硬式航空船の一例
（大正7年・陸軍砲兵工科学校・兵器学教程付図所載）

空船ノ一例

其二

佛國「ルボーディー」式

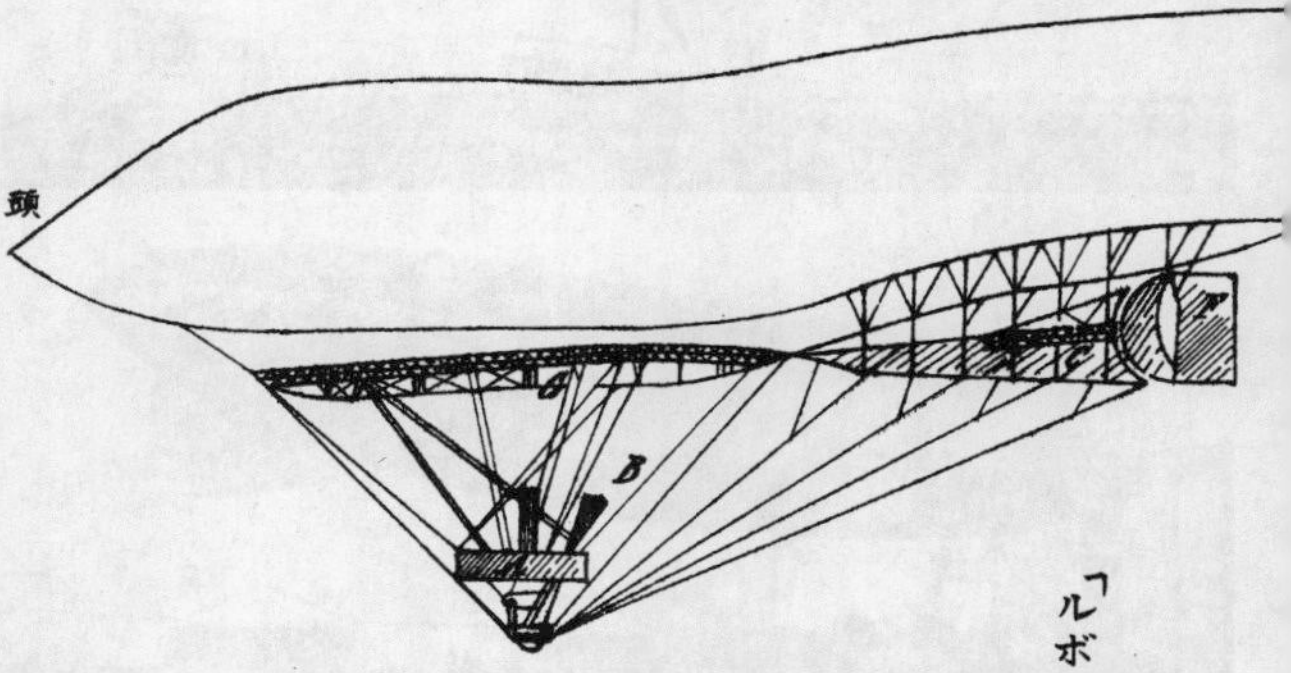

「ルボーディー」式（半硬式）

一、氣球ノ下面ニ楕圓形ヲナセル鋼管製ノ骨格床面(G)ヲ有シ氣嚢ノ緊張ニ供シ且航空間ノ動搖ヲ避クルノ用ニ供ス

二、氣嚢内ニハ一個ノ小氣嚢ヲ備ヘ氣球ノ振動ヲ避ケ且安定ヲ保持ス

三、氣球ノ尾端ニ扇形ヲナセル二個ノ交叉平面(D)アリ氣球ノ安定ヲ保持ス

四、骨格床面ノ尾端ニ遊動スヘキ水平垂直舵(C)(F)ヲ備ヘ操縦ニ供ス

五、吊船(A)ハ小ナル鋼管ニヨリ氣球ノ下方ニ懸吊シ其内部ニ發動機及通風器ヲ備ヘ其両側ニ推進機(B)各一個ヲ備フ

〈上〉クレマン・バヤール飛行船(1910年・フランス)
〈中〉アストラ・トウレ飛行船(1914年・フランス)
〈下〉ヴィッカースR80飛行船(1920年・イギリス)

〈上〉RS–1飛行船(1926年・アメリカ)
〈下〉ツェッペリンLZ127飛行船(1928年・ドイツ)

すなわちドイチュラントと称する容積二万立方メートルの大飛行船を竣工したが、これもまた烈風のために林に衝突し、破砕してしまった。ツェッペリンはさらに第八号、第九号を建造し、一九一二年にヴィクトリア・ルイゼ号、ハンザ号等を建造してますます完全に近いものとなったが、欧州大戦に入ると同時に従来の十数隻以外に急遽、数十隻を建造して敵国の要塞および首都を爆撃し、偵察を行なうなど軍事上多大な効果を収めた。

ツェッペリン式飛行船が活躍している間にグロース、パルセバール両少佐は別種の飛行船を発明した。パルセバール飛行船は純軟式で一九〇八年に軍用第一号が完成し、顕著な成績を挙げたのでわが国を始めイギリス、ロシア等列国が購入した。しかしツェッペリン式飛行船は最も勢力を占めて、欧州大戦においても予想以上に良好な成績を挙げた。ツェッペリン式飛行船はドイツ政府がこれを一切外国に販売することを禁じていた。

フランスにおける軟式飛行船は一九〇六年にルボーディー兄弟が製作した容積一七万六六〇立方フィートのパトリー号は六時間四五分間で一八七マイルの航行を成し遂げたが、間もなく烈風のために大西洋上に吹き飛ばされた。その代わりにレパブリック号を製作し、一時間二八マイルの速度を示したが、一九〇九年九月に推進機の破片が気嚢を破裂させ、四〇〇フィートの高所から墜落した。

フランスでもこれらの災害に懲りることなく、官民ともにその発達に尽力して、一九一〇年十月十六日には民間飛行船クレマン・バヤール号は七人の乗員を乗せて六時間の飛行の後無事イギリスに降下した。飛行船による英仏海峡横断の初めとなった。

イギリスはこれらの大飛行によって飛行船の威力を悟り、フランスから購入することになった。一九一一年にはイギリスのウイローがイギリスから海峡を越えてフランスに飛行した。アメリカでは北極探検に失敗したウオーター・ウエルマンがアトランチック市において巨大なアメリカ号を建造し、大西洋横断飛行を決行したが、六九時間後に墜落した。アメリカではボルドウイン式その他軟式の特長ある飛行船が数種完成されている。

飛行機の出現前においては特に気球の効果が顕著であったが、一九一一年の伊土戦争ではイタリア軍がトリポリで飛行機と航空船を実戦に役立てた。飛行機が活躍した欧州大戦においても数百の気球がなおその独特の任務に就いた。

ツェッペリン式飛行船の構造

ツェッペリン式飛行船は尖頭一六角形の柱体で、その骨格にはアルミニュームを用い、エジプト産の木綿にゴムを塗付した球皮を張っている。長さ一五〇メートルないし三〇〇メートルに達する気嚢を一六室または一八室に区分して水素ガスを別々に充填する。これは一室が銃弾等に貫かれてガスが漏洩しても他体に影響を及ぼして全浮力を減殺することがないようにしたものである。この隔室内には空気嚢が一個ずつ入れてある。この気嚢には一箇所から共通に送気管が届いていて、船が上昇するときは気嚢中の空気を減らし、船が降下するときは空気を送って気嚢を重くする。また船が高空に昇るにつれて空気が希薄となって水素ガ

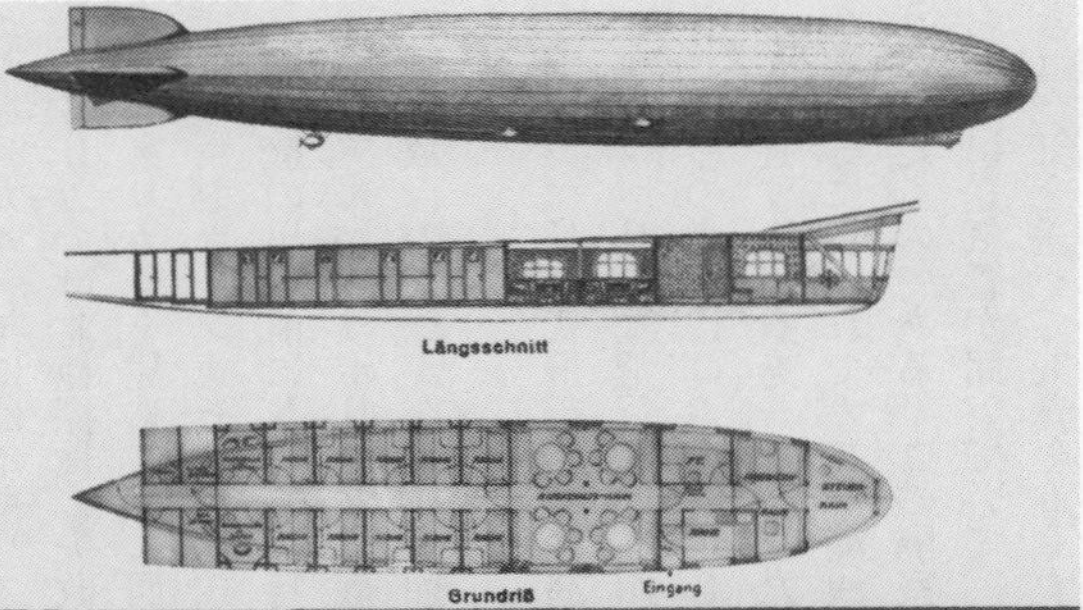

〈上〉ツェッペリンLZ127飛行船全体側面、ゴンドラ内部の構造
〈中〉ツェッペリンLZ127飛行船、マイバッハ550馬力エンジン5基搭載
〈下〉ツェッペリンLZ127飛行船のアルミニューム製骨格

スが膨張するから、これも空気嚢によって調節する。

船の上下の動きは前部および尾部に取り付けた水平の昇降舵と空気嚢の調節によって行なう。方向の変換は後尾の垂直に付けてある方向舵によって行なう。

機関室および船員室は気嚢に密接して前後二箇所に設け、その間は三角形の橋梁によって連絡する。発動機は前後に二個据え付け、これを鎖によって推進機に連結し、緩急自由に運転する。消音機も備えている。

攻撃武器としては機関銃、小口径砲等を前部、側部に向けて据え付ける他に、気嚢の最上部にもこれを備えて上方の敵を射撃することができる。また無線電信機を備え、食堂を設ける等普通の汽船と大差ない設備となっている。

ツェッペリン式飛行船を硬式にした目的は、水素ガスの張縮によって気嚢の張縮を生じ、それによって速度が増減することを避けることにあった。そのために重いアルミニュームで骨格を作ったほどである。故にツェッペリン式飛行船は速度が不変で抗風飛行はその最も特長とするところであった。その反面昇騰下降の際は多大な手数を要し、運搬、保存にも軟式に比べて多くの不便があった。空中飛行中の安定と速度は硬式が優る。

欧州大戦における気球

欧州大戦当初の各国軍気球隊は輓馬編制で、気球の降下には手捲轆轤《ろくろ》を用い、気球は球型もしくは凧《たこ》型で容積六〇〇立方メートル前後、昇騰高度五、六〇〇メートルに過ぎず、かつ安定不良のため微少の風速でも昇騰不能だった。そのため一般に気球に対し大きな期待はなく、初期の運動戦において十分な活動ができなかったが、西部の戦況が固着するようになって漸くその真価を発揮し認められてきた。その後技術上においても一大進歩を来たし昇騰高度は一〇〇〇ないし一五〇〇メートルに増大し、安定は良好となり、秒速二〇メートルの風にも耐えるようになった。繋留車は六〇ないし一〇〇馬力の発動機を使用し、通信器の整備、自動車編制等装備の完備は運用の改善とあいまってますます気球の能力を向上し、ついに軍必須の重要機関となった。

欧州大戦開戦前におけるフランス軍は気球に対して中世の遺物視し、若干保有していた気球隊の数を減らしたほどであった。いよいよ戦争となってみるとドイツ軍は予想外に多数の気球を昇騰し、多大な効果を挙げつつあるのに反し、フランス軍は一九一四年八月、動員を下令してようやく東部戦場のヴェルダン、ツール、エピナール、ベルフォールに要塞気球中隊を所有したのみで、野戦戦場には全く気球がなく、飛行機では継続的に地上目標を偵察監視することができないので、先の軍縮は誤りであったと悟った。

ここにおいてフランス軍はこれら要塞気球中隊を引き出し、野戦部隊の第一線に前進させて使用するとともに、総軍司令部は一九一四年九月二十三日、一通の電報を以て野戦気球中隊一〇中隊を急遽編成すべき旨政府に要求したのを端緒として着々と編制装備を増加し、マルヌ戦におけるドイツ軍退却のときには気球により確実迅速に諸情況を把握し、ますますその必要が認められた。

ドイツ軍は開戦当初よりドラヘン気球を昇騰し、その数は少なくとも軍団の数より多いと判断された。ドイツ軍はこの気球を主として重砲兵の射撃観測に使用したために、フランス軍歩兵は精密有効な射撃を被った。その当時フランス軍の気球は少しも戦場に見えなかったのみならず、期待していた飛行機は思ったほど効果が挙がらず、射撃観測は未だ着手もされていない状況にあった。フランス軍はドイツ軍の昇騰した気球を見てドイツ軍の砲弾が頭上に導かれるような気がして士気阻喪せずにはいられなかった。その後フランス軍が多数の気球を使用するようになって、戦線にある兵卒の士気も回復した。

フランス軍は一九一六年（大正五年）ソンム会戦においてソンム河両岸の戦闘焦点に三六個の気球を使用した。

気球隊の真価を最もよく発揮したのはヴェルダン戦である。ヴェルダン戦の頃にはフランス軍は既に七五個中隊の編成を完備し、これを統一して使用した。ヴェルダン正面における気球隊配属区分は歩兵二師団よりなる軍団地区には歩兵師団用気球二中隊および重砲用気球一中隊を配属し、歩兵三師団よりなる軍団地区には歩兵師団用気球三中隊および砲兵用気球二中隊を配属し、その他の軍に気球一中隊を配属した。このように多くの気球を配属したので戦線上至るところに気球が昇騰しているのを見るようになり、フォッシュ将軍およびグロウ将軍の報告には「戦線上の気球はあたかも葡萄の房の如し」と述べている。ヴェルダン正面には二二個の気球があって、これらの気球が射撃観測を行なった回数だけでも一〇七八回に及んだ。またこの時期から気球を観測以外に一般戦場の偵察監視に任じた。すなわち気球を指揮官用として戦場一般の状況を知り、戦闘の経過特に重大なできごとを知るために用いるようになった。

ヴェルダン戦では突風のために二八個の気球中二四個の気球を敵地内に運び去られるというできごともあった。搭乗者は全員一人用落下傘で降下した。

一九一八年、シャンパーニュ攻撃におけるフランス軍第四軍（七軍団編成）正面に配属された気球中隊は総計二一個に及び、各軍団に三個中隊を配属した。この攻撃において第四軍気球隊司令官は各気球中隊に次のような注意を与えた。

一、運動戦における気球中隊は特に指揮官のため最も重要な敵情を挙げることに努むべし。特に各級指揮官をして左の事項に関し通暁せしむること肝要なり。
1、戦場全般の情況
2、敵の企図を察知する総ての徴候（小運動、火災、爆破、射程の延伸、敵軍の現出等）
3、戦線の波動
4、敵予備隊の位置
5、友軍部隊の行動
二、観測気球隊は砲兵に対する固有の任務を達成せしむるに務むるは勿論、特に移動目標に対しては迅速なる観測により砲兵をしてこれを有効射程内に捕えしむるを要す。

これを見ると気球が戦場の偵察監視に如何に重要視されたかは明らかである。シャンパーニュ戦における気球の敵砲兵陣地発見は五三回に及んでいるが、フランス軍はこの戦いにおいて合理的気球隊の用法について戦術上多大な参考資料を得たのである。

フランス軍気球の大戦間における偵察および観測能力を示す一例をあげると、一九一六年における某戦闘中気球六個を以て一五日間に挙げた結果は敵砲兵陣地の発見が五一一回、射弾の修正が四三五回に及んだ。

一方、ドイツ軍気球の大戦間における偵察能力の一例をあげると、一九一六年九月一日から同月五日に至る某戦闘中、戦線においてドイツ軍繋留気球二三個が発見した敵砲兵陣地の数を、飛行機および砲兵観測所から発見した数に比較すると次のようであった。

	気球	飛行機	砲兵観測所
九月一日	一一二	七五	一三〇
二日	一六九	一一〇	一三五
三日	二〇五	一一七	一四三
四日	二四九	一二八	一九五
五日	二六八	一五二	三〇〇

〈上〉ドイツ軍のパルセバール式繋留気球(1916年)
〈下〉ドイツ軍の軽気球

第1次大戦におけるオーストリア軍の偵察気球（次の見開きも）

Fesselballon im Aufstieg begriffen
(August 1918)

一九一八年におけるドイツ軍の気球隊は大隊本部五六個、気球中隊一八四個、砲兵専属気球隊一四個に及んだ。

一九一四年より一九一八年に至る間にドイツ軍が補給した繫留気球は一八七〇個で、そのうち飛行機により破壊されたもの四七一個、砲兵により破壊されたもの七五個、その他の理由により破壊したもの一〇九個、自然衰損五〇五個であった。

列強が大戦中に準備した気球の数はアメリカが六四二個、ドイツが一八七〇個、フランスが二七五〇個、ロシアが八〇〇個に上った。また休戦当時西部戦場に持っていた気球の数はイギリスが四三個、フランスが七三個、ドイツが一七〇個、ベルギーが六個である。このように欧州大戦では各国とも多数の気球を準備し、気球隊は多大な効果を挙げた。

欧州大戦間に敵砲兵または敵機のために被った気球の損害について、フランスの実例を挙げる。

一九一六年一月一日より一九一八年十月三十日にわたる約二年一〇ヵ月においてフランス軍気球第五九中隊の昇騰総時間は二五一〇時間余りで、この間敵飛行機攻撃のため焼失した気球一二個、敵機の攻撃を受けたが燃焼しなかった気球一〇個、敵砲兵のため損傷を受けた気球一三個、敵砲兵のため繫留策を切断した気球三個であった。この結果から見れば敵機の攻撃のために焼失した気球数は昇騰時間約二一〇時間に一個の割合で、延日数九〇日に一個の割合となる。また敵砲兵の射撃により損傷をうけた割合も概ね同様の比率であり、気球が敵機または敵砲兵の好餌となるおそれよりもむしろ危害の少なさに驚くほどである。

西南戦争における気球

わが国における軍用気球の初めは明治十年（一八七七年）の西南戦争にあった。陸軍は熊本城との連絡がとれず田原坂植木等において西郷軍の勢いが衰えないなか、敵情を知るため急遽偵察用軽気球の製作を企図した。

当時陸軍にはまだ気球に知識のある技術者がいなかった。同年四月、陸軍は海軍が軽気球を製作したことを知りその製作を依頼した。四月十四日付陸軍卿山縣有朋代理陸軍中将西郷従道が海軍大輔川村純義代理海軍少将中牟田倉之助に宛てた書状にはこのように書いてある。「御省兵学校において軽気球製造あいなり候おもむき就いては右当省入用の義これあり候間製造方御依頼申したく且竣工の上は試験場も借用いたしたく御承諾あいなり候得ばその筋へお達しこれありたくこの段御掛合に及び候なり」。

海軍省はこの依頼を受け入れる旨陸軍省へ回答するとともに、兵学校に軽気球の製造を命じた。

海軍大機関士軽気球製作掛主任海軍省六等出仕麻生武平（後に機関大監、明治四十年逝去）同製作掛少機関士馬場新八、同村垣正通は築地の海軍兵学校機関科において製作に着手、次いで機関科生徒浦野喜三郎、森友彦六、山本良三郎、山本直徳の四人が実地修業のため補助を命じられた。

完成までの日数を二〇日として日夜勉励しゴム溶解法、絹地塗抹法、裁縫法、水素ガス製造法等を研究し、直径六尺、容積一一三立方尺、重量六七〇目の模型気嚢二個を試作した。これに石炭ガスを満たしその重量を測ると一八〇目を示した。これによりガスは空気より四九〇目軽いことを知り、気嚢の容積が一二五倍のもの、すなわち直径三丈のものを作ればその中の石炭ガスの重量は空気より六一貫二五〇目軽いことを導き出した。これから球、網、籠、傘、索具等の重量を減じた残りが人体の重量より大きいときは必ず昇騰することを確信し、いよいよ一五〇倍の実物の製作に取り掛かった。

気嚢は奉書紬一二〇反をミシン縫いにして、これに溶解ゴムを塗り、五月十四日に完成した。この気球の諸元は長さ九間、幅五間、周囲一七間、容積一万四一三七立方尺、重量一四貫九〇〇目であった。中に入れるガスは金杉のガス局から六五〇間の管で導き、蒸気ポンプで一万五〇〇〇立方尺を送り込んだ。

五月二十三日、築地海軍省川向練兵場の西側采女ヶ原で最初の試揚を行なった。午前四時から石炭ガスを充填し同八時頃から昇騰した。日本人の手で初めて作られた気球が初めて揚がるというのだから大変な人気となり、数千の人々が見物につめかけた。会場には天幕が張られ、楽隊、茶菓、洋酒、巻煙草等が備えられて内閣および諸省長官、陸軍省、外国教師等が招待された。まず最初に馬場新八が試乗して上昇の合図である赤旗を振った。黒山のような群衆が仰ぐ中を気球は悠々として上昇を開始、見る見るうちに六〇間程飛揚したが、そこで下降の合図青旗が振られた。地上班は船底に繋いだ太綱を引き、気球は無事降下した。次に搭乗した森友彦六は一二〇間まで飛揚し、三番手浦野喜三郎が八〇間、麻生武平が一二〇間、山本良三郎が八〇間、最後の六番手に山本直徳が八〇間上昇した。このようにしてこの日の試乗は無事に終わった。

その時の様子を二十二日の読売新聞は次のような記事にしている。「兼ねて新聞に出てある築地海軍省の前の原にて風船をあげ（この風船は先日陸軍省よりおたのみで二十貫目のガスをつめ込み、袋は長さ八間、横の広さ六間、袋より綱で船をつくり、総体三十四貫目にて）麻生武平君はじめ五人が替わるがわる乗り、横は三筋にて赤は登るしるし、白は止まるしるし、青は下りるしるし、麻生君は四百間上がり、浦野君は三百二十間上がり、袋は奉書紬をゴムで塗り、実にこれまで日本人の手でできたるは今度が始め故、見物も山のように出かけましたが、今日は下試しゆえ、近々に上がるときは岩倉公はじめそれぞれ出張になり、此後の時は綱をつけずにあげる由（今日のは下で糸を持っていたが）外国人の手もかけずに出来上がったのは天晴れでありました」。

五月二十三日、陸軍省が会同して再び試揚した結果、戦地に石炭ガスを運搬するのは難しいため水素ガス製造機とさらに気球一個を製作することになった。麻生武平は機関科生徒浦野喜三郎、森友彦六、山本良三郎、山本直徳の四名を指揮して六月二十日に水素製造機を完成した。新たに製作した気球は直径二丈八尺、容積一万一四九四立方尺、重量一六貫目であった。これらを戦地に送ろうとしたとき大坂陸軍征討事務局より、すでに賊軍は敗退し戦線は日々に進んでいるので軽気球を使う必要はなくなった。故に戦地に送ることは止めてもらいたい旨の電報があった。

同年十一月、明治天皇は海軍兵学寮に行幸を仰せ出された。

十一月七日、明治天皇の臨御を仰ぎ、二個の気球を築地海軍操練場にて試揚した。第一号球は重量一八貫目の砂袋を吊籠に入れ、石炭ガスを充填して昇騰すると一〇〇間の高さに上昇したが、製作後6ヵ月を過ぎ、球質堅硬となり数箇所の破損を生じていたため破裂してしまった。

第二号球にも重量三二貫目の砂袋を入れ、水素ガスを充填し八〇間の高さに達したが、下降の準備に取り掛かったとき横なぐりに吹き付けた烈風のため繋留索が途中から切断し、黄色い気球は陛下の御前で天空高く飛び去ってしまった。八日に至って千葉県葛飾郡堀江村の漁師が三番瀬において漁労中にそれを発見して千葉県令に届け出た。

第一号球、第二号球の主要諸元は次のとおり。

	第一号球	第二号球
球の直径	三丈	二丈八尺
球の容積	一万四一三七立方尺	一万一四九四立方尺
球の重量	一四貫九〇〇目	一六貫目
網の重量	四貫目	六貫七〇〇目

籠の重量　　三貫一六〇目　　　　八貫九〇〇目
巨傘の直径　三丈　　　　　　　　二丈八尺
捕索の長　　二一〇間　　　　　　二一〇間
水素製造に亜鉛八五三貫目、硫酸四一九五ポンド、石炭一石六斗を用いた。

一方、陸軍も陸軍士官学校教官上原六四郎に気球の製作を命じ、同年六月起案、九月下旬一個の球状気球を完成した。この気球は中径八・二メートル、容積三〇六立方メートル、甲斐絹製球皮にコンニャクと澱粉を塗付してこれを煮沸し、乾燥後にグリセリンを塗付したものであった。気嚢の下部には凧傘が付いていて、万一の場合には気嚢を切り離してこれによって降下する。硫酸と亜鉛を原料とする水素発生機もあり、吊籠の中には望遠鏡、風力計、写真機の他に不完全ながら電話も設備され、二人分の座席があった。

完成後、陸軍士官学校の中西数学教官、上原理学教官が主任となり市ヶ谷の校庭で試揚したが、この気球は重過ぎて昇騰高度が一〇〇〜二〇〇メートルしかなかった。しかも前述のとおりこの気球が完成する前に熊本城は重囲を脱し、田原坂の薩軍も敗退したため、結局気球を実戦に供するには至らなかった。

明治十一年六月、陸軍士官学校の開校式に天皇陛下のご臨席を得て、石井新六（後陸軍大臣）がこの気球に搭乗し高度九一メートルに達した。当日の記録には次のように記されている。

「陸軍士官学校土木の功竣《おわ》るを以て、明治十年六月十日開校の典を行う。午後一時軽気球を校の外庭に揚げ、楽隊音楽を奏す。即ち漸次繋留索を延べて、遥かに空中に昇騰す。人藤籠《とうかご》上に在り、手旗を左右に揮い信号をなす。この時に至りて、内外の貴顕より、諸隊兵卒に至るまで、その場に来合するもの、皆歓喜して止まず。暫くして球を下し、さらに紙製の彩球を放つ、球始めは北東に翻り又南西に翔《かけ》り、その行く所を知らず、この球を製作するに当りては、一意に之を戦陣に試みんと欲するに在り、今幸いに此の開校の典に遭い、反《かえっ》て以て大平の儀章を粧飾するを得る、祝すべきの至りならずや。然れども安《いずくん》ぞ知らん、他の奇功をこの軽気球に要する時無からんことを」。

陸海軍と前後して工部省でも気球を製作することになり、山尾大輔、大鳥圭介の命によって工部大学生第一級生の志田林三郎、高峰譲吉、森省吉、第二級生の原田來吉、安永義章、岩田武夫がこれに当たった。球体は原田、安永、塗料とその施工は高峰、水素ガス発生とその充塡は森、物理学的一般方策は志田、岩田と分担し、わずか三〇〇円の試作費であったが、いずれも後年の博士連中のことであるから熱心に勉励し、腕のよい提灯屋を呼び約二週間で美濃紙製直径五尺の模型気球を三個作り上げた。この模型気球は西郷従道卿を始め関係各官の面前で試験して好成績を挙げた。

昇騰には成功したがこのうち一個は放流して千葉県香取郡西田部村に落下、人を乗せて実戦に使うのは無理であった。明治十年五月八日の朝野新聞に次のような記事が載っている。

「去る三日、工部大学校にて試みられたる軽気球は南方へ行きしにより、有名の日々新聞には小笠原島附近の椰子の樹にでも引っ掛かっているのを、太陽の欠片か睾丸の浪人かとさぞ驚いているであろうと書いてありましたが、チット方角が違い、同日下総香取郡西田部村の畑中へ南風に吹き廻されながらフハフハとして落ちて来たのは、かぜのかみの風袋でゞもあるかと拾い揚げた品は、径二丈五尺ばかり、色は白茶にて其上に青漆の油紙を覆い、またその上は麻糸の網を着せ、篠竹にて作りたるザルが付いているので、村の者は仰天し直ぐ様田子出張所へ届け出たとの報知なり」

フランス製ヨーン式気球の導入

西南戦争後気球の研究は断絶の状態にあったが、普仏戦争においてパリ籠城中のフランス軍がドイツ軍に攻囲される中ガンベッタの自由気球によって城外との連絡に成功した戦例にならい、わが国においても気球を研究する必要が痛感され、研究員を人選しフランスに派遣することになった。従来も机上においては研究が行なわれていたが、これを実地に移す端緒を開いたのである。

明治二十四年六月、フランス・パリのガブリエ・ヨーン軍用気球製造所において公使館付陸軍歩兵少佐池田正介の立ち会いの上で試験を行なった後、容積三七〇立方メートルの絹紬製球状繋留気球および繋留車、ガス発生機各一を購入し、日本に回送した。

研究員が帰朝し、同年七月、陸軍省はこれを工兵第一方面に交付し、野戦用繋留気球として研究することになった。

フランスより導入したヨーン式気球(明治24年)

明治二十五年四月十三日、工兵会議議長矢吹秀一は気球の下げ渡しを陸軍大臣高島鞆之助に願い出た。このとき気球は工兵第一方面が保有していたので、工兵第一方面に対し工兵会議に引き渡すよう陸軍大臣の指示が出された。

この気球は一人乗りで四〇〇メートルの高度に飛揚できるはずであったが、熱帯圏インド洋通航の際気嚢の塗料がほとんど変質し、横浜到着のときはすでに表面に湿気を帯び気密性を疑わせた。

案の定、工兵会議が受領し富士見町構内（靖国神社裏）で行なった昇騰試験ではガスが漏洩して空中姿勢が安定せず、担当の工兵会議審査官北川武専工兵大尉の心胆を寒からしめた。

この気球は塗料が粘着して用をなさなくなったので、ゴム布に大修繕を加え、明治二十五年四月二十五日、明治天皇が袋村工兵第一大隊へ御臨幸に際し、工兵会議議長矢吹秀一少将がご説明のうえ岩淵荒川架橋演習場において昇騰し、天覧の栄に与るはずであったが、気嚢故障のため遂に昇騰することはできなかった。

その後たいした発達もなく経過したが、明治二十七年に起こった日清戦争にこの気球を再び使用しようとしたところ、球皮が老朽化していてガス漏れが発生、使用不能のため日清戦争では気球は使用しなかった。ただヨーン式手動繋留車および環流式水素発生機は研究資材として長く利用した。

工兵会議における気球研究

明治二十六年十一月二十日、陸軍工兵会議は陸軍省に繫留軽気球の試験状況について報告した。それによると一昨日から工兵会議輜重廠において試験していた繫留軽気球は、昨日は天候が静穏だったこともあり、好結果を得た。なお本日午前よりガスを補充し、続けて昇揚を行なうという内容であった。

明治二十九年に工兵会議で航空機の研究が必要と認識され、当時議長だった古川宜誉工兵大佐は児玉大佐、徳永熊雄中尉（後大佐）にその研究を命じた。

明治三十一年八月、気球塗料の研究を開始した。翌三十二年、小石川砲兵工廠銃砲課長江川砲兵大佐は西南戦争で製作した気球に用いたコンニャク澱粉塗料を検証するため田原坂式球状気球を復元し、純国産という点から見て最も好ましいコンニャク塗料について研究した結果、重量が大きくなることと保存が困難なこと、気密が十分でないことからこの気囊の使用および保存は軍用上見込みがないと判断し研究を断念した。

そこで古川大佐の研究した一種のゴム塗料がこれに代わった。塗料に対する寒暑の試験には測候所も一役買い、北海道上川および台湾総督府の両測候所に託して寒暑に対する曝露試験を実施した結果、ほとんど完全な一種の気球塗料を発明した。

このようにして明治三十二年十二月、一応この研究が完成した。後に山田式の凧式繫留気球を採用したときに用いた塗料もこれである。

工兵会議は球状繫留気球の安定が良好でないことから気球範式の制定に取り掛かった。明治三十二年二月から八月にわたり木製雛形気球九種を製作し、これを多摩川日野橋附近の流水中に沈降して水圧に対する安定を試験した。当時流速毎秒〇・六五メートルないし〇・八〇メートルでこれを風力に換算すれば毎秒一メートルないし二メートルの速さに相当し、この試験の結果繋留気球に適する性能を具備するものと認め、工兵会議は気球範式として採用した。同年十二月容積一〇・七立方メートルの紙製気球を試作し、同会議構内において昇騰試験の結果一三〇メートル上空まで上昇した。

一方民間においては山田猪三郎が気球発明に腐心し、漸く官民の気球研究熱が高まってきた。

明治三十三年四月、容積三一立方メートルの紙製気球を製作し工兵会議構内において数回の昇騰試験を実施、その結果に基づき同年九月、新たに容積六九三立方メートルの日本凧式紙製繋留気球を試作し、十二月二十四日より麹町区富士見町の工兵会議構内において昇騰試験を行なった。昼夜連続作業で気球を膨張し十二月二十六日に試揚した。

この気球は山田猪三郎の研究になるものでその側視形は独特の三角形を呈し尾部には下方に垂直安定板を備えている。強風に対する耐抗力が強く、気球の動揺が少ない特長があった。ドイツの凧型気球とは形状が少し異なり、全くの日本式で凧と気球を併用したものであった。

これまでわが国で作った気球はもちろん、外国から購入したものも総て球形であったが、明治三十年に山田猪三郎が初めて凧式繋留気球を完成した。

山田猪三郎は文久三年に和歌山市新城町で生まれた。明治十九年、ノルマントン号が紀州沖で暴風雨のため沈没したのに暗示を得て、防水布製救命袋を製作したが、それから浮舟、気球と研究を進め、遂に凧式繋留気球を発明したのであった。山田はこの研究のために全財産を使い果たしてしまったが、世間から発明狂と罵られながらも黙々と努力し、明治三十三年五月には日本式気球と名付けて特許名簿に第九九五五号で登録された。その成功の陰には工兵会議の兒玉徳太郎大佐、徳永熊雄中尉等の親切な指導があった。

明治三十三年十二月、工兵会議は山田式の凧式繋留気球を完成した。工兵会議構内で試揚して高度二五〇メートルを記録した。

山田式凧式繋留気球主要諸元は次のとおり。

全長	三三メートル
最大中径	七・二メートル
容積	六九三立方メートル
最大上昇高度	六〇〇メートル

明治三十四年五月、工兵会議構内において同凧式繋留気球の第二回昇騰試験を続行、二〇〇メートルの上空に昇騰したが、午後二時四十分、風が急に強くなり繋留索が切断、気球は天空高く姿を消した。この気球は茨城県北相馬郡立澤村へ落下した。

同年十二月二十三日、陸軍砲工学校卒業式に際し同校構内において教官北川工兵大佐の斡旋により工兵会議創造の日本凧式繋留気球をこの日三回にわたり昇騰した。徳永大尉は自ら製作した気球に搭乗して上空に昇り、三五〇メートルの上空から写真を撮影した。

明治三十五年九月二十五日、参謀本部は気球隊の編制を定めた。

一、当初は気球隊を鉄道隊に付属する案だったが、気球隊は独立隊とすることに決定し、軍紀、経理、衛生に関しては近衛師団長の統轄に属することとした。

二、気球隊は平時は一隊で構成し、戦時は動員して三隊に分かれる。

三、平時気球隊にはガス製造所を設ける。

四、平時気球隊には毎年全国工兵大隊中より仕官三名を分遣し、気球に関する学術を修得させ、これを戦時の要員に充てる。

五、戦時気球隊は野戦気球隊およびガス縦列で編成する。

戦時気球隊は凧式気球二個、球状気球一個を保有する。

戦時気球隊およびガス縦列編制表

階級	戦時気球隊	ガス縦列
工兵中佐（少佐、大尉）	一	
工兵中（少）尉	二	一
工兵曹長	一	一
工兵軍曹（伍長）	八	三

工兵上等兵	九	五
工兵一（二）等卒	六〇	一五
（輸送員）砲兵下士	一	一
（輸送員）砲兵上等兵	四	四
（輸送員）砲兵一（二）等卒	三三	三八
（輸送員）砲兵輸卒	六	二
看護長	一	一
看護手	一	
計手	一	一
馬卒	二	一
合計	一二九	七三

戦時気球隊が保有する材料は次のとおり。

気球車	一両	輓馬四頭
ガス管車	六両	輓馬二四頭
汽動轆轤車	三両	輓馬一二頭
炭水車	一両	輓馬四頭

輓馬は予備四頭、小計四八頭、行李六頭、合計五四頭
乗馬は隊長二頭（大尉は一頭）、砲兵下士一頭、砲兵上等兵四頭、合計七頭
ガス縦列は気球隊長に属す

ガス縦列が保有する材料は次のとおり。

ガス発生車　一両　輓馬四頭
圧搾唧筒車　一両　輓馬四頭
ガス管車　九両　輓馬三六頭
需用品車　二両　輓馬八頭
輓馬は予備六頭、小計五八頭、行李二頭、合計六〇頭
乗馬は工兵中（少）尉一頭、砲兵下士一頭、砲兵上等兵四頭、合計六頭
六、気球隊補充隊は戦時気球隊の約六分の一に相当する人員からなる。

陸軍当局は気球研究に本腰を入れて着手し、先ずドイツ出張中の河野長敏大尉に気球の研究調査を命じ、部内に気球隊設置の論も起こってきた。さらに明治三十六年、陸軍部内の気球の権威者たる徳永大尉をドイツに留学させることになった。

明治三十六年三月、大阪内国勧業博覧会に山田猪三郎発明の気球は見事に上昇し、山田式

中野村気球隊営舎前にて信号気球昇騰

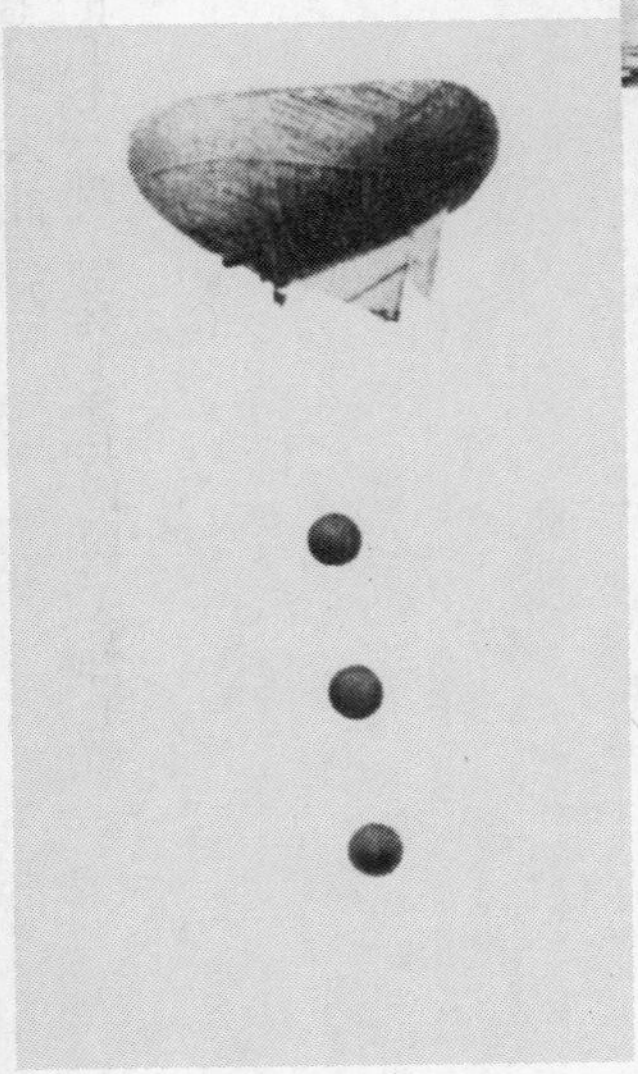

工兵会議における日本凧式気球の昇騰試験(明治33年)

〈上〉陸軍砲工学校の卒業式における日本凧式気球の昇騰(明治34年)
〈下〉気球の尾部より見たもの

気球の名を広く一般に知らしめた。山田が専売特許を得た日本式気球は良い成績であったのでこれを軍用気球に採用し、同年、山田製容積七五立方メートルの絹製凧式気球を信号気球として購入、十一月の兵庫、岡山方面における特別大演習に際し初めて気球隊を編成、陸軍工兵大尉三浦義幹を長とし、統監部付として信号勤務に服した。

信号気球は気球から複数の小気球を吊り下げる方式で大正六、七年頃まで用いられたが、繋留気球上から信号する方法に変わった後は使用しなくなった。

明治三十七年二月、山田猪三郎製作の気球を軍用気球に指定した。この気球は従来の球状を改良してやや流線型とし、凧の原理を応用したもので全長約三〇メートル、俗称山田式気球といわれた。

日本式繋留気球の構造

日本式繋留気球は山田猪三郎が多年にわたる研究、実験の結果考案したもので、独特の形状に特徴がある。側面から見ると三角形を呈し、吊籠は下方に懸吊され、繋留索は頭部から腹部にかけて座帯を設けている。尾部には特異な垂直安定板を備える。

この気球の特長は強風に対する耐抗力が大きいことと、気球の動揺が少ないため搭乗者にとって乗り心地がよい点である。

気嚢の下腹部の内側は隔膜により空気室を構成し、その前上部に二個の風受け孔を設け、空気を自然吸入して空気室を満たす。これはガスの張縮につれて気嚢の形状を常に一定不変に保持するためである。

気嚢は上半部半円、下半部は楕円錐体で頭尾部は半球体である。総て二重球皮で作り、その張り合わせはただ重ね合わせてゴム張りし、表裏両面から貼帯を貼布する。航空船のように内圧が過大ではないので強いてミシン縫いの必要はない。腹部に沿って隔膜を持ち空気房を形成する。

座帯には二種があり、操作綱および吊籠懸吊のための座帯は気球の水平軸に並行し二段になっている。もう一つは繋留座帯で気嚢頭部から腹部に沿って長さは腹部延長の約半分である。

弁には引裂《ひきさき》弁と安全弁の二種がある。引裂弁は気嚢頭背部に取り付けられ、幅約二五センチ、長さ約二メートルで、あらかじめ気嚢を切り抜いて孔を開け、内面から引裂布を貼り付けたものである。その使用は単に引裂布を剥がして開口するだけであるから、補修も容易である。その操作綱はガス注入口を通って吊籠に至っている。安全弁は過度のガス膨張のとき手動で開口しその危険を予防するためのもので、操作綱は引裂弁と同様にガス注入口を通って吊籠に至る。

吊籠は通常藤蔓製で一辺約一メートルの四角形である。その座席は乗員二人が搭乗することができ、航空上必要な測器類、食料等を収容できる。繋留気球の特長とする空中から直接行う通信連絡のために電話機は欠くべからざるもので、吊籠内に一個を備える。電話線は吊籠から繋留索に沿って地上まで垂下する。

吊籠を気嚢に懸吊するには吊座帯から糸目を出し、吊籠の上部で一個に集める。繋留糸目は鋼索を使用し数段に組み合わせ最後に一本の繋留索を接続する。各段の接続は滑車を用い、風圧および昇騰の程度により常に変化する気球の傾きに応じて各糸目に荷重の偏りを起こさないようにする。操作綱は気球の膨張、撤収の際使用するもので、気嚢両舷の吊座帯から出す。

尾部に付ける舵布は垂直安定板で、気球の左右動揺を防止する。上辺は腹部座帯に取り付け、下辺には鉄製桿を挿入し重錘を付ける。

その他吊籠外側に砂嚢を吊り下げる。

日露戦争における気球

明治三十七年二月、日露開戦の当時気球隊は設置されていなかったが、戦機の発展に伴いその必要性を顧慮し明治三十七年三月上旬以来、まず器材の製作に着手した。陸軍の気球材料に関してはまだ研究時代に属し、制式等の規格はなかった。当局者はドイツ、フランスの気球を参考としてその新旧両式を調和し、かつ外国品の供給に頼らずわが国工業の範囲内に限度を置いてその整備に努めた。

明治三十七年五月、国内民間でも大野勝馬および宮浦菊太郎から空中飛行船製作の願い出があり、技術審査部で検討の結果実用には遠いものと判定された。

陸軍技術審査部は従来の気球を改修し「新式気球」と命名して軍用気球の範式とした。これは山田式凧式繋留気球で日本製絹布にゴム塗料を施したものであった。空中における安定も良好で在来の球状気球より実用に適していた。

五月には侍従武官宮本照明大佐の御差遣があり、六月七日、東京中野の陸軍電信教導大隊において臨時気球隊を編成した。隊長にはドイツにおいて気球を研究して帰国した河野長敏工兵少佐を任じ、各師団から主として工兵科の要員を受け入れた。技術主任に徳永熊雄大尉、将校五人、砲兵および輜重兵下士卒二〇人、工兵下士卒六八人、輜重輸卒八二人、馬卒五人、職工三人、乗馬一四頭、輓馬八一頭、山田式気球二個、繋留車（六馬曳）二両、水素ガス発生車（六馬曳）二両、補充気嚢三個、二輪輜重車（材料および行李車）六二両を以て七月二十四日に動員を完結、東京付近において数回演習を行ない、出発に際し長岡外史参謀本部次長より「ともかくも旅順城内を偵察してもらいたい、その余力において石でも瓦でもステッセルの頭上に投げつけてくれ」と激励された。

日露戦争に使用した気球器材は輜重車両による縦列編成で気球昇騰用器材と水素ガス製造用タンク類および薬品類からなり、気球昇騰のためには気球陣地またはその附近においてまずガスを製造し、これを気球に移すという方式の器材編成であった。

携行した気球は山田猪三郎の気球研究所大崎工場で作ったもので、帝国大学の田中館博士が技術顧問となり熱心な研究と実験によって完全無欠とまでいわれる気球が出来上がった。

主要諸元は次のとおり。

全長　二二・五メートル
中径　六・五メートル
容積　四二六立方メートル
面積　三八七平方メートル
全昇騰力　四六八・六キロ
球皮重量　九六キロ
付属品および吊籠入組品等、七〇キロ

搭乗者二人のときは約三〇〇〇メートル、一人のときは約七〇〇〇メートルの高度に昇騰できる。

ガスの原料にはアルミニュームとカセイソーダを用いる方式をとり、一回の膨張にアルミニューム三六四キロ、カセイソーダ一万二六〇〇キロを要した。

隊長河野長敏少佐以下は七月二十七日に東京を出発、同三十日、宇品から運送船丹波丸に乗り込み、八月三日大連に上陸、第三軍の戦闘序列に入った。当時軍は旅順要塞の前端陣地を攻略し、まさに本防御線に強襲をかける準備中にあり、軍司令部は双台溝にあった。

旅順の攻城戦には最初気球隊を参加させる予定はなかったが、第三軍司令部ができてから、乃木司令官が大本営に上申して気球隊を参加させることになった。乃木司令官に上陸を報告すると大至急やって来いと命令があったので、八月五日大連を出発した。その第一日は河口を目標として進発したが、水素ガス発生車の行軍は渋滞し、坂道において馬匹は全く輓曳することができず、悪路を牽引するために起こる振動は機関各部に破損を来すのみならず、ガス発生車二両のうち一両は車輪を損壊し馬車の車輪を応用してようやく行進を続けるという難境に陥り、輓曳はほとんど人力によって丸二日を費やし、行程五里強の河口に到達した。

八月七日、河口を出発し西進したが、河口以西の道路はいよいよ険悪となり行進はますます遅滞し、兵卒は疲労を極める状態となったが、よく百難を排し夜を徹して前進し、八月八日、ついに黄泥川大下屯に到達した。さらに毛道溝に前進するには老坐山頸の険しい阪を登り、竜王塘河谷を越さなければならない。器材の保安が危ぶまれたがなお前進を強行するため支那人夫数百人を集めてガス発生車を曳かせた。

このようにして八月九日に毛道溝に到着したが、河口より黄泥川を経て毛道溝に至る四里強の行程に再び三日を費やし、大連からは都合五日を費やした。しかもガス発生車は以後行動不能の状態になった。

八月十三日、毛道溝山上において信号気球を昇騰した。気球は高度三〇〇メートルに達し安定良好であった。昇騰後三〇分を経て敵は着発弾を以て気球に向かい射撃を開始し、連続約二〇余発に及んだ。気球の近くにも落下したが人員材料には全く損害はなかった。

第一回昇騰

八月十日よりガス発生作業を開始し、まず一個目の気球を膨張し三、四日で気嚢が充満したので八月十八日十一時、毛道溝西北の小丘（標高二八八メートル）で松岡大尉が搭乗して昇騰、高度約三五〇メートルに達したが天候不良のため昇騰後三〇分で降下した。吊籠の動揺が激しく偵察はできなかった。

降下に際し敵の砲弾が飛来したが損害はなかった。弾数は五、六発で榴霰弾ではなかった。最も近い弾着は気球から約一五メートルの地点だったが、敵の射撃方向は気球に向かわず昇騰点を狙っていたようであった。

この最初の昇騰は著しく敵の注意を惹き、また地形も安子嶺脈の高地前にあるので気球の昇降が背後の山腹に映り、確実に距離を測定されたようであった。その後も敵は一五センチ砲、一二センチ砲を以て二二発、対気球射撃をしてきたが気球に損害はなかった。

第二回昇騰

八月十八日の昇騰を初陣に、二十日には位置を変えて長嶺子西方高地において第三軍参謀井上少佐および安西見習士官が搭乗し昇騰、高度約三〇〇メートルに達したが、強風で吊籠が激しく動揺するため偵察することができず、昇騰後約二〇分で降下した。

第三回、第四回昇騰

八月二十一日午後四時三十分、東北溝において二回の昇騰を実施した。一回目は徳永大尉および大村大尉が搭乗、高度約三〇〇メートルに達し気球は安定していた。二回目は河野少佐および大村大尉が搭乗し、高度は前と同じく安定もまた良好だったが、連日の運搬と使用によりガスが逸散したため十分に昇騰することができず、補充気嚢により毛道溝からガスを補充した。

第五回昇騰

本格的昇騰に入ったのは8月22日の旅順総攻撃開始の時であった。八月二十二日正午、周家屯南方千大山麓において大村大尉が搭乗して昇騰を始め、敵の望台付近の本防御線から約七〇〇〇メートル、東南山および周家屯付近の上空に昇騰し、午後一時降下した。この日は晴天無風で気球は高度六〇〇メートルに達し、大村大尉は旅順港内の敵艦の動静、新旧市街と敵堡塁《ほうるい》砲台の有様が手にとるように分かった。第三軍司令部は色めき立った。

第六回昇騰

八月二十三日午前九時、前日の地点において第三軍参謀山岡少佐が搭乗して昇騰、望台付近を一時間二五分にわたって偵察し、気球の価値はますます発揮された。

同十一時十分、降下した。天候良好、気球安定、高度は約六〇〇メートルに達し、偵察の結果は前日と異なるところはなかった。降下の際に敵から三発の榴弾射撃を受けた。最も近い弾着は繋留車から四〇〇メートルの地点だった。

第七回、第八回昇騰

八月二十四日午前九時三十分、幹家屯東方約三〇〇メートルの地点において市岡海軍技師（海軍気球班付）が搭乗し昇騰開始、同十時十五分に降下した。偵察時間は三〇分で気球は五〇〇メートルの高度に達し、市岡海軍技師は旅順背面を主とし、旅順港一帯の写真撮影に成功した。

午後二時三十分、第三軍司令部付伊集院海軍参謀が搭乗し昇騰、同四時に降下した。昇騰時間は一時間三〇分で気球は高度五〇〇メートルに達し、気球安定良好のため旅順港内敵艦の動静に関し綿密に観察することができた。偵察内容は次のようであった。

一、旅順東港内には砲艦一隻、戦艦二隻と白玉山下になお少なくとも二隻ある。また船渠内には三本煙突二本檣のものがあるようだ。

二、西港内には病院船が四隻ある。

三、港外には蒸気船が数隻見える。

四、旅順市街は静謐で製造工場等はないようだ。各堡塁砲台に通じる軍道は二、三の兵隊らしきものが往復する他人跡は少ない。

五、旅順市街入口の方向には東西にわたり深い濠がある。

八月二十五日、軍の強襲は一旦中止となったが、使用中の気球のガスは膨張後既に二旬に至り今後長くは使用できないので、作業手の半数は毛道溝に帰り、二個目の気球を膨張した。一個目の気球はその三日後に暴風雨に遭い放気せざるを得ない状態となった。海軍気球班は当初攻囲線最右翼にある八隻船邵家屯にいたが、事故により作業を中止し解散した。

八月二十九日、陸軍は海軍にガス材料とガス発生機の貸与を要請し、許諾を得たので臨時気球隊の大部を同地に転営した。毛道溝の水素ガス発生場は交通不便な山谷に位置し、アルミニューム原料の使用は不便だったうえ、ガス発生車も動かせなくなっていた。海軍気球班が作った亜鉛、硫酸を原料に用いる大容量の樽式急造発生機は当時の状勢においてむしろ便利であった。ただしその位置は海岸の波が洗う辺鄙なところで淡水の供給が十分でないのは極めて不便であった。

九月以来、軍前面は正攻作業の開始とともに必ずしも気球の昇騰を要する状況ではなかったが、気球隊は命令があればいつでも昇騰できる準備を整えていた。

第九回昇騰

九月十一日午前八時、八隻船腰嶺溝において徳永大尉が搭乗し、我が攻囲線の右翼より敵の状況を通視する目的で昇騰したが、八時四十分、降下した。気嚢は数日来風露に曝され、そのガス中に空気が混入した結果として高度は僅か三〇〇メートルに過ぎず、かつ霧が多いため十分な観測はできなかった。

第一〇回昇騰

九月二十七日午前九時、曹家屯南方約五〇〇メートルの地点において岩村海軍参謀が搭乗し昇騰を始めたが、気球が高度三五〇メートルに達したとき急に風が強くなり、吊籠が動揺して偵察将校は双眼鏡を使うことができず、止むを得ず九時三十分に降下した。

この時機になると幹部および兵卒は気球の取り扱いに練達し、また偵察者もこれまでの昇騰によりその要領に熟練してきた。

第一一回昇騰

九月三十日午前九時三十分、前日の地点において安西見習士官が搭乗し昇騰したが高度約三〇メートルに達したとき強風が吹き、頭部が凹んで碗形の風圧面を生じ、そのためガスが急速に減少して危険な状態になったので同十時、降下した。

第一二回昇騰

十月二日午前九時十分、岩村海軍参謀が搭乗し昇騰を始め、正午に降下した。この日は天候良好清風で気球は七〇〇メートルの高度に達し、偵察将校は実に二時間五〇分の連続偵察を成し遂げた。偵察内容は次のようであった。

一、各方面から知ることができなかった白玉山南麓を偵知し巡洋艦パルラダ号を発見した。

二、その他軍艦3隻がその西南に碇泊している。

三、偵察者は太陽に面したため東港内の偵察は十分できなかった。また製造所の煤煙のために著しく観察がしにくい。

四、気球降下の少し前、我が二十八糎榴弾砲の射撃観測中風速がやや増大して吊籠が大きく動揺するため、遺憾ながら弾着を観測することはできなかった。

この日敵は我が気球に向かい榴弾四発、榴霰弾一五発を発射したが、どれも気球に達することなく、人員材料には損害はなかった。

第一三回昇騰

十月三日午前十一時、前日の地点において安西見習士官が搭乗し昇騰、気球は高度六〇〇メートルに達した。一時間三〇分の偵察を遂げ午後零時三十分、降下した。偵察内容は次のようであった。

一、軍艦は白玉山南麓より西南に三隻、港口に一隻横たわり、東港内は煤煙のため観察できなかった。僅かに四本煙突の軍艦らしきものを発見した。
二、西港内には軍艦の姿はなく、商船四隻と水雷艇のようなものが五、六隻ある。港口には防材がある。港外には掃海船五、六隻が絶えず航行している。
三、陸正面堡塁砲台の位置を認定したがその細部を観察することはできなかった。人馬は見なかった。ただ谷地に亜鉛葺き廠舎が散在しているのが見えた。市街の各煙突は煤煙を上げていたが、人馬の往来は見なかった。黄金山東方において支那車一両および兵卒二、三人の往来を見ただけである。

このように八月十八日の第一回昇騰から十月三日に至る間一三回の昇騰を毛道溝、長嶺子、洪家屯、周家屯、八隻船、邵家屯、曹家屯において行ない、信号、偵察、写真撮影に任じ、軍の作戦に大きく貢献した。上昇高度は一人乗りの場合七〇〇メートル、二人乗りの場合四〇〇メートル、電話線を利用し地上と交信した。

陸軍気球隊将校の他海軍軽気球隊の岩村大佐、伊集院少佐、市岡技師等が交代で搭乗し、双眼鏡により十分に偵察眼を働かせて旅順港内停泊軍艦の種類、員数、位置、破損の程度および旅順市街、ドックの状況を偵察した。陸正面の要塞については敵の本陣地内堡塁、塹壕の状況を偵察した。その結果、旅順港内には先に戦闘に敗れてすでに危なくなりかけていた戦艦二隻と病院船四隻、海岸線には数隻の運送船が横づけになっていた。旅順港の周辺には多数の敵兵がいることや港内には敷設水雷があること、堡塁の砲台の景況などが次第に明瞭になり第三軍司令部に報告した。

気球の使用にあたって器材の準備は十分ではなかった。格納庫等はなく、運輸中にガスが漏れたり、基地が敵から露出し過ぎていたり、少し強い風が吹くと吹き飛ばされるというような状態であったから、攻囲戦に対しては思うような昇騰はできず、予期したほどの効果を上げられなかったが、海軍との協同作戦上必要な港湾の偵察については非常にその効果を発揮した。

十月上旬末に至り使用していた二個の気球は著しく衰損を来し、球皮表面の塗料は分解して粉末状となり飛散、表面の絹地は朽腐してその力を失い、中層のゴムは弾力を失い、内面の絹地も所々に斑点を生じて抗力を減殺した。人員の搭乗は非常に危険となり、内地に帰還して大修理を施すことになった。

以上の経過により十一月二十二日、内地帰還を命じられ、再挙を期して十二月六日、戦場を後に東京へ帰還した。中野電信隊で再出発の準備に入り、同時にドイツに凧式気球二個、繋留車、気球車、ガス管、一八馬力の蒸気機関およびガス圧搾機を発注した。

大陸方面でも沙河の戦でロシア軍は気球を数回飛揚し、遼陽会戦前後にも気球が昇騰したと伝えられている。三家子ではわが砲兵隊が敵の気球を発見して直ちに砲撃を開始したが、一万二〇〇〇メートルの遠方で高度六〇〇メートルなので到底野砲の届くところではなかった。

明治三十八年三月四日、奉天方面に使用するため第一および第二臨時気球隊と同補充班を編成した。第一および第二臨時気球隊の編成は隊長以下二七〇人、軽気球2個を装備し最初の臨時気球隊より充実していた。補充班は班長以下五二人。第一、第二臨時気球隊の編成完結とともに現臨時気球隊は復員完結、主力は第一、第二臨時気球隊の編成要員となった。2個の臨時気球隊は満州派遣軍司令官の隷下に入り、満州へ出動すべく訓練に入ったが気球の操作要領を研究中に事故が発生した。格納庫に入れる際に気球が爆発し、周囲の下士兵四〇人が重軽傷を負い、格納庫は焼失した。しかも戦局は三月十日の奉天会戦で勝利を収め、かつ日露講和条約が締結されたため再出動には至らず、三月二十日に編成は終わっていたが、同年十月、補充班とともに出動することなく復員完結した。

ロシア軍もフランス式軽気球を使用して掃海船の行動を監視し、かつわが艦隊の動静を窺っていた。

軍艦龍田が上海呉淞沖でロシア運送船マンチュリヤ号を拿捕し、積載していたバルチック艦隊用のフランス製球状気球三個を押収した。これはフランス製のボンヴェー絹の球皮で作った球状気球であったがそのうち二個には塗料が塗られていなかった。その中の一個が海軍から陸軍へ移管され、臨時気球隊はこれに塗料を施し、満州において試験を行なった。この気球は気球研究班が気球隊に変わってからもいつも研究に使用され、自由飛行用としても役立った。容積四五〇立方メートル、二人搭乗のときは約七〇〇メートルの高度に昇騰した。

日露戦後陸軍は野戦における気球の重要性を認識し、明治三十八年十月二十六日、第一、

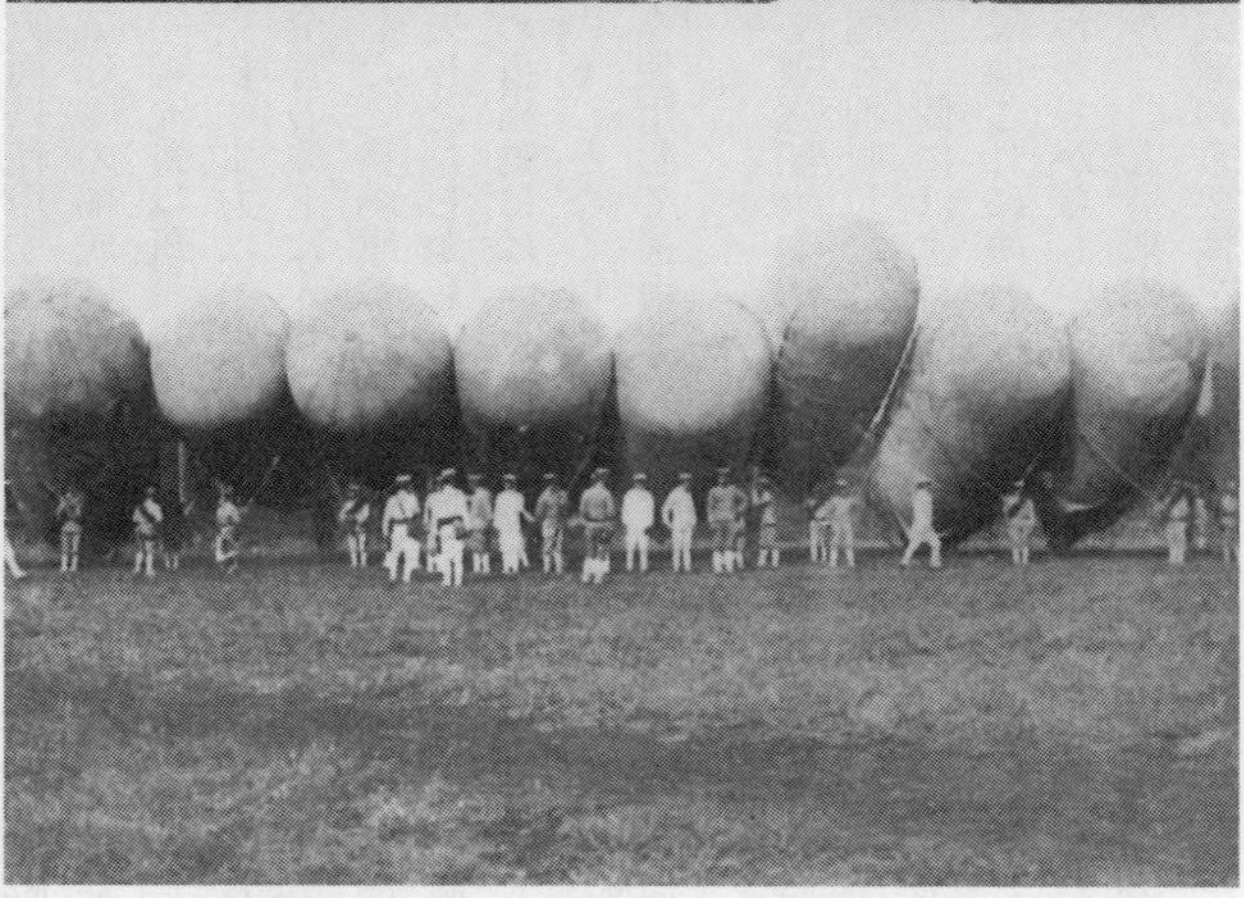

〈上〉臨時気球隊におけるガス充填作業。左に閑院宮殿下（明治37年6月）
〈下〉補助気嚢に水素ガスを充填して気球に運搬する（明治37年7月）

〈上〉旅順港から約4マイルの地点で昇騰する日本軍気球。右に補助気嚢
〈下右〉旅順港のロシア軍を偵察する日本軍気球
〈下左〉旅順近くの玉蜀黍畑における日本式気球と現地の少年

ロシア軍の球状繫留気球

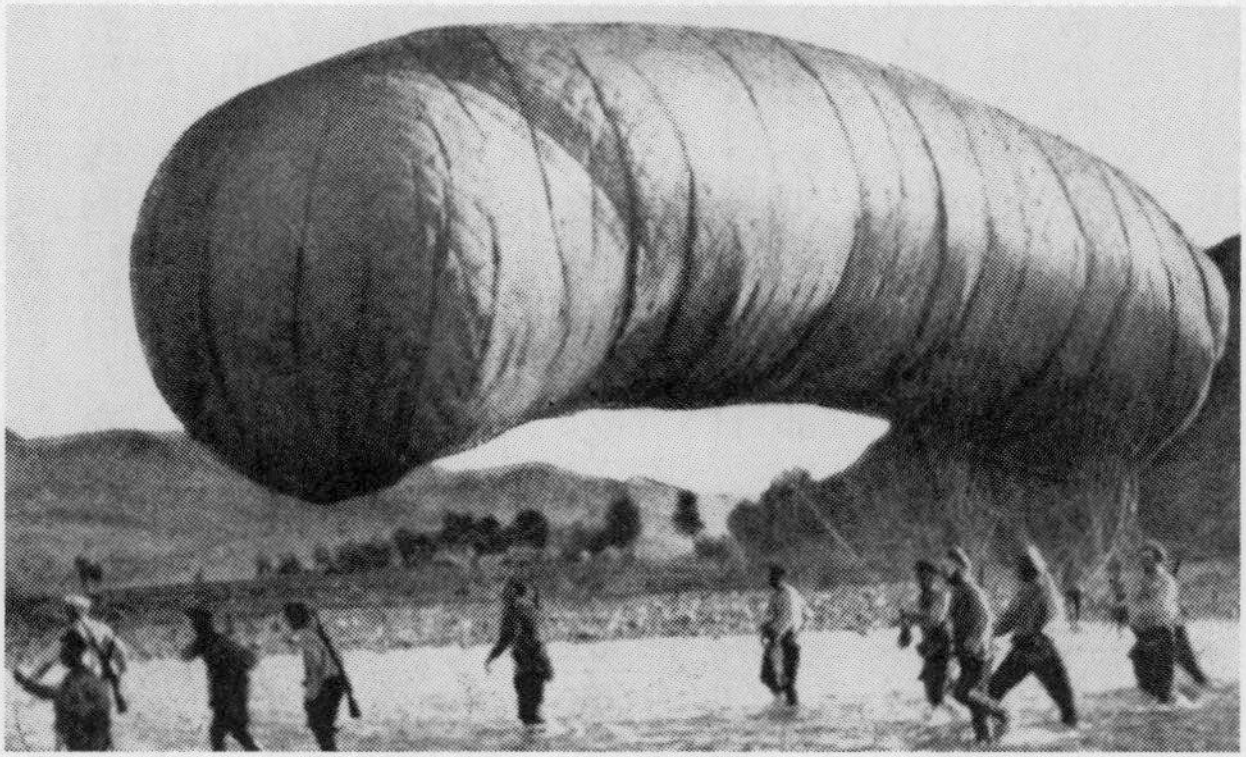

気嚢を運搬渡河するロシア軍兵士

第二臨時気球隊および気球隊補充班を以て第一師団隷下に気球班を編成し、東京中野の電信教導大隊内に配置した。野村重来工兵大尉が班長となって研究を開始し、要員は毎年工兵大隊より五人ずつ分遣し気球兵教育を実施した。

明治三十八年四月、フランス製ルボーディー軽気球の売り込みがある旨在フランス本野公使より陸軍に連絡があったが、陸軍技術審査部長有坂成章はこの気球は野戦には使えずまたわが国の要塞は風向、風速の変化が頻繁な海岸要塞であるからこの気球の用途は少ないとして申し出を断わった。

同時期にアメリカ人ウイリアム・ランダムが発明した軍用軽気球の売り込みもあったが、推進器を回転する動力が人力であることから却下した。

国内でも同年八月、保田藤九郎という人物が軽気球の図面と説明書を軍に献納した。

同年十一月二十六日、第一臨時気球隊残務整理委員陸軍工兵少佐河野長敏は整理が終了したので陸軍技術審査部へ復帰した。

ドイツ製繋留気球の導入と山田式気球の開発

明治三十八年、日露戦争末期にドイツのパルセバール凧式繋留気球器材が到着した。日露戦争時にクルップ砲とともに発注したもので、ドイツ・リージンゲル社の製作になり当時欧米において最も多く採用されていた。すでに旅順は陥落し奉天方面に動員予定の第一、第二臨時気球隊に装備し、日本式気球と併用する予定だったが講和となり中止された。

明治三十八年九月、第一臨時気球隊長河野長敏はドイツ式気球の野外演習を実施し、報告書を長岡外史参謀次長に提出した。

ドイツ式気球器材は気球昇騰用とガス製造並びに圧縮貯蔵用とからなり、前者は六馬繋駕の前後車着脱式車両編成で人員器材を繋駕運搬し、その運動性は野戦砲兵に準じた。後者は兵站用器材として内地または上陸地等に設置してガスを製造し、そのガスを圧搾してガス缶に充塡し、空ガス缶との交換によってガスを補給する方式であった。

一、演習の目的

今回到着したドイツ式軽気球器具材料を現時編成の臨時気球隊により野外において応用し、野戦勤務に習熟させること。

二、供試器具材料

1、ドイツ式ガス缶車六両

各車に鉄製ガス缶二〇本ずつ積載、一両の重量約五五〇貫目

2、ドイツ式器具車一両

凧型気球一組積載、重量約三九八貫五〇〇目

3、ドイツ式繋留車一両

重量約五九三貫五〇〇目

三、編成

1、戦闘小隊
ガス缶車　六両（気球一膨張分）
器具車　一両
繋留車　一両
二輪輜重車　二両（付属気球材料積載）
2、大行李四両
携行馬糧一日分、公用行李、衛生材料、将校行李積載
3、ガス廠
予備ガス缶四〇本、輜重車九両、予備本邦式繋留車一両、新式気球一組、天幕二張、
補充気嚢一五個
4、人員および馬匹
工兵科　将校五人、特務曹長一人、下士一〇人、兵卒五二人
砲兵科　下士一人、兵卒八人
輜重兵科　下士一人、兵卒六人、輸卒一三六人
相当官および軍属　軍医一人、獣医一人、看護長一人、蹄鉄工長一人、馬卒五人、
職工四人
合計二三三人
馬匹

乗馬一六頭
ドイツ式車両輓馬三六頭（工兵駄卒二四頭、砲兵駄卒一二頭）
二輪輜重車輓馬六頭
予備輓馬九頭
合計六七頭
その他補助作業員として臨時気球隊補充班より工兵将校一人、工兵下士卒二三人、馬卒一人、乗馬一頭が従属した。

四、演習

演習第一日　九月十六日　快晴　（旅次行軍）
午前六時集合、中野関香園舎営地出発、和田村を経て上高井戸村において甲州街道に進出し、鳥山村、布田駅、府中町を通過し日野渡船場を過ぎ、午後4時日野町に到着、同地に宿営した。
演習第二日　九月十七日　曇後微雨　（気球昇騰）
午前七時日野停車場前に集合、甲州街道を八王子に向かい日野高地において気球の昇騰を開始した。午前十時準備作業を終わり、直ちにガス集合管よりガスを新式気球に充塡しようとしたが膨張管に故障が生じるとともに、ガス缶の不足等のため気球の膨張が終わるまで約一時間余りを費やし、午前十一時四十分より試験昇騰を行ない、約三〇分後に降下した。偵察士官永井少尉が搭乗し気球は安定して高度三五〇メートルに達した。

この昇騰間に偵察士官は気球上より伝書鳩八羽、地上より五羽を飛ばし通信の研究を行なった。そのうち一〇羽は中野電信教導大隊に帰着、一羽は山梨県北都留郡道志村に、他の一羽は東京市本所被服廠に、残る一羽は行方不明となった。気球の降下後、気球の膨張には約一四〇気圧に充填したガス缶を一四〇本使用した。気球のガスを補充気嚢一二個に換装してガス廠に運搬した。

演習第三日大雨、演習第四日強風、演習第五日大雨

演習第六日　九月二十一日　快晴　（気球昇騰）

午前七時集合、舎営地前畑地において初めてドイツ式凧型気球を昇騰した。隊付将校が交互に搭乗し、高度約四〇〇メートルに達した。天候良好のため青山練兵場における各兵種の演習が明瞭に偵察できた。

演習第七日　九月二十二日　快晴　（気球昇騰）

午前六時中野町鍋屋横丁を先頭として道路上に縦隊集合、淀橋町、千駄ヶ谷村を経て午前八時青山練兵場に到着した。

午前九時三十分準備作業を終わり、九時五十五分からガス集合管により凧型気球に充填を開始、十時八分充填を終了した。偵察仕官伊藤少尉が搭乗し昇騰、高度六五〇メートルに達した。偵察区域は天気快晴のためどの方向へも八キロ以上十分に偵察可能だった。正午伊藤少尉降下、以後隊付将校および外来将校が交互に搭乗した。午後四時作業を終わり青山練兵場出発、五時三十分中野村到着帰営した。

五、所見

1、気球器具材料

ガス圧搾機はドイツ・シュルツ会社製作で二〇〇気圧までガスを圧縮できる。所要時間はガス缶一本につき約一三分を要し、そのガス量は約六立方メートルとなる。したがって気球の膨張に要するガス一二〇本（七二五立方メートル）を圧搾するには三日かかる。

蒸気機関はドイツ・マグデブルグ市・ウォルフ会社製作で一八馬力、一〇気圧の蒸気を発生し、一分に約一四五回転する。この回転輪から圧搾機の回転輪に調革を取り付けて運動を起こす。

従来ガス缶車はなかったので気球隊はガス発生機で発生したガスを一旦補充気嚢に充填して昇騰地へ運び、気球に充填していた。そのため多数の時日を費やしていたが、ガス缶車使用の結果陣地到着の約三〇分後には気球を昇騰できるようになった。

器具車は砲兵輓馬六頭により、新式気球またはドイツ式気球のどちらも積載することができる。

繫留車の構造は非常に巧妙だが重量が車両中最大なので、砲兵輓馬八頭で繫駕すれば運動は容易である。

2、現在の臨時気球隊で使用の難易

現在の臨時気球隊でドイツ式気球材料を使用することは決して難しくはない。しか

日露戦争の末期にドイツから購入したパルセバール式繋留気球（次ページも）

し当隊の輓馬は定数九六頭に対して五四頭に過ぎず、かつ多数は輜重輓馬で力が弱く、駆卒も未熟であるから行軍はやや困難であった。将来全部砲兵輓馬を用い駆卒も熟練すれば敏速な運動をなし得るものと認める。

ドイツ製繋留気球は後のわが国繋留気球器材研究に資するところが大きかった。パルセバール凧式繋留気球器材が到着してからは気球その物は日本式とドイツ式を併用し、その他はすべてドイツ式を専用するようになった。

ドイツ式繋留気球器材は三駢馬（六頭）を以て繋駕する必要上輜重輓馬を転用し、駆者は気球操作に任ずる工兵下士卒を充て、砲兵科下士を教育助手に使用して独乗から駢馬、繋駕という順序に約四ヵ月間の教育の結果漸く繋駕気球中隊編成を以て行動できるようになった。

パルセバール凧式繋留気球の構造

パルセバール凧式繋留気球は軍事上の偵察、観測に用いる他に気象観測、無線電信用および標的気球として多くの種類があった。軍用繋留気球には容積五五〇立方メートルから一一四〇立方メートルまで八種類があり、気象観測用繋留気球には容積一〇・三八立方メートルから一〇八立方メートルまで七種類、標的用球状気球には容積一四立方メートルから六五立方メートルまで六種類があった。

気嚢は円筒の枕形で尾部には舵嚢を持つ。舵嚢は気嚢尾部中心に腹部まで添って取り付ける。水平安定板は気嚢水平軸に平行で尾部に装着する。繋留索は両舷吊座帯より出て集まり一本になる。この気球の特異な点は尾部に安全尾を備え風向に従って気球の向きを変え、常に気球を風に反しないよう繋留できることにある。

ガス房の内部には尾部より腹部に添い空気房を作るため隔膜を持つ。

球皮は二重球皮を縦方向に貼り合わせミシン縫いを行なったうえ両面より貼帯を貼付する。頭部にあるガス安全弁は綱の一端を空気房の隔膜に接続している。ガス房内のガスが膨張し逐次空気房内の空気が排出され、なお膨張を続けるときはこの綱が引かれて安全弁を開口し、ガスを排出する。即ち空気房が空になる以前に自然に危険を予防し得るのである。なお搭乗員も必要に応じて開口することができる。尾部のガス弁、空気弁も内圧が上昇したときは自動的に開口し破裂の危険を防ぐものである。

空気房への空気は風受口から自動吸入する。もし風速が強く空気房内の空気圧が過大となったときは空気安全弁を開いて余った空気を舵嚢内に吐き出す。

舵嚢はその中心に座帯を設け、これにより綱で気嚢座帯に吊る。その風受口はラッパ形でここから空気を吸入し、嚢の形状を維持する。過量の空気は排出口から排出する。

座帯は気嚢軸心よりやや下がって軸心に並行に装着され、吊籠懸吊および繋留索糸目の座帯となる。吊籠は藤蔓製で大きさは約一メートルの四角形である。

水平安定板は布製で気嚢尾部座帯に添って取り付けられ、その下面を細い綱で吊ってある。気球が昇騰し風圧を受けるとき始めて安定板の状態に伏起し、安定板の作用をなす。風速が弱いときは所定の形状に伏起しない。

繋留糸目は気球の両側から出て繋留滑車に集まり、繋留索に連なる。

安定尾は布製円錐形の吹流しで、これを数個連結して気球の尾部に垂れ、風方向に対して気球の高安定を保持するものである。

パルセバール凧式繋留気球はその凧面に受ける風圧を利用して気球の昇騰を助けるがそのため繋留索に受ける張力が比較的大きく、風速一〇メートル以上では昇騰困難となることが多かった。

明治三十八年の秋、中野兵営を出発し青山練兵場に出動、時の陸軍大臣寺内正毅閣下の閲兵を仰ぎ、気球陣地進入より気球昇騰まで約三〇分間の驚異的な効果を発揮し軍首脳部の関心を一層深めた。

このように気球隊の行動が迅速になってからは砲兵隊との連合演習や陣地攻防演習および特別大演習における軍気球隊というように、気球隊と地上軍隊との協同動作が盛んに行なわれた。なかんずく砲兵科においては最も関心を深め、当時の野戦砲兵射撃学校や野戦重砲兵射撃学校を始めとし、各野砲兵聯隊との不断の連合演習が下志津や富士裾野において頻繁に行なわれ、気球隊はその対応に繁忙を極めた。

砲兵科において気球に要する水素ガスの費用までたびたび負担したことからもいかに熱心であったかが分かる。当時砲兵科において特に研究の中心として活躍したのは射撃学校の山室大尉教官（後に砲兵監）、同じく弘岡中尉教官（後に東京湾要塞司令官）、同じく廣野中尉教官（後に野戦重砲兵第一旅団長）その他の面々であり、気球隊将校とは常に膝を交えて協同研究に熱中し、砲兵科の気球屋と呼ばれるほどであった。

明治三十九年九月、気球班は野砲兵第十六聯隊と連合し、富士裾野において初めて気球による射撃観測演習を行なった。

明治四十年九月、富士裾野における陣地攻防演習に参加、攻防両軍に配属されて偵察勤務に服した。使用気球はパルセバール凧式気球と山田製日本凧式気球だった。

同年十月、工兵科に属する鉄道聯隊、電信聯隊を編合して第一師団隷下（明治四十一年一月、近衛師団隷下に変更）に交通兵旅団を新設、気球班は気球隊と改称し交通兵旅団に編合されて常備部隊となった。東京中野の電信第一聯隊西隣に気球隊を創設、他の交通兵とともに交通兵旅団長に直属した。初代隊長は陸軍工兵少佐河野長敏、隊付将校五、六人、兵員約一中隊という一小独立部隊であった。

明治四十一年六月、近衛師団長大島久直は交通兵旅団長落合豊三郎から提出された、日本式気球一組を気球隊へ支給する件について陸軍大臣寺内正毅に進達した。その内容は現在気球隊に現存する気球は六個あるが、昇騰演習に使用できるのはわずかに日本式気球一個のみで、他の五個は悉く自然破損の結果昇騰演習には使えない。ことに気球隊動員に際しては充用すべき気球が不足し、かつ本年秋の特別大演習にも差し支えがあるので、この際、至急気球隊に日本式気球一組を支給してもらいたい。なお日本式気球の製作には少なくも三～四ヵ月かかることを申し添える、というものであった。

日本式気球の価格は付属品とも五四四〇円一八銭で内訳は以下のとおり。

ゴム絹布製日本式気球諸元

容積　六八八立方メートル

（丈二五メートル、高さ九・五メートル、幅七・二メートル）

面積　六七四平方メートル

（気嚢五一六平方メートル、通気幕八八平方メートル、球耳面積七〇平方メートル）

気嚢　単価七円七銭（一平方メートルにつき）

品目	員数	価格
気嚢	一個	四七六五円一八銭
吊籠	一個	八五円
吊籠糸目	一組	六五円
鋼索繋留糸目	一組	一三〇円
控綱	四個一組	一六〇円
舵布	付属品共一枚	六〇円
重錘	三個一組	一二〇円
安全弁	一個	一三〇円

破綻安全弁　一個　二五円
計　五四四〇円一八銭

同年十一月、気球隊は秋の陸軍特別大演習に参加し、東軍気球隊として信号通信勤務に服した。

当時の気球は日本式繋留気球で耐風力が弱く安定も良くなかった。気球が陣地に着いて昇騰するまで約一時間を費やすという有様であった。器材を運用するには輓馬による車両編成ではあったが、気球隊には平時輓馬は一頭もいなかったので、諸訓練は兵員の臂力によって行なわれた。野外演習を行なうときは砲兵隊から下士官兵と輓馬を借りなければならなかった。

気球器材運搬のために当初は輜重車を使用していたが三駢繋駕式に改めた。当時気球の繋揚機関は手動式で「ごとりごとり」と繋留索を巻くから降下の速度は非常に遅かった。

明治四十年より気球隊内において軍用飛行機の研究に着手した。

明治四十年頃、欧米列国において軍用気球は実用化へと進歩しつつあり、特に遊動気球として航空機的運用を考えていた。

明治四十一年三月、気球隊長に徳永少佐が任命され、同年十一月奈良県下において行なわれた陸軍特別大演習に気球隊一隊を編成し統監部付として参加した。その要員として近衛工兵大隊より兵卒四九人、野砲兵第十四聯隊より下士以下五一人、近衛輜重兵大隊より下士以

中野の電信教導大隊の営庭において昇騰する日本式気球(明治41年秋)

下五一人を臨時配属された。

発動機を装備して自由に空中を飛行できる飛行船がわが国で最初の飛行をしたのはアメリカ人C・K・ハミルトンが明治四十二年春、ハミルトン式飛行船を携えて来朝、四月二十八日神奈川県川崎競馬場で飛行したのが最初である。この飛行船は微弱な電気発動機によって航行するもので、同年六月には上野不忍池畔で帝都最初の公開飛行、続いて大阪濱寺海水浴場その他数箇所で公開飛行を行なった。この興行的飛行船飛行はわが国の飛行船研究者に刺激を与え、臨時軍用気球研究会の創設を見るとともに、民間飛行船発明界の先覚者山田猪三郎を奮起させ、遂に山田式第一号飛行船を翌四十三年に完成させる動機を作った。

四三式繋留気球の制式制定

明治四十一年六月、陸軍技術審査部長有坂成章は陸軍大臣寺内正毅に日本式気球一式の試作について上申した。目的は気球隊器具材料調査上必要であり実験後気球隊に保管転換するとし、費用五七〇〇円の増額が認められている。この気球は山田式日本凧式気球で主要諸元は次のとおり。

全長　二五メートル
最大中径　七・二メートル
高さ　九・三メートル

本邦四三式

氣球重量及昇騰力表			
名稱	積及重量	名稱	重量及浮力
内容積	八〇〇	諸網具重量	八〇、〇〇〇
面積	四六〇	砂囊重量（四十個）	四〇、〇〇〇
全昇騰力	八八〇、〇〇〇	二人重量	一四〇、〇〇〇
氣囊ノ重量	二六九、〇〇〇	吊籠艤装者重量	七一、〇〇〇
繫留索重量（[illegible]）	二一〇、〇〇〇	差引浮力	七〇、〇〇〇

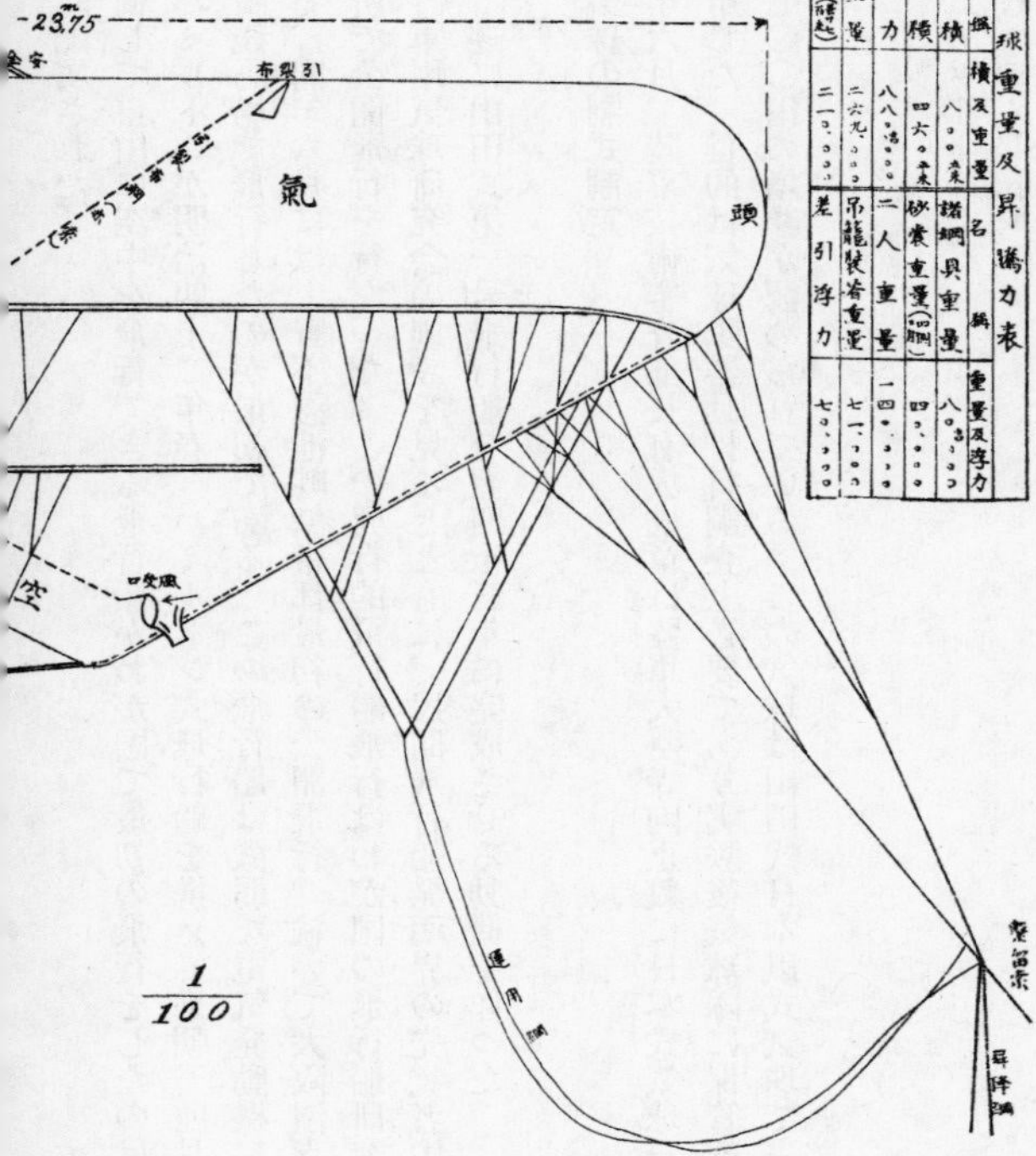

1/100

四三式繋留気球および自由気球
（大正7年・陸軍砲兵工科学校・兵器学教程付図所載）

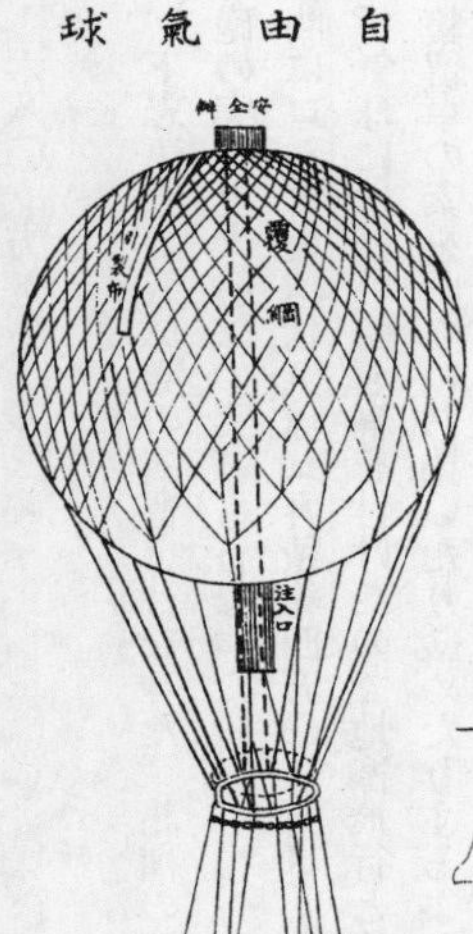

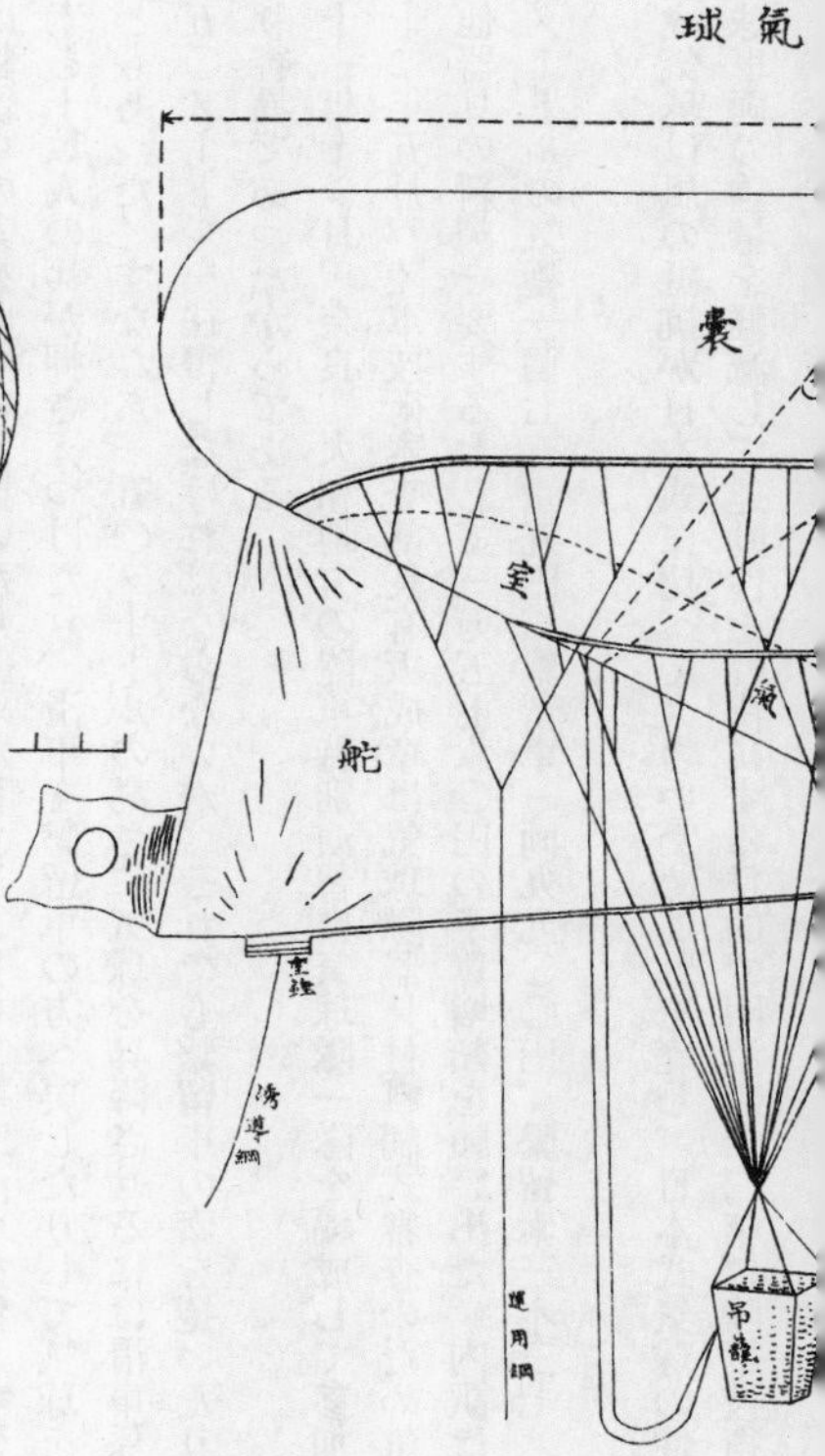

容積　六八〇立方メートル

同年七月、下志津原で気球隊の演習を行なった。諸種の演練や研究の他、気球に対する三八式速射野砲の実弾曳火射撃の実験も行なった。

この演習間にロシア製球状気球（容積約四五〇立方メートル）による自由飛行の予行演習を行なった。気球には長い誘導綱を付けたので地擦飛行と称した。気球を低空で数回昇降する場合には繋留車の索をいちいち捲いたり緩めたりするよりも、補助滑車を使って延長している繋留索を十数人の兵が押さえつけたり、滑車を繋留車の方へ戻したりして気球を上げ下げすることもあった。すなわち一五〇メートルの高さに気球を昇降させるには滑車係全員が地面上一五〇メートルを往復しなければならないが、それでも繋留車の索を捲いたり緩めたりするより容易であったからである。

明治四十一年十一月、奈良、大和地方の陸軍特別演習に気球隊一隊を編成して参加した。

明治四十二年五月、陸軍技術審査部長有坂成章は気球隊器具材料制式審査のため気嚢、車両、その他器具の新調を要するとして三万五七六〇円の予算増額を願い出た。内訳は容積八〇〇立方メートルの気嚢一個七五六五円、繋留車一両九九〇〇円、繋留索三本三七八〇円等であった。

ドイツ式気球は風の抵抗が日本式に比べて大きいためこれを廃し、日本式気球の性能向上と繋駕気球車両の重量を軽減して運動性を軽快にする目的で明治四十二年に陸軍技術審査部は気球器材の制式改正の命に基づき審査に着手し、同年十二月、山田製作所に繋留気球を製作させ、翌四十三年六月に気球隊営庭において第一回昇騰試験を行なった。

明治四十四年、審査を終えて陸軍大臣に答申し、ここに「四三式繋留気球器材」の新制式が定められた（四四式とする史料もあるが、制式制定に関する公文書は確認できない）。明治四十五年以降、逐次気球隊に交付した。これは当時気球隊を野戦軍の前衛に属し迅速な行動を可能として砲兵と行動をともにし得ることを理想としたものであった。

当時の気球は黄色であった。

四三式繋留気球は平地において六〇〇メートルを昇騰できるに過ぎず、観測角度を一〇分の一としてもようやく六〇〇〇メートルの観測距離があるばかりで搭乗者や荷重を減らして昇騰しても八〇〇メートルを出なかった。また風に対する安定性が頗る悪く、風速毎秒一〇メートルを超えるときはすでに候敵に不便を感じ、一五メートルにおいてはほとんど昇騰不可能であって、西欧戦場におけるフランス軍使用のものに比べれば顔色ない有様であった。

臨時軍用気球研究会

日露戦争後数年のうちに飛行機が出現すると、気球は大目標となるだけでなく、移動も容易でなく、到底飛行機の敵ではない、飛行機の前には電灯と提灯ほどの差があるとされて、気球は顧みられなくなりつつあったが、一部には飛行機が進歩して縦横無尽に使用されるようになっても気球には気球の任務があって、みだりにこれを廃棄すべきではないとする議論も起こった。

明治四十二年初頭、時の寺内正毅陸軍大臣は航空機が将来国防上重要となることを洞察し、軍務局長長岡外史少将に航空機の研究機関を設立することを命じ、田中軍事課長も熱心にこれを補助し、斎藤実海軍大臣との連署のもとに明治四十二年六月三十一日、臨時軍用気球研究会条例が発布され、七月三十日、勅令第二百七号を以て臨時軍用気球研究会官制が発布された。八月二十七日、会長に長岡少将を、会の委員には理工科、造船科、気象に関する権威諸博士および陸、海軍技術関係の将校から二三人が選抜任命され、研究部門は飛行場、気球、飛行機、機関、螺旋機、気象、塗料、燃料、素材抗力、航空用語および雑の一一部に分かち、各部門に臨時に主任委員を設けて研究調査を分担した。

陸軍からは工兵大佐井上仁郎、工兵少佐徳永熊雄、歩兵大尉日野熊蔵、砲兵大尉笹本菊太郎等が委員に命じられ、やや後になって工兵大尉徳川好敏が加わった。

海軍からは大佐山屋他人、大尉相原四郎、機関大尉小濱方彦の三人が選ばれ、少し後に大尉金子養三、機関大尉山下誠一が命じられた。

山川帝大総長から推薦の教授組は理学博士田中館愛橘、工学博士井口在屋、同横田成年、中央気象台長の理学博士中村精男等で、既に飛行機の研究に志し、自ら設計製作までしていた造兵中技士奈良原三次も選ばれた。

研究期間を四期に分かち、第一期は明治四十二年度で、それから逐年第四期（明治四十五年度）まで進め、その間に各項目について順次研究を進めるはずであった。

研究会成立後間もなく会長の長岡少将は中将に昇進して高田の師団長に転補され、後任は陸軍省の石本次官が兼務することになった。実は寺内陸相は初代会長に石本新六中将を指名したが、石本次官は自信がないと言下に辞退したので、寺内陸相は軍務局長の長岡少将にお鉢を回したという経緯があった。田中館博士の印象によると長岡中将は大ざっぱな人だったが、石本中将は綿密な人だったという。

明治四十二年に陸海軍協同で臨時軍用気球研究会が創設されると気球隊をこれに属し、飛行機研究の一隅においてわずかに余端を保つ状況であった。しかしドイツにおいてツェッペリン飛行船が建造されたことが伝わると、従来もしばしば研究されつつもなおざりに付され勝ちであった誘導気球の研究を併せ行なうことになり、幾分気球研究の勢いを挽回した頃、欧州大戦の進捗に伴いドイツ軍のツェッペリンが遥かに敵の根拠地襲撃に成功したとの報を得た。飛行機の発達は容易ならざるものがあると同時に、気球もまた戦場における用途を増し、両者ともに捨て難きものとなり、一旦忘れ去られようとした気球の研究が復活するに至った。

創立当初の予算は軍事費からの繰替支出年額八二五〇円だった。委員の数は時により増減があった。気球隊はその実施部隊となった。事務所を陸軍省工兵課内に置き、同年十月、臨時軍用気球研究会研究方針を審議決定、飛行場を東京近郊で探すことになり、関東平地、相模平地を踏査した結果、埼玉県入間郡所沢町の北方松井村下新井附近に決定した。飛行場敷地の選定に当たっては気球に造詣の深い徳永熊雄少佐や岩本周平陸軍技手（後に技師）等を近県に派遣して極秘裡に物色を始める一方、田中館博士を外国の飛行場の視察に出張させ、長岡中将自身も軍服を脱ぎ捨てて歩き回り、好適の地をしきりに探し回ったという。

最初は二三万八〇〇〇坪しかなかったが設備に着手するとともに、飛行機購入および練習のため歩兵大尉日野熊蔵、工兵大尉徳川好敏を欧州へ、また航空船をドイツ・パルセバール社に注文し、同四十四年、製造監督および操縦練習のため増田、石本両工兵大尉、山下海軍大尉および岩本技師をドイツに派遣するなど着々と軍用航空機の研究を進めた。会議は初め陸軍省内で行なわれたが、所沢飛行場開設後は同所気球観測所あるいは中野町交通兵旅団司令部内で行なわれた。

臨時軍用気球研究会の研究方針は、

一、学術および技術上の研究、設計

二、飛行気球および飛行機の建造、維持および気象観測所

三、操縦並びに通信

の三項目からなり、それぞれの項目に細目がある。細目は全部で三三項目あるが、そのうち気球関係が二〇項目以上を占めていた。

会の名を気球研究会とした理由は当時欧州各国において飛行船は実用されていたが、飛行機はライト飛行以来まだ数年で試験的時代であったから気球の名称を冠したもので、海軍からは名称に対する反対論があったが、実際は飛行機も研究するから敢えて名称には拘泥せず、

実質本位で行くことになり、そのまま臨時軍用気球研究会の名で押し通した。

気球研究会が養成しようとした操縦将校の教育にあたり、当時これに関する条例がなかったが、たまたま鉄道および電信術教育のために作られていた交通術修業員の規則を適用することになり、気球隊が交通兵旅団の中にあったから気球隊に全国から将校を集めて七、八年の間に操縦者約一〇〇人、偵察者七、八〇人の教育を行なった。これらの人達が後の飛行隊の基礎となった。

明治四十二年九月に開催された第一回会議では議題の3番目に飛行船に関する件があった。委員の大多数はまず飛行船を外国に注文して研究することを希望したが、長岡会長はまず内国製で研究し次に外国注文とすることを主張したので委員も賛成し、まず本邦製とすることに決した。長岡会長は溌溂たる意気を以て会議を指導したといわれている。

臨時軍用気球研究会の明治四十三年度軍用気球研究費を以下に示す。

項目	予算額	摘要
研究費	五万	飛行機購入
	一万五〇〇〇	小型気球内地製造
	二万三一一〇	蒸留水分解機購入
	五八九〇	気象機械、推進機等購入
	二万四二六〇	研究試験用材料、消耗品類調弁

一万三六三七　外国旅費
三六三五　図工、職工、人夫の傭賃、雑費
小計一三万五五二三
一三万四八八〇　気球庫新築
七二〇　軽油庫新築
一万八一二〇　気象観測所および研究所新築
六万　ガス発生所および付属建物新築
三万　地平均し、道路開設
七〇〇〇　雑種物築設その他監督費
八万　飛行練習場買収
建築および土地
買収費
小計三三万七二二〇
事務費　四九六七
軍用気球研究費　合計四七万一二〇九
備考
土地買収費は四十四年度予算に要求する見込みだが、四十三年度において飛行機を購入する上は、その飛揚試験場を要するのみならず、気球飛揚のためにも少なくも約二〇万坪の地積を要する。東京近傍（中野、代々木等）は高圧電線が各所に存在し危険であるとともに地価が頗る高いので、安全で地価が最も安い所沢附近に選定する。

明治四十二年十一月、宇都宮附近における特別大演習に統監部付気球隊として参加した。その要員として野砲兵第十三聯隊より下士以下一四人、近衛輜重兵大隊より兵卒七人を臨時配属された。

明治四十三年一月二十六日、臨時軍用気球研究会の長岡会長は斉藤実海軍大臣に以下のとおり曳船の援助を願い出た。

臨時軍用気球研究会では気象研究の一部として凧に気象用諸機械を備え、船に曳かせて飛揚することを考えているが、曳船を雇うには非常に経費がかかり、とうてい当会の予算ではこれを支弁することは困難なので、この曳船作業を海軍でやっていただきたい。

この申し出に対し、軍務局長は横須賀鎮守府司令長官に協力するよう訓令するとともに、臨時軍用気球研究会会長にその旨回答した。ところが具体的な話になると研究会の要求は曳船一隻を二ヵ月間使いたい、石炭その他の需品は海軍で負担してもらいたい、乗員の加俸は横鎮で都合できなければ研究会で負担してもよいというもので、これに対し四月四日、横須賀鎮守府の山口参謀は気球研究会の要求は過分である、海軍はそこまで便宜を与えることはできない、気球研究会のために石炭の工面や船員加俸の心配などもってのほかである、と公文書に書き残すほど憤慨した。本件が実施されたかは不明である。臨時軍用気球研究会における陸軍と海軍の軋轢はその後もしばしば表面化している。

明治四十三年四月、気球隊が保管していた気球のうち一組を気球形状の改造に関する研究のため陸軍技術審査部へ保管転換したが、訓令改正により臨時軍用気球研究会において調査することになった。

山田式飛行船の登場

明治四十三年には一四馬力の発動機を付けた山田式第一号飛行船が完成した。日本式気球の成功に力を得た山田猪三郎がその後三年の苦心の末製作したもので、その年の九月には折原邦太郎が操縦し大崎から駒場往復を計画して試験飛行を行なった。途中、気嚢球皮の故障からガスが漏洩して浮力に不足を来し、恵比寿に不時着を余儀なくされたが、直ちに故障を修理して大崎に帰還した。これがわが国で作った動力付航空機の最初の飛行である。その構造は凧式気球の繋留索に進行機を取り付けたもので極めて軽快な飛行船であった。山田猪三郎はこれらの発明の功によって明治四十二年、勲六等に叙せられ単光旭日章を授けられた。

明治四十三年五月、交通兵旅団長太田正徳は陸軍大臣寺内正毅に対し、気球隊に信号気球一組を備え付けるよう近衛師団長上田有澤を経由して稟申した。これは本年の特別大演習の際気球隊において信号気球を使用することになったが、目下同隊に保管する信号気球は既に廃品に属し使用に堪えないため、新しく購入したいという内容で、近衛師団による実地調査の結果球皮は実用に堪えざるものと認められたので、兵器本廠に気球隊と詳細を打ち合わせるよう命じた旨、高級副官より近衛師団参謀長へ回答があった。

購入品目と価格を以下に示す。

品目	価格	摘要
信号気球	二六〇九円五〇銭	長さ一七・一メートル、容積二五〇立方メートル
舵布	三八円	
運用糸目	六五円	
胸竿舵竿	九〇円	
繫留索	二六六円	長さ七〇〇メートル、中径六ミリ
繫留糸目	八二円	
信号球	六八円五六銭	一組三個

同年六月、気球隊において高層気象の観測用凧を製作し、気象観測を開始した。

同年七月、気球隊は陸軍技術審査部と連合で栃木県那須野原下石橋付近において気球の研究と演習を行なった。この演習の初期は新造の繫留気球（容積八〇〇立方メートル）および付属車両、器材の能力試験並びに気球上からの写真撮影等を目的として行なわれ、後期は用兵上、気球隊運用の演練に、次いで気球の自由飛行が決行された。

自由飛行に用いた気球はロシアから鹵獲した球状気球で徳永工兵少佐が操縦、伊藤赳工兵中尉が同乗し、わが国最初の自由飛行を実施した。飛行距離九〇〇メートル、最大高度七〇メートル、飛行時間二〇分であった。

繋留気球操縦の基礎となる自由気球操縦法の基本教育はこのとき初めて行なわれた。ガスを節約して多くの将校を教育するために工夫された地擦飛行というもので、降陸綱を垂下し、綱の一端を地上に引き摺らせて上昇、降下、水平飛行の要領を教育した。その際地上勤務員の将校以下約十数名が数個の砂嚢を担って風向風速に応じて引き摺られていく降陸綱に追尾し、炎天下を田畑森林等お構いなしに走り回る労苦は相当なものであった。この演習間に一回、短距離の高度千数百メートルという自由飛行が突然行なわれ、気球は瞬時にして密雲内に姿を没したが、しばらくの後無事着陸した。

自由気球は最初「球状気球」と称したが、大正三年六月気球隊器材仮定数表制定のとき「自由気球」と改称した。

同年十一月、研究会委員徳永工兵少佐および同小濱海軍機関大尉の設計になる軟式飛行気球の模型を製作、各部の試験を終えてこの気球を製作することに決した。

同月、岡山附近における特別大演習に統監部付気球隊として参加した。その要員として野砲兵第十四聯隊より下士以下一四人、近衛輜重兵大隊より兵卒七人を臨時配属された。

同月、所沢飛行場周辺で気球隊と重砲兵第一旅団との合同野外演習を実施、気球隊は隊の基本隊形、陣地進入研究および繋留気球による偵察訓練を実施した。

同年十二月、欧州より帰朝した日野、徳川両大尉は代々木練兵場においてグラーデ式単葉機、アンリーファルマン式複葉機を操縦し飛行した。

これ以降飛行機の開発に主力が注がれるようになるが、本稿では主に気球に関連する事項を取り上げる。

山田式第二号飛行船は明治四十四年に完成、三月八日、寒風肌を刺す日、野外試験飛行を行なったが強風に阻まれて青山練兵場に不時着の止むなきに至り、その際プロペラを破損したので気嚢内の水素ガスを全部放出してしまった。この第二号飛行船はその後修理をして同月二十三日、試験飛行の準備が整ったとき急に北西風が募って飛行船を繋留柱もろとも吹き飛ばし、大森上空で気嚢爆発、その船体は大森海岸に墜落した。幸いにも搭乗前で人命の犠牲はなかった。

山田猪三郎は第一号、第二号飛行船ともに不幸な運命を辿ったにも拘らず、明治四十四年に第三号飛行船を完成し、大崎から麻布、芝愛宕山、日比谷公園、品川の航路を飛行して大崎に無事帰還した。この飛行が飛行船が帝都を訪問した最初である。

臨時軍用気球研究会では航空船の研究に資する第一歩として軟式小型航空船の建造を計画、明治四十三年六月に設計に着手し、委員徳永熊雄工兵少佐、小濱方彦海軍機関大尉、御用掛岩本周平陸軍技師（後帝大教授）が主としてその任に当たった。同年十月、略設計を終わり直ちに起工し、山下誠一海軍機関大尉、徳川好敏工兵大尉も加わって気球の組立調整を指揮し、明治四十四年八月二十五日、発動機を除いて純国産の飛行船が竣工した。これを「イ号飛行気球」と称した。気嚢の製作は東京大崎町の山田気球製作所山田猪三郎が担当し、表面を木綿、裏地に絹布を使用した。吊舟は平岡鉄工所が製作した。

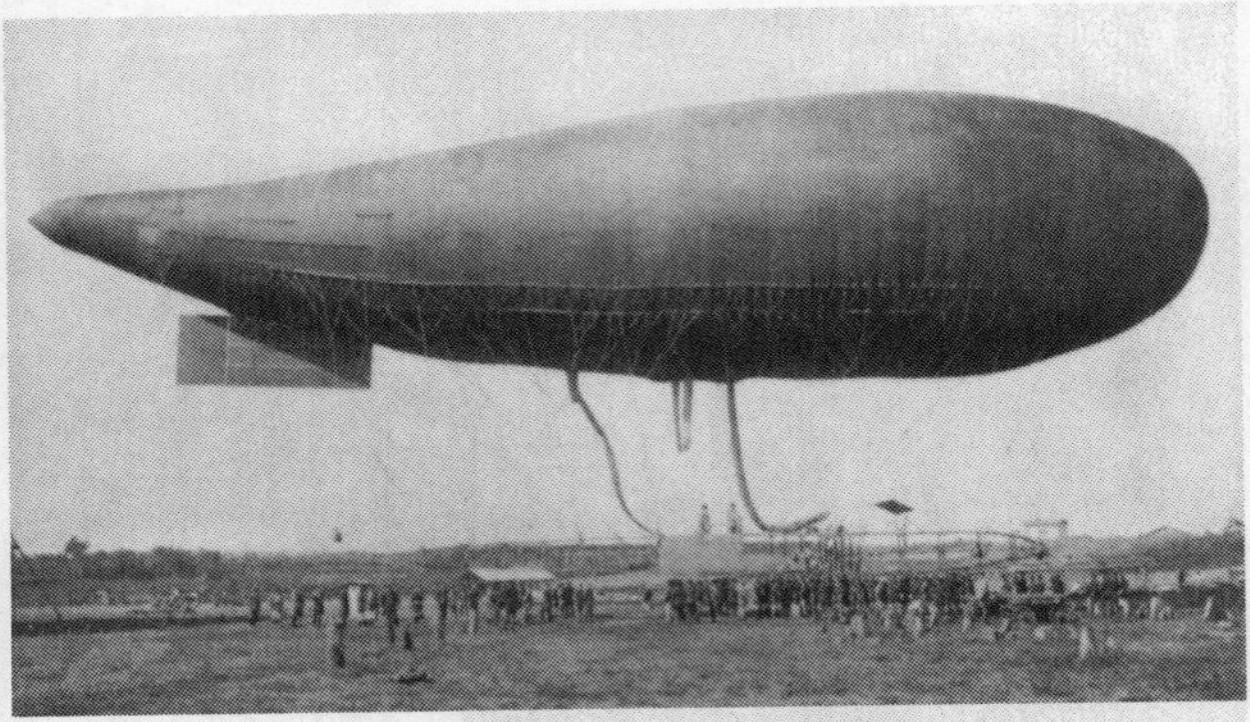

〈上〉臨時軍用気球研究会が計画したイ号飛行気球が竣工(明治44年)
〈下〉陸海軍協同で試作した軟式小型航空船イ号飛行気球の試験飛行

パルセバール式球状気球による偵察飛行を実施した
（大正元年8月）

イ号飛行気球主要諸元
全長　四八・三四メートル
最大中径　一一・四五メートル
容積　二九三〇立方メートル（うち空気房容積五二〇立方メートル）
重量　三三二〇キロ
巡航速度　一七・六キロ／時
航続時間　五時間
搭乗員　三人
発動機　ウーズレー六〇馬力
プロペラ　ツァイゼ

山田猪三郎の三号飛行船の成功を聞知した支那革命戦争の巨頭黎元洪《れいげんこう》は直ちに山田猪三郎に飛行船の譲渡を申し込んできた。国産飛行船の国外進出というので喜んだ山田猪三郎はその申し込みに応じ、飛行船を携えて渡支したが病を得て帰国し、大正二年四月、逝去した。

明治四十四年四月、武州所沢飛行場が完成した。同飛行場は気球隊長の管理下に置かれ、飛行機操縦教育は気球隊長の監督下に置かれた。

同年六月、臨時軍用気球研究会長長岡外史中将は欧州における優秀気球中からドイツ・パルセバール式飛行気球および木綿製球状気球を選定し、代理店東京市明石町ラスペ商会を経て二三万円で購入、あわせて欧州各国における飛行気球に関する研究のため石本祥吉工兵大尉、益田濟工兵大尉他2人を欧州に出張させた。

パルセバール式球状気球はドイツの代表的軟式球状気球でパバリア歩兵隊付フォン・パルセバール少佐が設計した。わが国が購入したパルセバール式球状気球は第一三号で、ドイツ・リージンゲル社が明治四十四年八月製作に着手し、四十五年三月八ヵ月を要して完成、日本に到着したのは大正元年八月であった。容積五八六立方メートルで八月三十日、所沢において膨張を終わり、益田工兵大尉（後少将）の操縦のもと長尾久吉工兵少尉が同乗し中野気球隊より寄居に初の偵察飛行を実施した。

明治四十四年八月下旬、飛行気球の研究に資する第一歩として容積二九三〇立方メートルの軟式イ号飛行気球の製作が完了した。イ号飛行気球は十月十九日より所沢試験場にてガス膨張を行ない、十月二十四日、二十六日の両日にわたって行なわれた試験で良好な成績を示し、山田式三号飛行船とともに国産飛行船が民間、軍用に二隻完成した。同年十月二十八日、所沢試験場において試験飛行を実施した。操縦者は伊藤工兵大尉、中島知久平機関中尉に機関係気球隊兵員二人（大島、恩田）が同乗し所沢上空二〇〇〜三〇〇メートルを飛行し、三三キロの距離を一時間四〇分で飛行の後停車場付近に無事着陸した。ただし発動機と推進機との間の長い回転軸が故障を起こし、思わしい結果を挙げることはできなかった。

パルセバール飛行気球の導入

明治四十四年八月、ドイツから輸入したパルセバール飛行気球は所沢の大格納庫で組み立てられ、ドイツ人技師シューベルト監督のもとで大正元年八月三十一日完成、岩本技師、益田、石本両大尉が同乗、シューベルト技師の操縦で八メートルの風をついて二五分間の試験飛行を行なった。世界的軟式飛行船パルセバール式に対するわが航空界の期待は大きかった。大正元年十月、井上仁郎交通兵旅団長自ら便乗し、益田大尉船長、岩本技師並びに山下海軍機関大尉は所沢より帝都訪問飛行を行ない、一時間半程飛んだ。

パルセバール飛行気球の受領試験は御大喪の関係により八月二日に初めて梱包を開き、十五日には気球組立を開始するための設備総てを整頓した。しかし同月十日に竣工する予定だった仮格納庫がまだ完成せず、到底気嚢を膨張できる状況ではないのでその完成を待ち、同月二十一日に至り組立作業を開始した。

気球内部の点検から総組立まで九日間で完了し、八月三十日午前、倉庫内にて推進力の試験を行なった後、引き続いて第一回飛行を行ない良好な結果を得た。翌三十一日第二回飛行を行ない再び予期した成績を得たが、同夜格納中大気の気温が高まった結果、気嚢内のガスが著しく膨張して空気房内の空気を押し出し、遂に安全弁を衝いてガスが漏出するに至った。この補充には数日間の作業を要するガスを失ったが、応急作業によりガスの漏出を止めることができた。このように二回の飛行により今回の試験の目的は達したことと、漏出したガスの補充のためには数日の作業を要すること、かつ天候が不良となったのでこの時点で試験を終了することとし、九月一日より分解準備に着手し、同月七日に総ての作業を終えた。

欧州差遣員がドイツにおいて行なった試験の成績概要は次のようであった。

一、速力試験　明治四十五年四月十三日施行
一秒間一八・四メートル　搭乗員一〇人
二、持続力試験　同月十九日より二十日にわたり施行
毎秒一五メートル中等速力で一〇時間三分　搭乗員七人
三、高度試験　同月十八日施行
約三〇分間に一二二五メートルの高度に達した　搭乗員七人

この試験において速力は設計以上の好成績を現し、持続力試験は我が試験項目に合格した。また高度試験は我が試験項目にはなかったが、この成績によれば設計高度すなわち約二〇〇〇メートルに達すると推算できた。

これに対し今回所沢で行なった試験は、八月三十日午前、推進力の点検を行ない、規定の約八〇〇キロを現し、午後六時二分より飛行に移り、同時二十五分までの二三分間飛行を実施した。その成績は次のとおりであった。

一、距離　約一六キロ、飛行時間一八分、経過時間二三分
二、高度　平均二〇〇メートル、最高三一〇メートル

三、速力　毎秒一五メートル、（風速二メートル、搭乗員五人）

出発および着陸後各部の状態を点検し異状は認めなかったが、浮力が不足していることが分かった。その原因は連日湿潤な土窟式気球庫に保管しているためガスが冷却し、気囊、綱具その他全材料の湿度が増したため荷重が大きくなり、さらにガスがドイツにおけるように純良ではないこともあった。試験飛行は短時間だったが気囊等を乾燥させる効果があったので、着陸の際には浮力が増加していた。

翌三十一日は乗員を一人増加し、次の飛行を実施した。

一、距離　二五キロ、飛行時間二八分、経過時間三五分
二、高度　平均一二五メートル、最高一七五メートル
三、速力　中等速毎秒一四メートル、最大速一六メートル（風速六メートル、搭乗員六人）

この飛行の際に発動機一基が故障したので、他の発動機により飛行を続行しながら直ちに修復を終わり、再び両発動機で進行した。途中一度驟雨に会い影響はなかったが、北方に雷鳴、東方に雨雲が現れ、襲来が近いと思われたので降陸した。

この夜気温が高まった結果ガスが膨張して空気房を圧し、空気房の空気が緊定綱を冒して

漏れ出てしまったので自働安全弁が作動し、ガスを漏出した。その補充のため貯蔵ガス量の関係上数日を要するので、演習を中止し、気嚢内のガスの一部を以てガス槽の試験に転用した。このガス漏出の原因は気温が高まったことにあるが、委員以下未だこの気球の操作に習熟しておらず、空気房緊定網の緊結が不十分であったためで、その漏出量が多くなったのは気球庫内に電灯設備がなく、ガスの漏出を早期に発見できなかったことによる。

実験に基づく意見

一、土窟式気球庫は建築が簡単で建築所要日数および経費は節約できるが、わが国の風土では特に換気および防湿手段に注意する必要がある。

二、気球格納庫入口戸または周壁等に幕布を用いるのは設備は簡単だが、わが国の風力に対し布質、糸目の結構に注意を要する。現在の仮気球庫入口の布では不十分である。

三、防湿不十分の庫内に長時間気球を繋留するためには時々庫外に出し、気嚢およびガス等を乾燥する必要がある。

四、地上操縦のため臨時傭人を使用するときは規定以上の人員を要するのみならず、非常に危険であるので地上操縦者には常にその教育を施した者を要する。

五、気球のように飛行時間が長いものに対しては高層および一般気象に関し各気象台と連絡手段を持たなければ、前途不明のため十分な飛行を実施することはできない。

パルセバール式飛行気球の制式は一九〇六年、ドイツのパルセバール少佐の創製に係り、同国ゲッチンゲン大学ブランドル教授の気流に関する研究と同国ビッターフェルド航空機会社キーファー技師の構造に関する研究努力により完成した。

パルセバール飛行気球主要諸元

型式	軟式
全長	七六・六七メートル
最大中径	一六・〇メートル
全高	二五・五メートル
ガス房容積	八八〇〇立方メートル
重量	七一五〇キロ
搭乗員	七〜一二人
発動機	マイバッハ一五〇馬力二基
最大速度	六六キロ/時
巡航速度	六四・八キロ/時
実用上昇限度	二〇〇〇メートル
航続距離	一三〇〇キロ
航続時間	二〇時間

吊舟　　長さ一〇・五メートル
幅一・九メートル
高さ一・三メートル

同年十一月、福岡県下における特別大演習に統監部付気球隊として参加した。

明治四十五年五月、空中偵察特技操縦将校養成要領を発布した。

同年六月、交通術修業員として歩兵大尉小澤寅吉、砲兵大尉浅田礼三以下六人を気球隊に分遣し気球偵察教育を開始した。これが空中偵察実習の始めである。また同年七月、騎兵中尉岡楢之助以下五人を一年間気球隊に分遣し飛行機操縦術の教育を開始した。これを操縦第一期生とする。

大正元年十月、気球隊は中野町より所沢に転営した。

飛行気球の名称に関してそれまで飛行気球、誘導気球、飛行船、飛空船、空中船等区々の名称が使用され実際上不便が少なくなかったのでこれを統一することになり、同年九月、名称を航空船に改めた。その際に定義された内容は航空機を飛行機と気球に分け、飛行機は機械力により空中に昇騰し航空し得るもの、気球は気嚢内ガスの浮力により空中に昇騰し得るもの、気球は航空船、繋留気球、自由気球に分類し、航空船は機械力により航空し得るもの、繋留気球は索を以て地上に繋留するもの、自由気球は風力により航空し得るものと整理した。これに対しては海軍省も異存なく、陸海軍一般へ通達された。

大正元年十月二十日より十一月二十日の間、パルセバール飛行気球の機能試験を実施した。飛行回数二五、総距離一三四九キロ、時間二八時間四分、東京に往復すること三回、横浜に往復すること一回に及ぶ飛行成績の概況を以下に示す。

月日	航空時間	距離(km)	高度(m)	時速(km)	乗員	航空方向
一〇・二〇	一時間一一分	六一	四〇〇	一五・〇	七	所沢、川越方向
一〇・二一	三〇分	二五	三〇〇	一四・〇	六	所沢付近
	一時間三五分	七七	五二〇	一四・〇	六	所沢、東京往復
一〇・二二	四四分	三五	五二〇	一三・八	九	国分寺往復
一〇・二三	四六分	三八	五五〇	一四・五	八	川越往復
	四五分	三七	五七〇	一四・五	八	所沢、八王子、日野、所沢
一〇・二四	一時間一五分	五八	三五〇	一四・〇	八	八国山付近
一〇・二六	一時間四八分	八五	四二五	一四・〇	七	東京往復
一〇・二八	一時間二分	五〇	六〇〇	一三・五	七	入間川、岩沢付近
一〇・三〇	一時間二〇分	六五	六五〇	一三・五	七	所沢、松山往復
	四〇分	三二	二五〇	一四・〇	四	所沢、

						大和田往復
一一・二	五二分	四〇	四五〇	一三・〇	四	荒川河畔往復
一一・四	三四分	二七	二五〇	一三・五	四	所沢付近
一一・五	五一分	三五	三〇〇	一三・〇	四	荒川付近
一一・一一	二〇分	一六	二五〇	一三・八	七	所沢付近
一一・一二	二時間五三分	一四五	五二五	一四・〇	七	横浜往復
一一・一三	一時間	五二	六二五	一四・五	八	松戸、入間川付近
一一・一四	一時間一〇分	五七	五二五	一三・七	八	狭山、府中付近
一一・一五	五五分	四五	四八〇	一三・五	六	豊岡町、下宿、所沢
一一・一六	五〇分		四〇〇		七	強風のため前進せず
	一時間三八分	七五	一〇〇〇	一三・〇	七	入間川、大蔵、川越、所沢
一一・一七	一時間七分	五六	四五〇	一四・〇	七	鶴岡、扇町屋、箱根ヶ崎
	一時間二八分	七〇	七〇〇	一三・五	七	羽村、拝島、

一一・一八　二時間五分　九六　七〇〇　一三・〇七　府中、所沢

一一・二〇　一時間三四分　七二　四二五　一三・〇四　多摩村、立川、日野、拝島

合計二五回　二八時間四分　一三四九　東京往復

大正元年十一月十二日、大正天皇御即位最初の大観艦式が横浜沖で挙行されたがその際益田大尉船長の指揮するパルセバール航空船は空中より晴の観艦式に参加し、二時間余の飛行を行なった。また三日後の十五日、新帝最初の御親裁の陸軍特別大演習に参加し公式の天覧飛行を行なった。パルセバール航空船は当時パルセバール軍用気球G号と称した。

同月、武州川越地方で施行された秋季特別大演習にはブレリオ式単葉機および研究会式ファルマン式複葉機の他、本年新たに購入したパルセバール航空船が参加した。初めて統監部に飛行機および航空船を配属し偵察勤務に服した。気球隊要員として野砲兵第十七聯隊より下士以下六人、馬匹八頭を臨時配属された。

大正二年一月、パルセバール航空船の第二回機能試験を行なった。目的は厳冬の時期におけるパルセバール航空船の機能を試験し、また組み立ておよび分解作業に及ぼす寒気の影響を調査し、気嚢の変形調査を継続することにあった。一月十三日より準備に着手し二十七日組立完成した。この間発動機も大分解し運転準備を完了した。

飛行は一月二十八日から二月五日にわたり、高度試験、速度試験および河上および山地飛行の三項目にわたり実施した。

速度試験は高度約三五〇メートルにおいて所沢、川越間を往復し、神米金、砂久保間において測定した結果毎秒一五・四七メートルの速度を得た。

河上飛行は荒川上豊島渡場より隅田堤に至り、さらに立川を下って海に出る間に施行した。隅田堤に至る間は左右水田なので操縦上支障を感じなかったが、立川に移った後は終始突風の影響を受け、高度を一定に保つことが困難であった。

山地飛行は八王子、青梅間で施行したが気球が一つの山頂に達しようとすると風のために高く上げられることの繰り返しで、予定の高度よりも著しく高く上昇させられた。

高度試験は浮力の関係上実施しなかった。この試験では東京に二回往復した。

この試験に使用した膨張用ガスはその大部分を圧搾ガス缶により約二〇〇〇立方メートルをシリシーム発生法により填実する予定であったが、シリシームによるガスはその発生は良好だが洗浄水不足の結果、冷却不十分で二個の乾燥器も効果なく、水蒸気が混入して気嚢を湿らせ水滴が生じたので、約七〇〇立方メートルを採取した後これを中止し、その後は総て硫酸式ガスを使った。日々の補充には圧搾したものを用い、使用した全ガス量は膨張のため九六四五立方メートル、補充のため四七五五立方メートル（一日平均五二八立方メートル）で著しく予定量を超過した。これは気嚢中径の伸長によるものと気温が寒冷であることによるものであった。

浮力は一月二十八日一〇九七キロ、二月五日九五八キロで、毎日平均一五キロずつ減少し、これを換算すれば毎日約八〇立方メートルの空気が混入していることになり、著しく不良であることを証明した。このように浮力が減少したのは空気膨張後における空気の排除不十分によるか、シリシーム発生により水蒸気の混入が多量によるか、或いは気嚢尾部にあった穿孔一個より空気の侵入等、様々な原因が考えられるが、さらに詳細に調査を要する課題となった。

発動機は一月十三日より二七日の間大分解の結果数箇所の不良点を発見し、修理を加えた結果運転は良好となったが、寒気のため摂氏六〇度の温湯をかけて約三〇分待たなければ手動不可能であった。また寒気のため気化困難となったので燃料弁の開口部を前回試験より大きくした。

気嚢全般にわたり共通する変形は頭尾を通し気嚢の縦方向に縮小し、横方向に伸長することである。すなわち気嚢の全長は短縮し、中径は増大する傾向がある。伸長の度合いは一〇〇〇分の五内外とするが、空気房縫目の附近では伸長度一〇分の一に達し、その楕円軸は荷重を受ける方向に従う。これらの変形はガスを抜いた後復旧するものもあるが、一〇分の一の変形を受けた部分は完全には復旧せず、気嚢の使用期限を左右することにつながる。

大正二年三月二十八日、貴族院並びに衆議院議員連が参観するため、所沢より青山練兵場へ空中輸送して着陸しようとしたとき、突風に煽られ操縦を誤り明治天皇の葬場殿幄舎の屋根に激突して船体は大破し、気嚢、尾部を損傷した。爆発に至らなかったのは不幸中の幸い

〈上〉所沢においてパルセバール式飛行気球の膨張を終えた（大正元年8月）
〈中〉パルセバール式飛行気球の風防付ゴンドラおよび機関部
〈下〉パルセバール式飛行気球のゴンドラ中における各試験委員

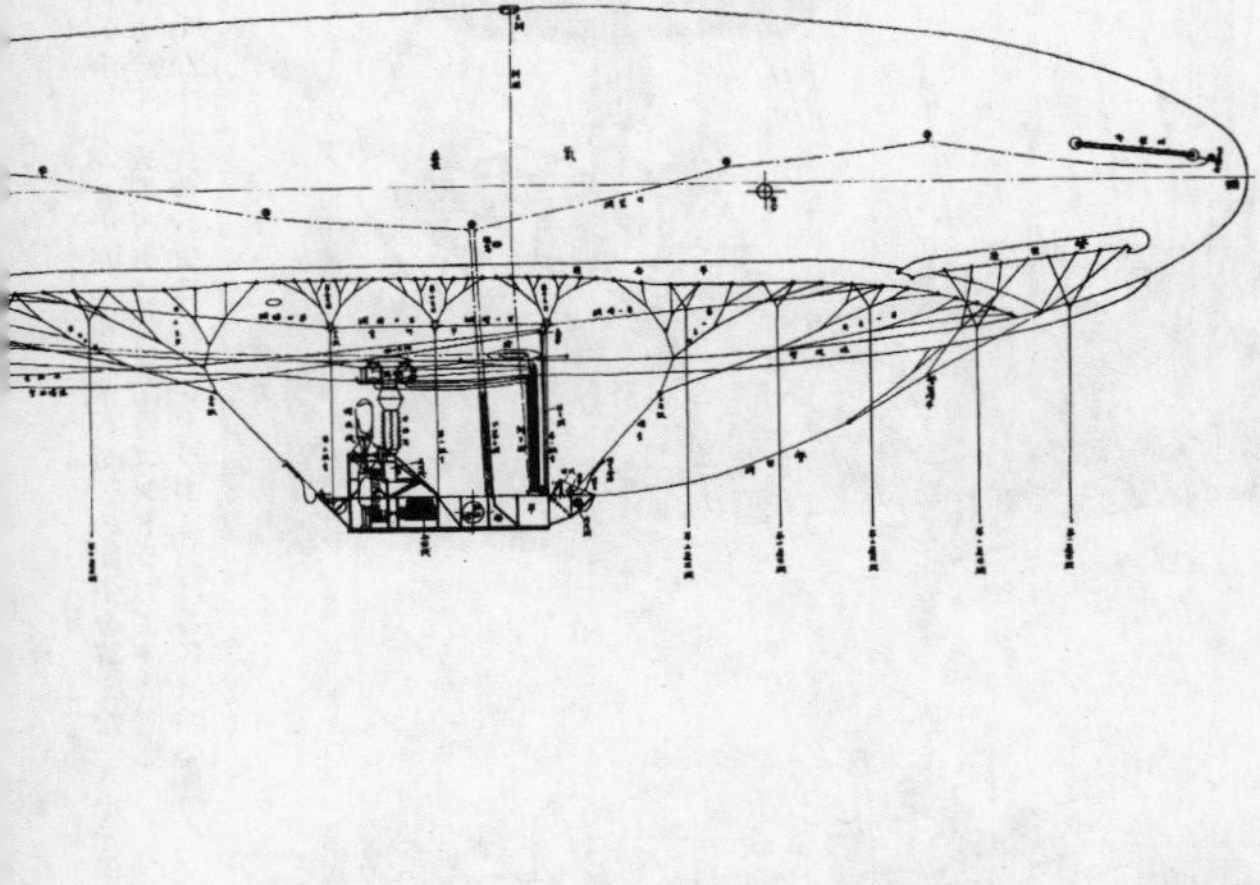

パルセバール飛行気球

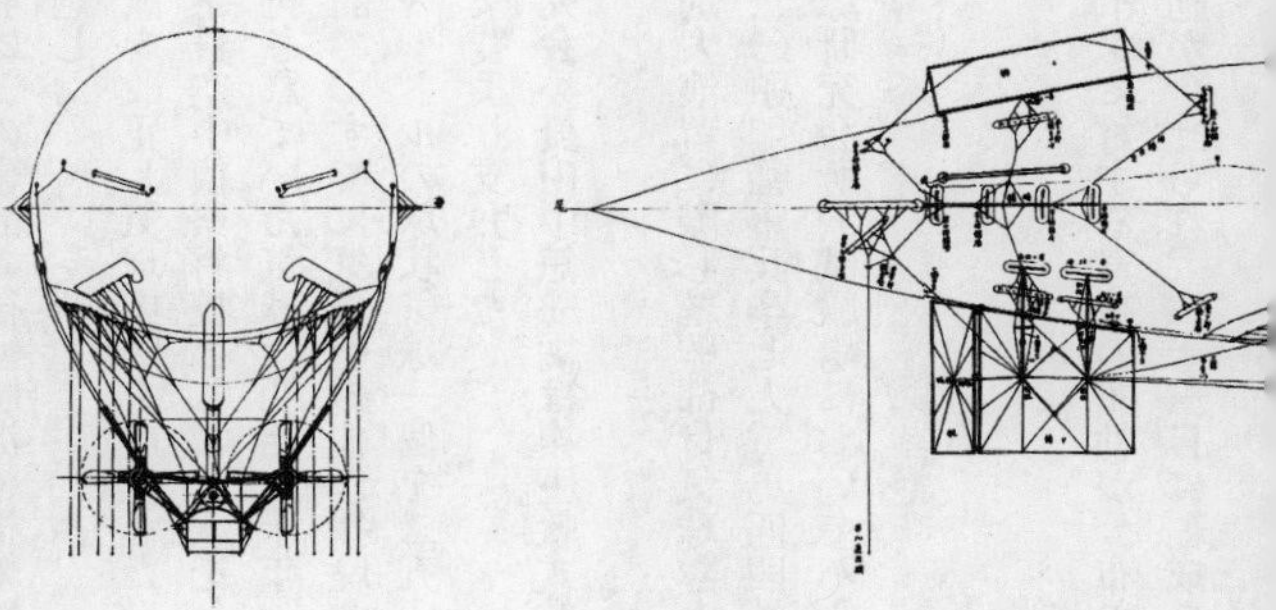

であった。パルセバール航空船はこの事故の後、所沢の格納庫に収納されたまま放置されて殆ど顧みられず一年有余を経過した。

同年五月、気球隊の平時編成を改正し気球中隊を設置した。

同年六月、第二期交通術修業員空中偵察将校として九人を気球隊に分遣した。

同年七月、従来気球隊に交付されていた気球は明治四十年十二月に電信教導大隊より保管転換を受けた日露戦争の戦利品で、すでに気嚢その他が損廃し使用に堪えなくなっていたため、外国製で容積六〇〇立方メートルの球状気球一個を二五〇〇円で購入し支給することになった。費用は軍事費兵器弾薬費より支弁した。

同年九月、臨時軍用気球研究会委員田中舘愛橘は複圧軟式航空船を発明し、陸軍大臣の名義で秘密特許を取得した。

同年十一月、尾三地方の特別大演習に際し統監部付気球隊として参加した。その要員として砲兵下士以下一八人、馬匹三〇頭、輜重兵卒七人、馬匹四頭を臨時配属された。

大正三年八月、臨時軍用気球研究会所沢試験場においてパルセバール航空船の改修に着手した。

日独戦争における気球

大正三年八月二十三日、ドイツに対する宣戦の詔勅が公布された。

八月十八日、航空隊臨時編制が令せられ、二十三日に編成を完結した。本部気球中隊（繋留気球一個）と飛行機中隊（ニューポール一機、モーリスファルマン三機）からなり、隊長工兵中佐有川鷹一以下独立第十八師団長の隷下に入り青島に出征、航空機による敵状偵察、爆弾攻撃、射撃観測等六八回の飛行を実施、わが国空中戦史の第一ページを飾った。

気球中隊は隊長伊藤赳工兵大尉、隊付深山成人工兵中尉、ガス縦列長金谷甫志輜重兵中尉他下士官兵、軍属、馬匹からなり、飛行機に属する先遣隊が八月二十四日に所沢を出発した後、九月十二日、後発隊として所沢を出発した。同月十八日大阪港出帆、二十七日労山湾に上陸し、十月三日、狗塔埠において先遣隊に合流し、仙家寨に位置した。気球は山田気球製作所が製作した制式凧型気球であった。

十月二十九日以後、青島攻城戦の間航空隊本部は飛行機一機を持って張村に位置し、残余の飛行機に要する人馬器材は依然狗塔埠にあっていずれも偵察、爆弾投下並びに通信等の任務に服した。

本戦役間飛行機の出動回数および時間は次表のとおりであった。

飛行機型式	号数	出動回数	出動時間
モーリスファルマン	第三号	一五回	二一時間三七分
モーリスファルマン	第四号	一八回	二三時間五六分
モーリスファルマン	第八号	二〇回	二三時間一三分
ニューポール		一五回	一三時間一三分

繋留気球は劉家韓家庄西方約七〇〇メートルの地点において昇騰を準備、ガス縦列は仙家寨にあって劉家韓家庄間のガス補充に任じた。

十一月三十一日、総攻撃の命令が下達された。

十一月一日午前七時、最初の昇騰を実施、約六〇〇メートル上昇した。これに対し敵は発砲したが被害はなかった。十一時まで射弾の観測、敵堡塁の状況を観測、気球の電話機を以て逐一状況を司令部に報告した。その後暴風雨が続いたので昇騰を中止し、六日に昇騰を再開した。高度七〇〇メートルから敵堡塁を観測、わが砲兵の射撃は正確であり射撃の観測必要なしと判断、二時間後降下した。この二時間の昇騰中、重砲の射撃により気球の振動が大きく観測者は気球から飛ばされそうになる状況であった。

七日、ドイツ軍降伏の当日であり、司令部から「本塁の後方に臨時の堡塁を築造しているかどうか観測すべし」との命により、午前六時三度目の昇騰を実施、暗中彼我の砲弾が飛び交い炸裂する状況間、わが軍の突撃状況が手にとるように見えた。このようにして中央堡塁は陥落し、各砲台は白旗を掲げ、気球隊は任務終了、降下した。

大正四年一月一日、航空隊は全員元旦早朝横浜港に上陸、汽車輸送により午後七時、所沢に凱旋した。同月五日気球隊将校以下全員原所属隊に復帰し、復員完結した。

同師団の参謀長山梨半造が戦後航空隊について陸軍次官に意見書を提出したが、その中で繋留気球については行軍縦隊を徒に延長するもので射撃観測の他大した価値はなく、その観

青島戦に参加した四三式繋留気球(大正3年8月)

測も敵飛行機のため妨害を受けやすい。飛行機が発達した今日ではこれを全廃してよいと報告した。ところが報告書を提出した四日後にその項だけ削除している。航空方面から異議が出たものと思われる。

大正三年十一月、摂、河、泉地方の特別大演習に際し、気球隊留守隊は統監部付気球隊として参加した。主力は日独戦争でまだ青島にいた。

大正四年一月、交通兵旅団は交通兵団と改称した。

航空船雄飛号の誕生

大正四年二月、パルセバール航空船の気嚢を更新し吊船を改修した。設計および工事主任は岩本周平技師、工事監督は益田工兵少佐であった。竣工後船体その他機関の調整を行ない、公試運転の成績は良好だった。同年三月試験飛行を実施し、同年4月20日所沢の格納庫で大島陸軍、八代海軍両大臣が臨席して「雄飛号」の命名式が行なわれた。すなわち雄飛号とは蘇生したパルセバール航空船を指すのである。名称は後漢書趙興伝「大丈夫當雄飛安能雌伏」に由来する。

この改造は大掛かりなものでほとんど新航空船一隻を作るほどの材料を使い、気嚢等は全部国産を使用した。工事は臨時軍用気球研究会付属工場において一切を施行し、大正三年十月、球皮裁断に着手し、翌年二月に完了した。吊舟はパルセバール式付属のものを改造して使用した。命名式の三日後には雨中の帝都訪問飛行を試み、往復二時間の飛行を無事終えて所沢に戻った。次いで二十七日七時間連続飛行を決行、さらに五月には夜間飛行を敢行した。

パルセバール航空船は水平および垂直安定板を備え、垂直安定面後部には方向舵を備えているが昇降舵はなく、前後の平衡は気嚢内の船首、船尾に近い場所に設けられた空気房の空気を発動機によって運転される送風機により、前部または後部に圧送することによって航空船の前後の傾度を調整する仕組みである。

航空船雄飛号主要諸元

型式	軟式
全長	八五・〇メートル
最大中径	一五・五〇メートル
全高	二二・五五メートル
気嚢容積	一万立方メートル（うち空気房容積一〇〇〇立方メートル）
重量	八一〇〇キロ
搭乗員	四～一二人
発動機	マイバッハ一五〇馬力二基
最大速度	六八・四キロ／時
巡航速度	五八キロ／時

上昇限度　二五〇〇メートル
航続時間　二〇時間
航続距離　六〇〇キロ
吊舟　長さ一〇・五メートル、幅一・九メートル、高さ一・三メートル
無線電信機を備える

同年七月十一日、皇太子裕仁親王殿下は三皇子殿下とご同列にて所沢飛行場に行啓され、各種飛行機の飛行等を台覧され、雄飛号上において説明を受けられた。

同年六月より七月にわたり球状気球による夜間自由飛行を実施し、高度三二五〇メートルに達し夜間自由飛行の新記録を作った。

同年十二月、御大典記念の大観兵式に際し青山練兵場において信号気球を昇騰し、航空船雄飛号の飛行およびモ式三年型飛行機一〇機を以て空中分列式を実施した。

同年十月、青森県弘前地方における特別大演習に統監部付信号気球隊として参加した。

同年十二月十日、平時編成の改正に伴い気球隊を解散し航空大隊を新設、大隊本部並びに第一中隊（飛行中隊）、第三中隊（気球中隊）および材料廠よりなり初代隊長工兵大佐有川鷹一以下三七五人、乗馬八頭でようやく航空部隊として基礎を定めた。第二中隊（飛行中隊）は欠。

この年、軍用気球の研究促進を図るため軍用気球研究費の増額をみた。

大正五年一月、航空船雄飛号で所沢、大阪間四四〇キロの野外飛行を実施し、初回は左舷発動機不調のため所沢に引き返した。発動機の大修理が終わった六日後再び出発、途中豊橋練兵場に着陸、燃料補給のうえ出発、翌日早朝大阪城東練兵場に着陸した。帰路は発動機の不調と悪天候により解体陸送と決まり水素ガスを放出した。

同年十一月、佐賀、福岡両県下における特別大演習に際し、航空大隊第三中隊（気球隊）において気球隊一隊を編成し、統監部付として参加した。

大正六年五月二十七日より六月四日に至る間、臨時軍用気球研究会および野戦砲兵射撃学校と連合し、富士裾野において繋留気球による射撃観測およびこれに対する射撃試験を実施した。試験後次のような意見が出た。

一、風に対する安定性を増加するため形状を改良すること。

二、昇騰高を搭乗者二人のとき一〇〇〇メートル以上、一人のとき一五〇〇メートル以上ならしむること。気球の数を多くして一気球の負担任務を少なくすれば最初から搭乗者を一名とするのも一案である。

三、気球の操作に発動機動力を応用すること。

四、繋留索の重量を減じ電話線は索内に編み込むこと。

同年七月、航空船雄飛号は田中舘博士の考案による空中座標の決定に関する研究のため所沢、仙台間の往復飛行を実施した。その後は所沢の大格納庫に格納されて事実上の廃船となってしまった。

大正七年度軍用気球研究費予算案には発動機五〇万円、飛行機大小二〇万円、繋留気球二万円等が含まれているが、さらにツェッペリン型航空船建造費として一二〇万円が計上されていた。

山田式、イ号、パルセバール、雄飛号とわが国航空船は順調に進歩してきた。しかし維持費の嵩む巨大な航空船、その割りに実戦にはあまり価値がないとされる軟式航空船はようやく疎んじられ、軍部当局の航空船に対する意見が大体廃止ということになってしまった。その理由は、

一、軍用価値僅少。

二、浮揚ガスの補給、気嚢球皮の耐久期間が短く維持費が嵩む。

三、欧州大戦のため発動機その他の重要器材の輸入杜絶。

四、航空船製作技術の不熟のため予期の成績を収め得なかった。

等から雄飛号は格納されたまま次第に閑却されてしまった。大正六年七月以降は陸軍としては自由気球並びに繋留気球の訓練に主力を置くことになった。

〈上〉パルセバール式飛行気球に改良を加えて建造した航空船雄飛号。〈中〉航空船雄飛号の試験飛行。〈下〉裕仁皇太子殿下は所沢飛行場に行啓され雄飛号をご覧になった(大正4年7月)

軍

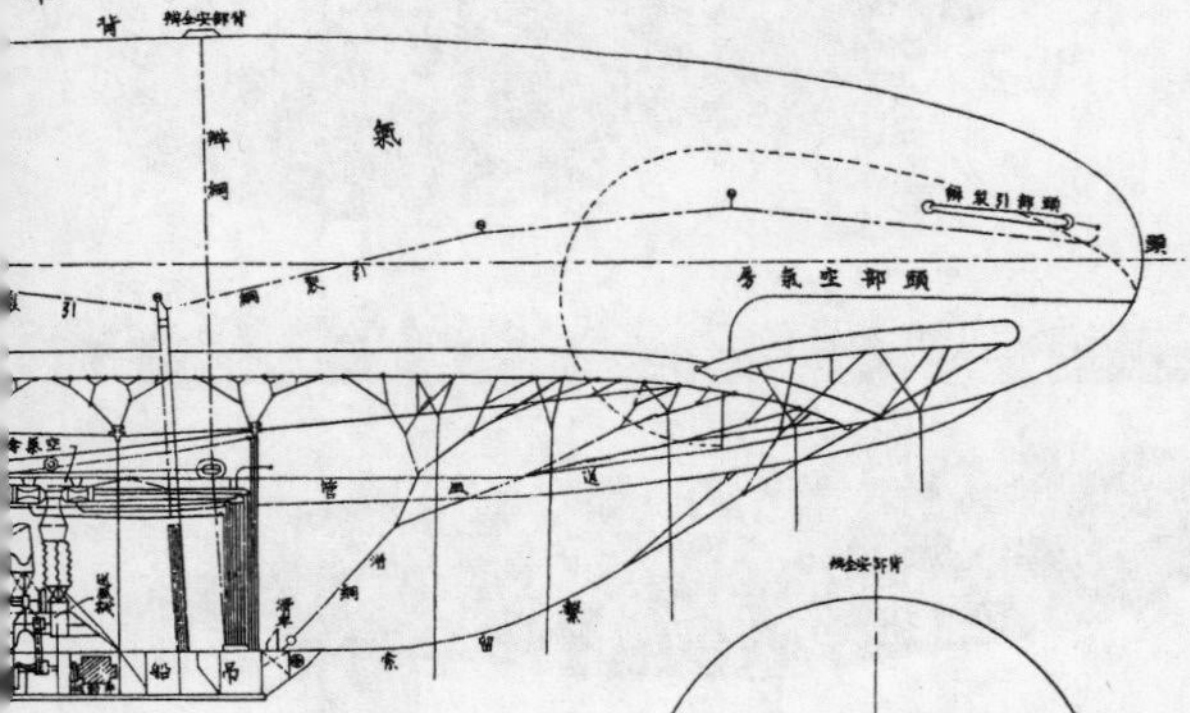

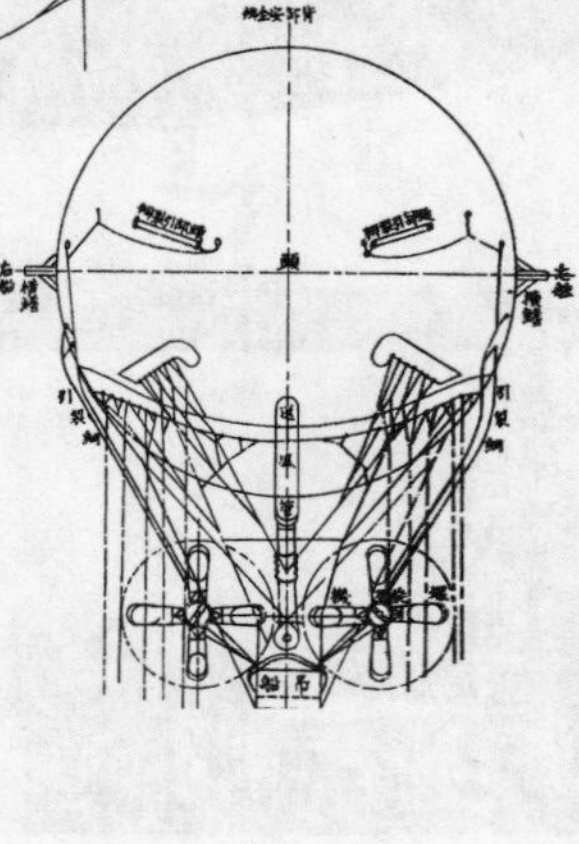

一 構造
氣嚢 羽二重三重木綿一重ヨリ成ル球皮ヲ用ヰ内部ニ二個ノ空氣房ヲ有シ送風機ニヨリ空氣ヲ送入ス
吊船 鋼管製ニシテ操縦席、機関並ニ推進器ヲ設ク
鰭 鋼管製枠ニ布ヲ張リタルモノニシテ氣嚢ノ

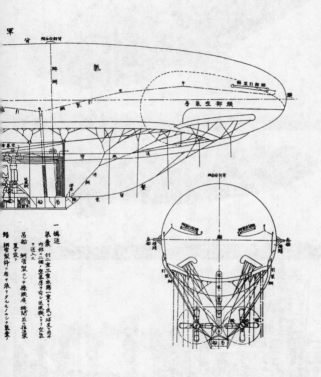

航空船雄飛号
（大正7年・陸軍砲兵工科学校・兵器学教程付図所載）

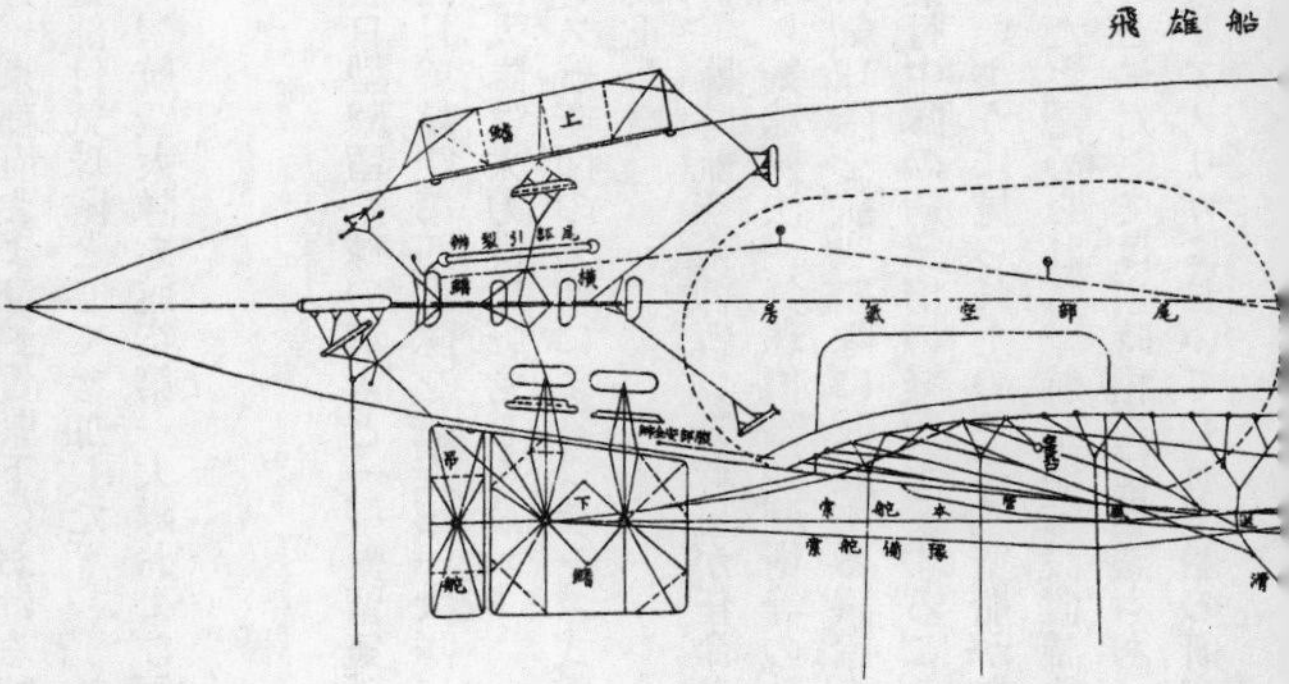

型式		獨式パルセバール型
全長		八五米
全幅		一六米（氣嚢中徑一五米）
全高		二四米（氣嚢高徑一五米）
全容積		一〇〇〇〇立方米
全重量		八噸（貨及運轉材料ヲ除ク）
乗組人員		四名乃至一二名
吊船	長	一〇米五〇
	幅	一米八〇
	高	一米三〇
發動機		「マイバッハ」式發動機一五〇馬力二基
螺旋機		鋼製四翅螺旋機二個
速度	最大速度	毎秒一九米
	中等速度	毎秒一六米
昇騰限高度		二、五〇〇米
最大航續時間		二〇時間
操縦裝置	水平方向	垂直舵
	垂直方向	前後空氣房
操縦人員	方向係	一名
	上下係	兼航空船長一
	機關係	二名
地上操作人員		七〇乃至一三〇名
製造時日		大正三年八月着手大正四年四月完成

同年十一月、京都府および滋賀県下における特別大演習に際し、航空大隊第三中隊（気球中隊）は統監部付気球隊として参加した。

同年十二月、航空大隊を航空第一大隊および同材料廠と改称し、同時に航空第二大隊を設けた。

フランス製R型繫留気球の導入と一型繫留気球の準制式制定

大正七年四月、航空第四大隊を航空第一大隊において編成し、第二大隊を各務ヶ原に移転、後に航空第四大隊は大刀洗に転営した。

同年フランス航空団の来朝によりフランス式繫留気球器材を採り入れて繫駕式を廃し、自動車編成に改正した。

同年十二月、臨時航空術練習員気球班が任命され、翌年二月からフランス航空団員フォールス大佐により気球操法、気球偵察観測術等の教育を受けることになった。

大正七年に気球隊を航空船隊に改変する議論もあったが、ツェッペリン式の航空船に改変する場合は飛行中隊の約三倍の経費を要することと、欧州大戦末期の景況から航空船は飛行機の敵ではないように見られたので、航空船が発達するまでこれに要する費用を飛行機に使った方が有利だと認められて、航空船隊設置議論は一時中止することになった。航空船隊を設置しないことに対しては当時相当に異議もあった。海軍はそれから一年後に航空船隊を設け、イギリス、アメリカにおいても航空船の研究は盛んになり、わが国にツェッペリン号の飛来もあった。

大正七年七月、横須賀の陸軍重砲兵射撃学校と気球隊が富士裾野で連合演習を実施した。板妻廠舎で宿営し御殿場駅で卸下した器材を繋駕で廠舎付近の高塚という丘阜の麓に陣地進入し、同地に昇騰して一週間にわたる演習を実施した。

大正八年四月、陸軍航空学校条例が制定され、同月十五日、所沢陸軍航空学校が新設された。また航空本部の前身である陸軍航空部が設置され、交通兵団は廃止になった。

大正八年八月、フランスから購入した「R型繋留気球」および繋留自動車各二組を航空第一大隊へ定数外兵器として支給し、気球中隊の教育を実施した。

R型繋留気球主要諸元

全長	二七・五メートル
最大中径	八・三メートル
容積	約一〇〇〇立方メートル
重量	約四八〇キロ（吊籠を除く）
浮力	約一一〇〇キロ
吊籠重量	約三〇〇キロ
搭乗員	二人

フランスから購入した繋留車はラチール自動車を使用した四輪起動車で普通の自動車に比べてやや不良な道路も通行できるが、総重量は五二〇〇キロで軟弱地盤の運行には適していなかった。気球昇騰に用いる捲索装置は七五馬力のガソリン発動機を使用した。

野営自動車は気嚢およびその昇騰に要する器材を積載する。またこの車両は昇騰気球の移動に際し障害超越の作業に兼用し、かつ車上より対空射撃を行なうため機関銃を装備していた。

ガス缶自動車は一トン半積自動貨車にガス缶二〇本を積載する。ガス缶は水素六立方メートルを圧搾収容し重量約五二キロのものおよび容量七立方メートル、重量六〇キロのものを使用した。

気球用写真機は遠大な距離における地物撮影のため焦点距離一・二メートルおよび〇・七メートルのものを使用した。

偵察用器材の中には二、三特種なものがあるが、その他自動車、通信、気象、観測、写真器材等はおおむね他部隊のものと同じであった。

気球昇騰に要する水素ガスは平戦時ともカセイソーダ製造の際多量に発生し徒に放散しているる水素をガス缶に圧搾して使用するのが有利だが、遠く外地に出征する気球隊のためには多数のガス缶を要するのみならず、この危険物運搬のため軍事輸送業務を甚だしく多端とする。したがって戦地においてガスを製造するものとした。

ガス発生方式には数種ある。移動式シリシーム式ガス発生機は重量約六トン、一時間の製造能力約二〇〇立方メートルで、一〇〇〇立方メートルのガス発生のためには約七〇〇キロの硅素鉄、約一二〇〇キロのカセイソーダおよび最小限六〇〇〇リットルの水を要した。

ガスの補給は気球隊の最重要問題で、気嚢の膨張に要する約一〇〇〇立方メートルの他、球皮を浸徹して放散する自然減耗および昇騰のため外気圧の減少により安全弁より排出するガス（約一二〇〇メートルの高度に昇騰したとき一二〇立方メートルを標準とする）の補充を要する。これらの補充および通常一ヵ月に一回行なうガスの更新、気球の破損、陣地変換等を考慮するときは一ヵ月の所要量を約四〇〇〇立方メートルと積算する。戦地におけるガス製造所（通常野戦航空廠）と気球隊との距離はガス中隊の編成装備並びにガス補充の難易に関係を及ぼす。

昇騰限度は偵察者二人で所要の器材を搭載するときは一二〇〇メートル、偵察者を一人とし器材を減らすと一五〇〇メートルとなる。風速限度は秒速一八メートルまで、ただし特別の場合には二四メートルまで使用できた。昇騰速度は高度一〇〇〇メートルに六〜七分、降下速度は低速毎秒一・七メートル、高速五メートル、最高速七メートル。

運動性は行進長径気球中隊約二七〇メートル、ガス中隊約一二〇〇メートル、気球大隊約二四〇〇メートル、独立中隊約七〇〇メートル。気球中隊は自動車編制であるから一般自動車部隊と同一の運動性を有する。一時間平均一二キロ、道路が良好なときは毎時一八キロ、一日一五〇キロの行軍をなし得る。ただし重量五トンを超える車両があるので地形の制限を受ける。また徒歩速度並みの低速行進は長く行えない欠点がある。膨張した気球を移動する

フランス式R型繋留気球諸元表
（昭和3年・陸軍士官学校・兵器学教程付録全所載）

繋留氣球諸元表

名稱區分		数量	摘要	
氣嚢	ガス嚢容積 立米	一〇〇〇（九八〇）	細部ノ重量(瓩)左ノ如シ	
	空氣房容積 立米	二五〇	氣嚢及其附屬品	四七六
氣嚢	全長 米	二七、〇	吊籠及其附屬品	五八
	最大中徑 米	八、三（八、二）	落下傘及其附屬品	二六
	自重 瓩	約五六〇	小計	五六〇
	荷重 瓩	約三九〇	吊籠收容器具	五〇
			搭乘者二人	一四〇
			砂嚢	一〇〇
			小計	二九〇
			總計	八五〇
	浮力 瓩	約一一〇〇	中心ハ頭部ヨリ	約一一米
	昇騰力 瓩	約二五〇	中心ハ頭部ヨリ	約七米

嚢

地圖寫眞帳、諸記錄、作業用具、測秒器
規尺（坐標測定尺距離尺、遮蔽稜尺中ノ所要ノモノ）
氣象觀測器材（高度計、風速計、寒暖計各一）
眼鏡（八倍、一二倍、共ニ分画入及二五倍）
氣球用電話機、視號通信器材、通信筒、砂嚢、

項目		単位	数値	摘要
繋留索	中径	粍	〇、六八	
	長	米	約一六〇〇	
	破断抗力	瓩	三二〇〇	風速二五米ノトキ安全率約三
昇騰シ得ル風速ノ限度		米/秒	一八	最大 二五
昇騰高		米	一三〇〇	焦点距離一米二〇ノ写真機(約三九瓩)ト収容器具中自由飛行ノ為所要器材ト二名ニテ一五〇〇米迄昇騰スルコトヲ得
良好ナル観測地帯		粁	昇騰地点ヨリ一五吉以内	昇騰ノ高ノ十倍ニ相当シ天候気象ニヨリ著シキ差異アリ
千五百米ノ昇騰時間		分	五	
千五百米ノ降下時間		分	四	
膨脹ニ要スルガス罐数		本	一八〇	膨脹セシムル為一五分ヲ要ス
千五百米ニ昇騰セシメタル後日々ノ補充ガス罐数		本	二〇	
落下傘	一人用 面積		九平米	
	一人用 落下速度		四米/秒	
	吊籠用 面積		三平米	
	吊籠用 落下速度		五米/秒	
操作人員			将校一 下士三 上等兵八 卒六二 計七四	

備考
二、括弧内ハ新ニ調製セルモノノ受領時ニ於ケル数量ヲ示ス使用後ガスノ圧力ニヨリ其数値ヲ増大ス。
一、気嚢ヲ梱包積載スルトキハ包布ヲ用ヒ約五八〇瓩トナル。

繋

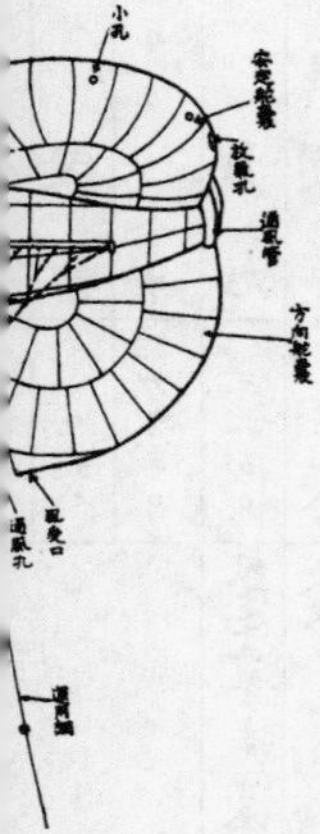

(甲)

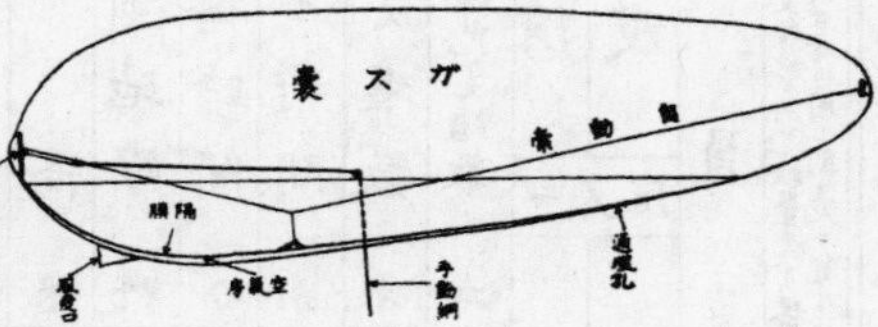

一型繋留気球
（昭和3年・陸軍士官学校・兵器学教程巻一所載）

球

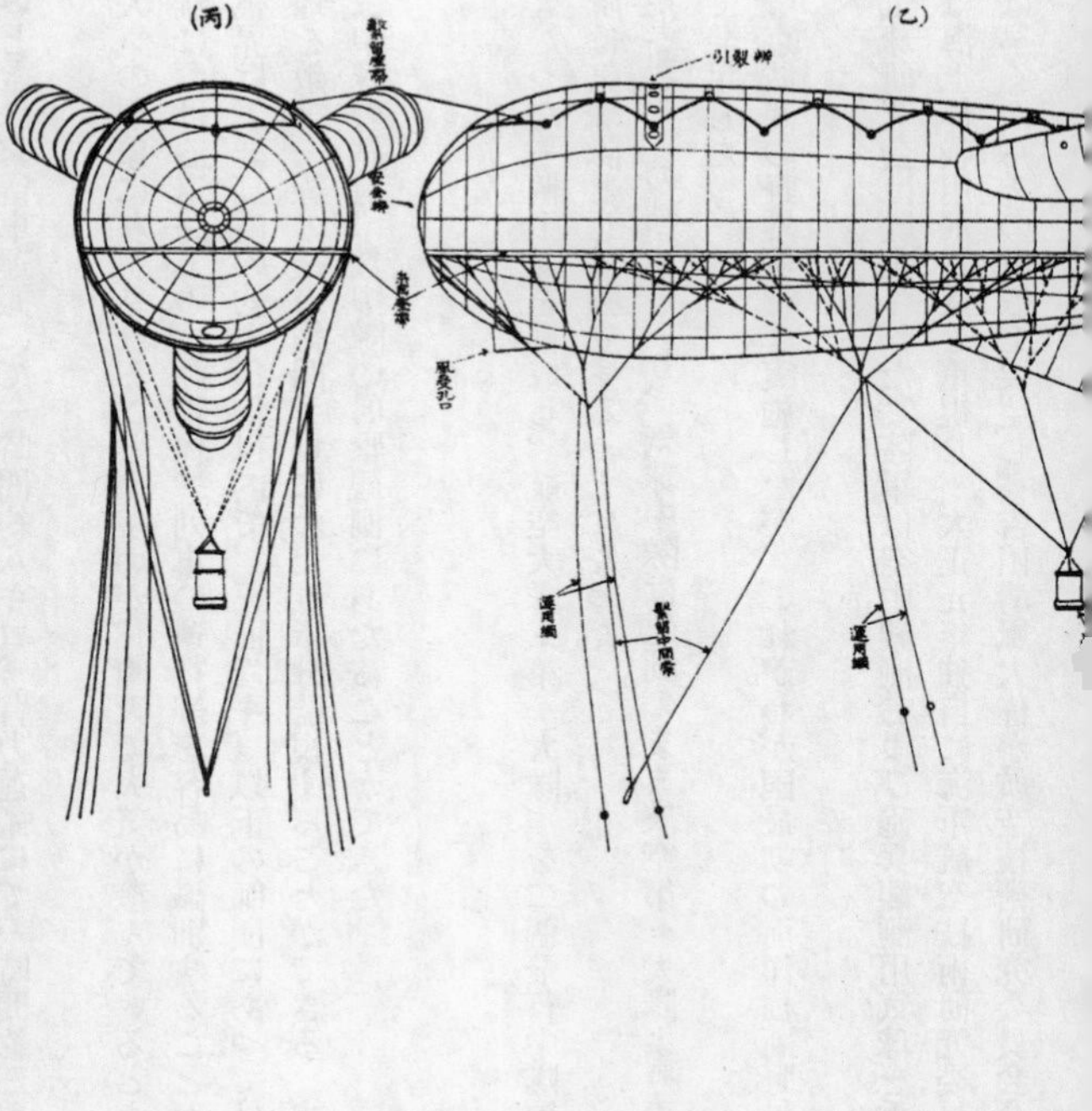

際道路上に障害物がないときは繋留車運搬にて一時間約八キロ、臂力運搬にて一時間約三キロの速度となる。

偵察、観察の能力は大気の現象に左右されることが多いが、晴天で大気が澄んでいるときは一五、六キロの遠距離における道路上の行動物体、列車の運行等を容易に識別することができるが、最も良好な視界は気球高度の約一〇倍以内で、正面六キロ以下の師団にあっては一個の気球でその作戦地を敵第一線の後方約四キロにわたり十分監視することができる。また一気球は同時に砲兵二中隊の試射、数中隊の射撃観測にあたることができた。

気球隊の編成

大正八年九月、従来欠だった一個中隊を編成し、航空大隊（第一大隊）を二個飛行中隊編制に改編した。第三中隊は気球隊として独立することになった。

同年十二月、「軍備充実要領」の制定により、気球中隊は建制のまま航空第一大隊より再度独立し、気球隊として発足した。

大正九年三月、所沢、京城間の野外飛行を実施したが、これがわが国最初の海洋横断野外飛行となった。

同年五月、臨時軍用気球研究会は廃止された。陸軍は空中観測および砲兵観測用気球を重視したのに対し、海軍は海上作戦用飛行機を重視し、大正元年独自に海軍航空技術研究委員会を発足した。海軍では早くからその解散を要望し、吉田清風大佐が航空技術研究委員会会長時代に「臨時軍用気球研究会はどちらかといえば、海上作戦を主とする我々海軍の要求には適しないところがある」という意見のもとに、その後もたびたび海軍部内で問題になっていたが、相変わらず毎年六人、多いときには九人もの委員を出して名前だけは連ねていた。

陸軍でも新たな航空機関が整備されてもはや気球研究会の必要もなくなったので、田中義一陸軍大臣から海軍に同会廃止の照会があった。海軍では異議なく同意したので、ここにいよいよ明治四十二年以来の臨時軍用気球研究会は正式に解散されることになった。大正九年五月十四日、同会は解散した。

同年十二月、航空第三、第六大隊を新設した。航空第一、第三大隊は戦闘隊、その他の大隊は偵察隊とした。

同年七月、野戦重砲兵射撃学校と連合し、富士裾野において射撃観測演習並びに諸般の研究を実施した。

大正十年四月、気球隊の編成が完結した。本部二三人、中隊一六二人、材料廠一〇人、計一九五人、馬匹一一頭。編成要員の主力は航空第一大隊気球中隊より差し出した。

同年十二月、航空第五大隊を新設した。

同年六月、気球隊が保管していた繋留気球第一号およびフランス製第二〇一六号のR型繋留気球気囊二個は連続使用により自然衰損と認められたので、経費を兵器および馬匹費より支弁し陸軍航空部本部において代品を調弁のうえ、気球隊に支給することになった。

同年七月、陸軍歩兵学校および陸軍野戦砲兵射撃学校と下志津廠舎付近において連合演習を実施した。気球の偵察により擬装した一戦車の移動さえも漏らすことなく偵知した。

同年十一月、東京府および神奈川県下における特別大演習に際し、気球隊一隊を編成し東軍第三軍独立気球中隊として参加した。

大正十一年三月から四月にかけて陸軍砲兵射撃学校と連合し、愛知県渥美郡高師ヶ原附近において演習を実施した。

同年八月、航空隊は飛行隊に、航空大隊は飛行大隊に改称した。

同年九月から十月にかけて静岡県下における特別重砲兵演習に参加した。

同年十月、静岡県下における陣地攻防演習に際し気球隊二隊を編成し、南軍第五独立気球隊および北軍独立気球第三中隊として参加した。

同年十一月二十六日、近衛師団仮設敵演習に際し、仮設軍独立気球中隊として参加した。

同年十一月二十六日、東宮裕仁殿下は所沢に行啓され、気球演習を台覧された。

大正十二年九月一日、関東大地震が起こった。陸軍は直ちに飛行隊の出動を命じ、状況の報告、通信、連絡、命令伝達等に活動した。九月二日から十月四日までの飛行回数四九九回、飛行時間五三七時間一九分に上った。

大正十三年時点における各国平時編制気球隊（気球）数

フランス　陸軍二三中隊　海軍気球三〇個

ロシア　陸軍一三中隊
　　　　海軍五中隊
アメリカ　気球一一中隊（内二中隊はフィリピン）
日本　　陸軍一中隊
　　　　海軍気球六個

大正十三年十月、長崎県大村湾要塞における特別砲兵演習に際し、独立気球第二中隊を編成し参加した。

同年十一月、名古屋平地における師団対抗演習に際し、独立気球第一中隊を編成し参加した。

大正十四年五月、軍縮により四個師団を廃止し、量より質への転換で航空部隊の拡張充実を図ることになった。同時に年来の懸案であった航空兵科を創設し、大隊を聯隊として新たに飛行第七、第八聯隊を増設し、気球隊を二中隊に増加した。飛行隊は偵察戦闘各一一中隊、重爆、軽爆各二中隊、気球二中隊となり、名実ともに有力な一独立兵科となった。気球隊には練習部を新設した。練習部は気球に関する調査・研究を行なうとともに、気球専門教育の必要から実施学校的要素を持たせたもので、臨時軍用気球研究会があったときは同会が担当していた。

同年九月、初めて特別航空兵演習を東京附近で挙行した。参加飛行機は四六機、気球一個

一型繫留気球写真集。7号、12号、13号、17号、18号、19号、号数不明4個、鼻の安全弁と尻尾が尖っていないのが特徴

13

13

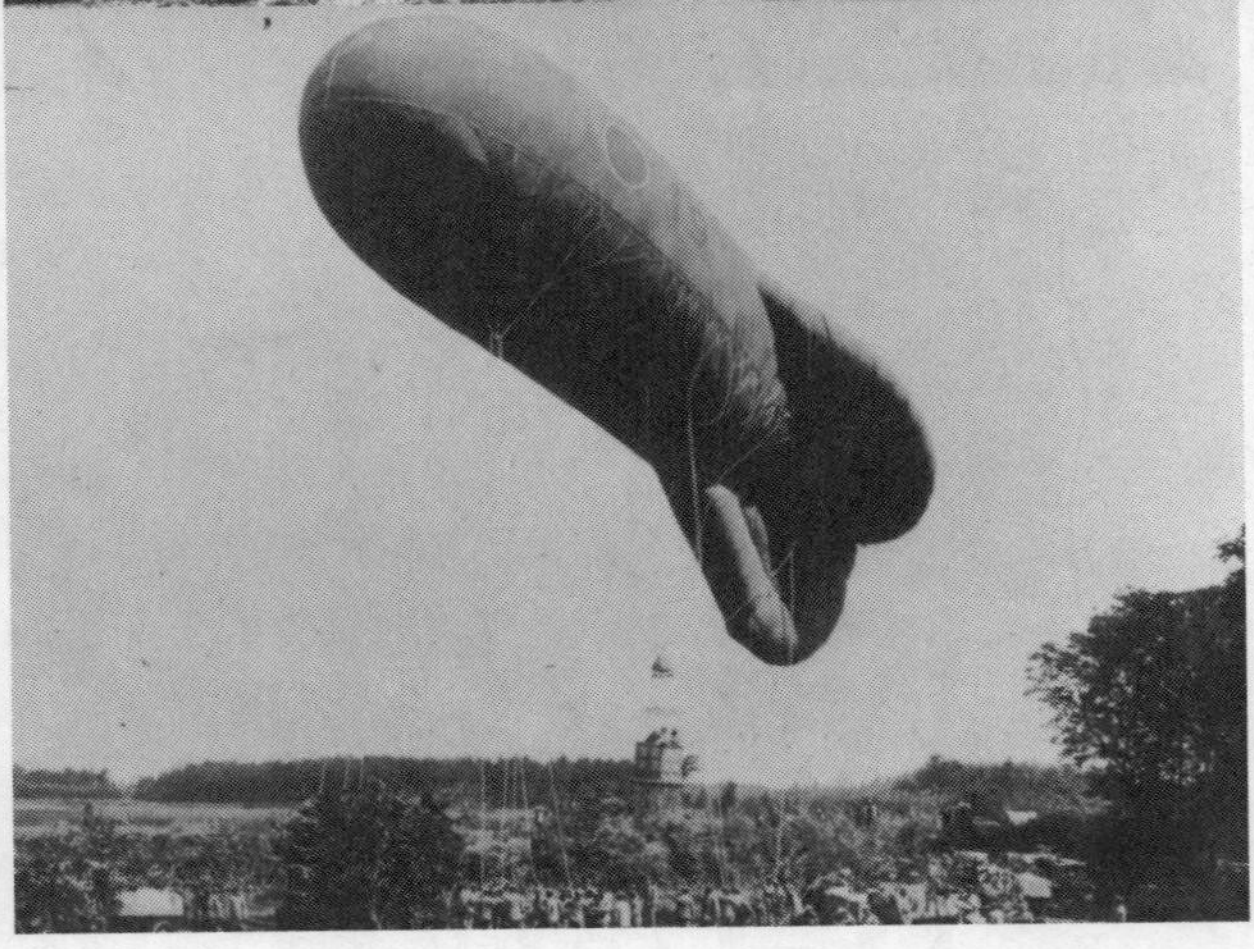

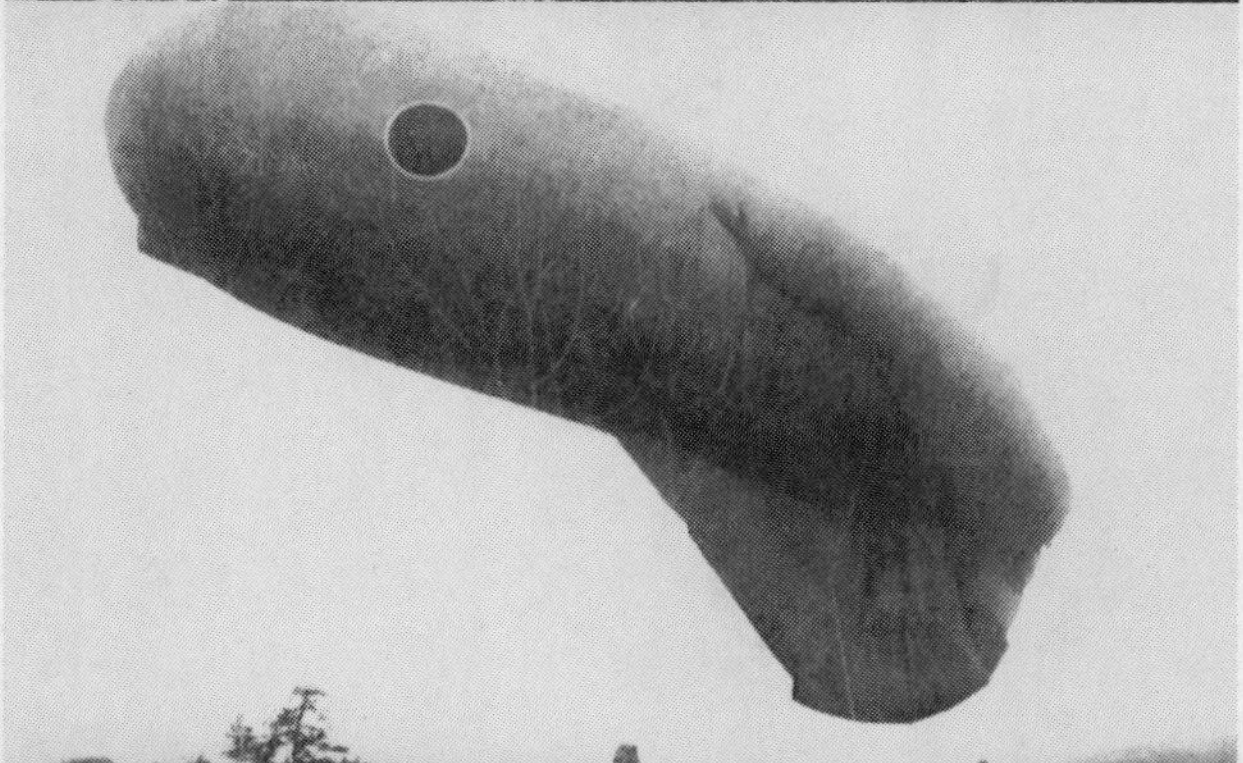

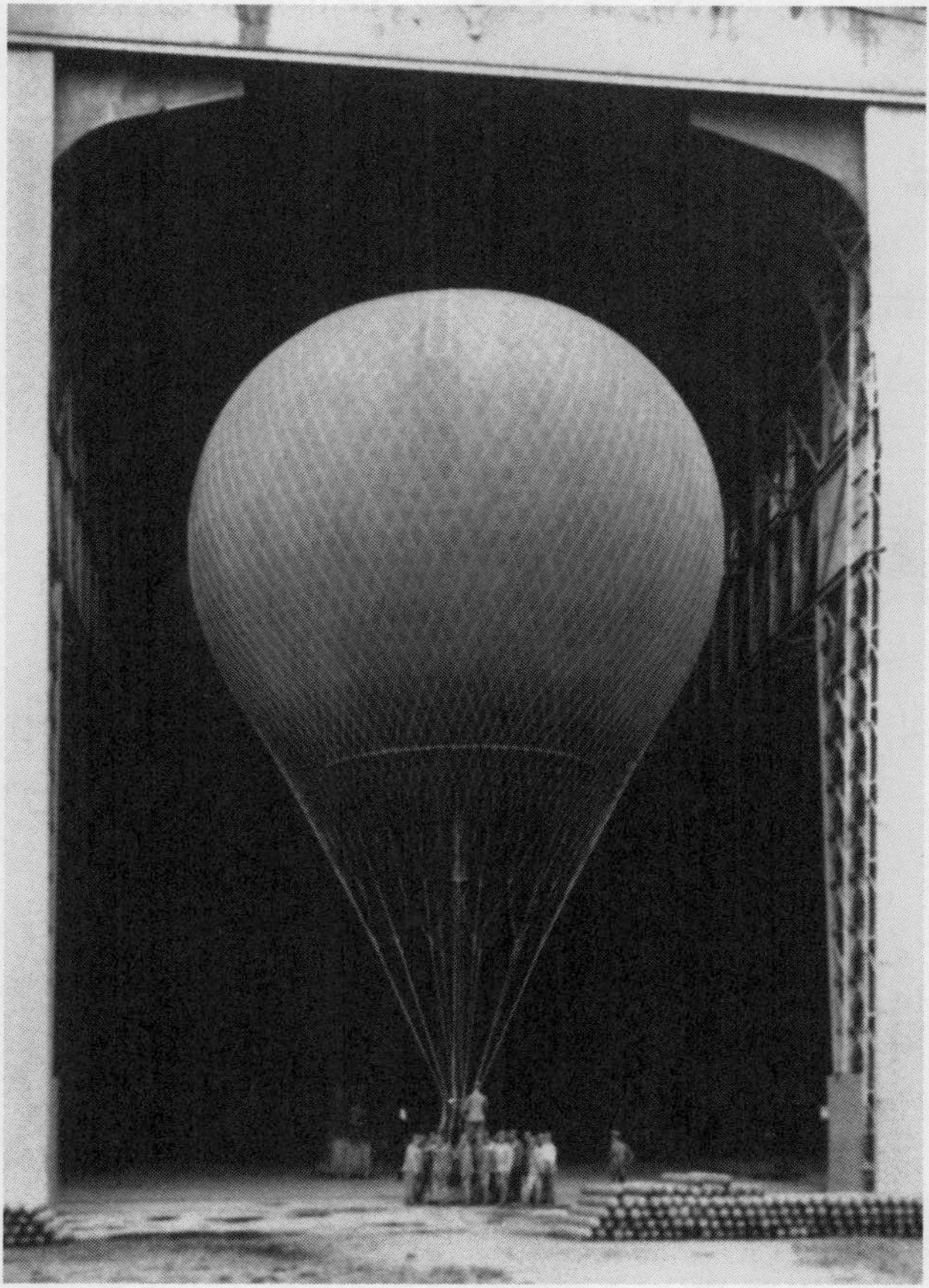

一型自由気球

繋留氣球

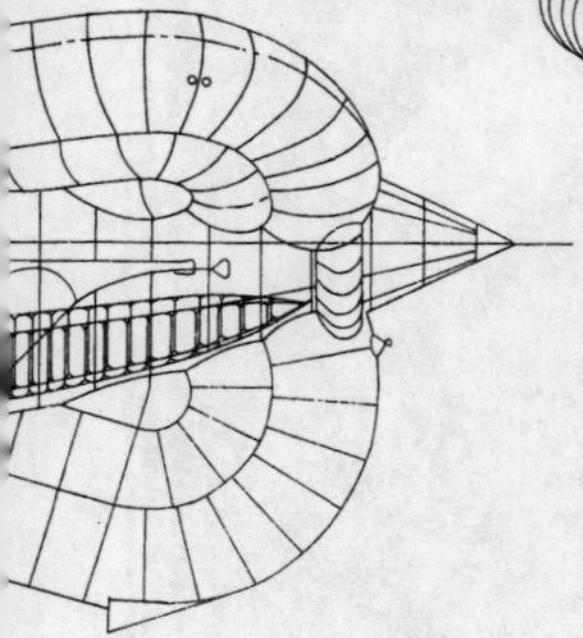

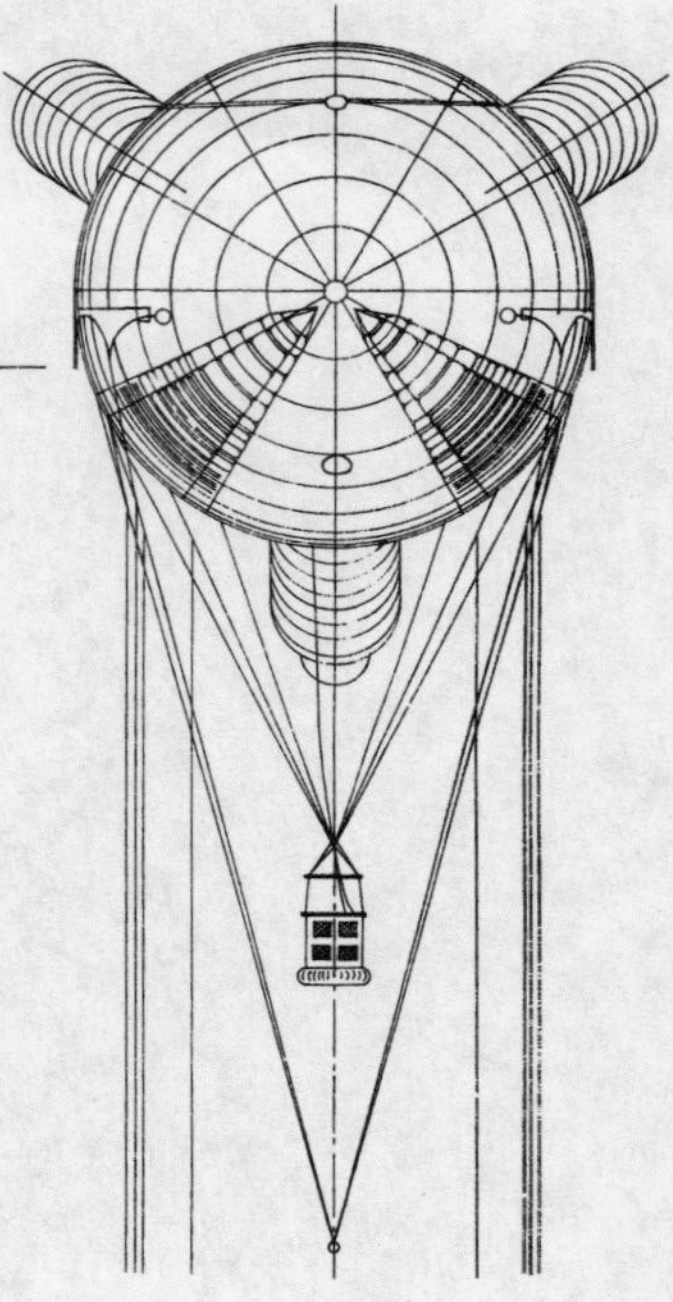

BD型繋留気球〈九一式繋留気球〉
（昭和3年・陸軍士官学校・兵器学之参考前篇所載）

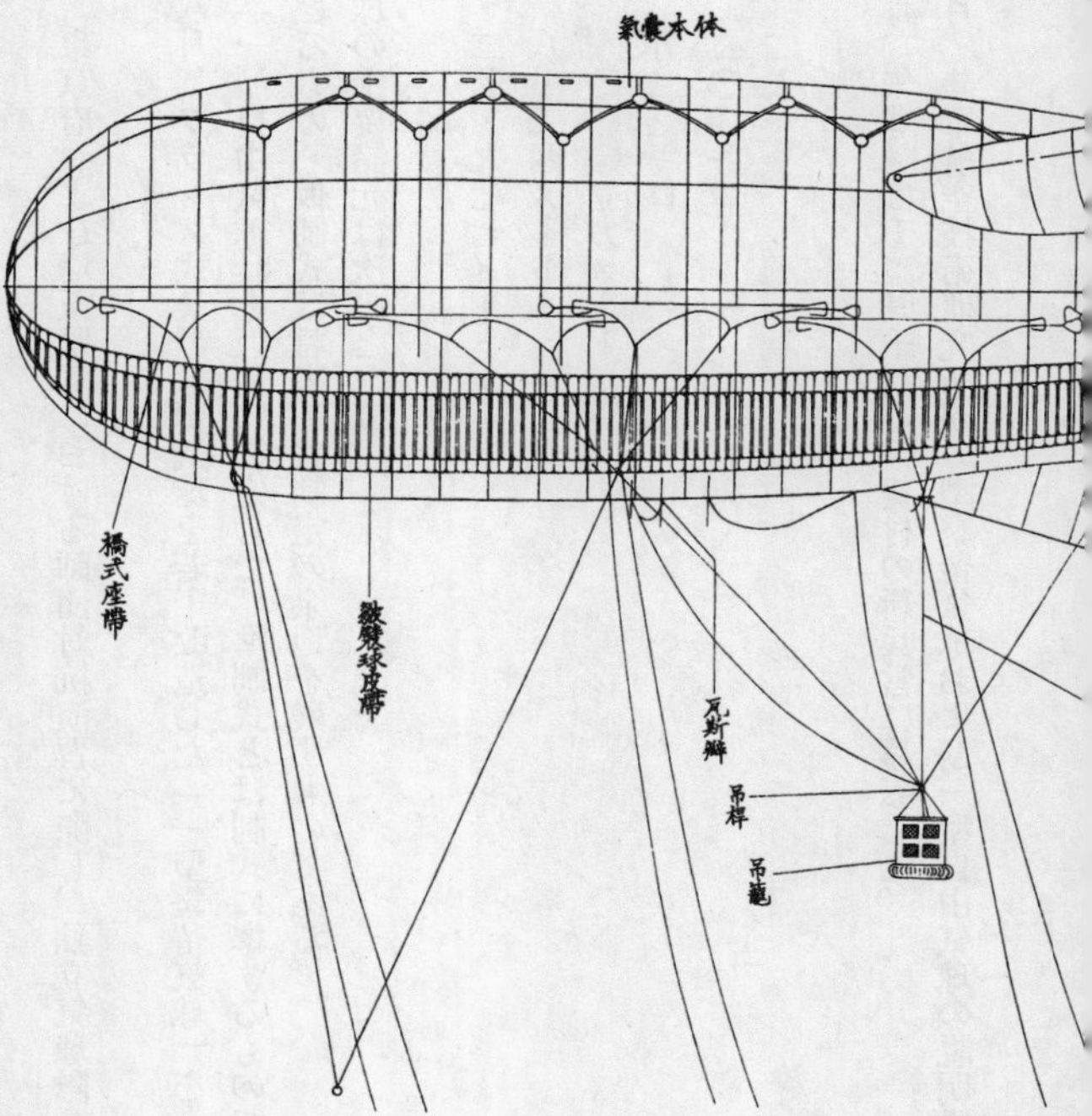

であった。

同年十一月、東京府および埼玉県下における師団対抗演習に際し、独立気球隊2隊を編成し参加した。

大正十五年八月、フランス式R型繫留気球を若干改造した「一型繫留気球」を準制式制定するとともに「一型自由気球」を仮制式制定した。準制式とは制式に準ずるもので、多くは外国製に範をとるもの。仮制式は将来制式制定の余地を残すものである。

一型繫留気球の主要諸元は次のとおり。

全長	二七・九七七メートル
最大中径	八・二四メートル
容積	一〇〇〇立方メートル
重量	五二三キロ
有効搭載量	二〇〇キロ
搭乗員	二人

昭和二年十月、気球隊は千葉県千葉郡都賀村の新兵営に移転した。

昭和三年二月、陸軍航空技術研究所が一型繫留気球および一型自由気球の説明書を編纂した。

自由気球の構造

自由気球のガス嚢は多くが二重球皮製で球形をなし、その最頂部にガス弁がある。また頂部から横方向に引裂弁を設け、その手綱は気嚢内に吊るし下部注入口を通って吊籠に至るので操縦者に操作しやすい。

気嚢は細い麻綱で編んだ覆綱《おおいづな》で全体を覆い、その下端を吊輪に終わる。これはガス嚢と吊籠の連接に用いられ、吊籠の重量を気嚢各部に等配する。また水素ガスを充満したとき球状が変形するのをこの覆綱で矯正保持する。

吊籠は藤蔓製で繋留気球のものと同じ構造だがやや強固に製作されている。吊籠中には操縦上必要な測器類を収め、その周囲には降陸綱《こうりくづな》、砂嚢、砂袋等がある。控綱《ひかえづな》は吊環から出て離陸のときに使用する。

自由気球の操縦はガス弁と砂とを以て巧みに行なうもので、着陸のときは着陸地点を選定して徐々に降下し、一定高度に達したら降陸綱を地上まで投下し、人手を借りて着陸する。もし着陸地付近に人手がない場合は極めて慎重に下降し、地上五メートルくらいに達したときに引裂弁を開いてガスを一時に放出し着陸する。

昭和四年九月、陸軍航空本部は初めて気球教育仮規定を編纂した。先に規定された気球隊教練仮規定を操典とすれば教範に該当するもので、各種原則を代数の知識を以て気球に応用できるよう記載した。気球隊教練仮規定は昭和十一年に改定され、昭和十九年に「仮」が取

自由気球写真集

れて気球隊教練規定となった。

陸軍は雄飛号の製作を最後として事実上航空船の研究から手を引いていたが、昭和六年四月、陸軍においては航空船の必要を認めない旨正式に決定した。その理由は飛行機技術の進歩にともない、従来航空船に課せられた任務を一層軽易（運動並びに経費等において）な飛行機により代行できるようになったこと、飛行機並びに対空兵器の発達は航空船に作戦場における活動を許さない状況になったことにあった。

この事情および国家の財政に鑑み、また陸軍作戦と海上作戦との特異性を考慮するとき、陸軍は航空船を保有する必要はないのみならず、将来に対しこの権利を保留する必要を認めず、陸軍作戦においてはその兵力が未だ十分ではない陸軍飛行隊の増加を図ることが緊要であるとされた。

九一式繫留気球の仮制式制定

昭和六年七月、気球器材「九一式繫留気球」が仮制式制定された。この気球は昭和二年十月第一号、第二号ともに試作完成し、基本試験の結果による細部改造を施し、昭和三年七月から気球隊に実用試験を委託、その試験の意見に基づき改造を実施し、昭和五年三月、実用試験を完了した。可変容積気球で当初はＢＤ型繫留気球と呼ばれていた。引裂弁《ひきさきべん》とガス弁の位置が異なる他はおおむね一型繫留気球と同じである。ガス弁を気嚢中央下面に付け、内圧あるいは手動により開口することができる。引裂弁は気嚢背部経線にある。気嚢の両側には皺襞球皮帯《しゅうへききゅうひたい》を設けガス容積九五〇立方メートルのときにおいて最大径部の皺襞球皮帯開度は約一メートルである。舵嚢《だのう》は一型繋留気球では一二〇度だがこの気球では左右の安定舵嚢はそれより三～四度上を向いている。

ＢＤ型繋留気球は大正十三年からフランスにおいて開発されたもので当時は秘密扱いであったが、さきに同国より傭聘したジョノー少佐の厚意により日本陸軍のために分譲入手することができた。昭和二年フランス人コルモン技師を招聘して本邦製材料により製作し、わが国における気球製作の独立の基礎を確立した。

防空気球の研究

航空路阻塞設備は海中における機械水雷のように空中において飛行機の進路を阻塞し直接都市あるいは重要地物の防御に任ずるもので、元来高射砲あるいは飛行機による空中防御が完備されていればこのような消極的防御手段を講じる必要はなかったが、都市防御のためには多大な兵力を要するのみならず夜間の敵機来襲に対してその威力は不十分であった。かつ航空路阻塞設備は砲弾のように住民に対する危険性はないので都市防御手段として歓迎され、器材の整備、運用の発達にともない各国に採用されるに至った。

使用する器材の主要なものは小型繋留気球で、その繋留索を以て敵飛行機の進路を阻絶し障壁を形成する。その他一時的阻塞方法としてフランス軍は飛行機の進路に銅線の一端に落下傘と鉄錨を垂下した一四立方メートルの小気球を風力により五〇〇〇メートルの高度まで放昇し、敵機がこれに触れると平衡を失って墜落するもの、あるいは小気球に爆発物を懸吊し空中において爆発させるもの、さらには高射砲により落下傘および鉄線入り砲弾を発射し、空中阻絶の障壁を作る等の方法を講じた。

繋留気球を空中防御のため使用したのは一九一六年（大正五年）ソンム会戦後フランス軍がロンギョー停車場の防御としてその周囲に偵察用繋留気球を用いたのが始めである。しかしその高度は八〇〇～一〇〇〇メートルに過ぎなかったので効果は不十分だった。

阻塞気球が実用されたのは一九一六年十月、イタリアにおいてベニス市にたいするオーストリア軍飛行機の爆撃を防御するため各種型式の小形球形気球一〇個を使用したのが始めである。イタリアは約一年間敵機の来襲を免れたがオーストリア軍はその間に十分な準備を整え襲撃を敢行したがたちまちその二機を失い、この種障害の効果が大きいことが証明された。その後ドイツ軍はこれをメッツ正面に使用し、次いでフランス軍は約二〇〇〇メートルの高度に昇騰する阻塞専用の小型繋留気球を創作し、ナンシイ、ポンポエ方面に使用、その後普く欧州戦場に使用されるようになった。

わが国では昭和六年から防空気球の研究を始めた。防空気球は主として夜間敵飛行機の航路上に配置し空中障害物を形成するもので、このために敵の飛行機は迂回または高度を上げざるを得なくなり、爆撃の回数と精度を減少させる効果がある。敵の飛行機を引っ掛けて落とすというより心理的効果を狙ったものである。研究対象として購入したのはイタリアのＡＰ型気球とフランスのＮ型およびＮＮ型気球の三種であった。それら防空気球の諸元を以下に示す。

区分		イタリア	フランス	
		ＡＰ型気球	Ｎ型気球	ＮＮ型気球
ガス容積（㎥）	地上	約三七〇	約一八〇	約二〇〇
	上昇限度	約六五〇	約二二〇	約二六五
長さ（m）		―	一七・三〇	一七・三〇
最大径（m）		―	約五・〇八	五・七二
自重（kg）		二〇〇	一〇〇	一〇〇
昇騰高（m）		五五〇〇	二〇〇〇	二五〇〇

ＮＮ型とはＮ型を下にＮＮ型を上にし連結して一組として使用するものでその場合昇騰高度は約四五〇〇メートルとなる。下段の気球には四ミリの索を用いて二〇〇〇メートルに昇騰し、上段の気球には三ミリの索を用いて下段の気球に繫留し、その上方二五〇〇メートルの高度、合計四五〇〇メートルの高空に昇騰する。Ｎ型とＮＮ型の形状はＢＤ型繫留気球を小型化したものである。

防空気球の理想としては敵の重爆撃機よりも高い上昇限度が望まれるが、大高度に昇騰することと耐風性を良くするという二つの要求は相反することから、各国はそれぞれ自国に適する気球を研究していた。アメリカはN型、NN型、U型、UU型、V型等各種、ドイツはWLFG型を保有していた。イギリスは普通の繋留気球を間隔四五〇メートルで昇騰し、一気球は幅約一〇〇〇メートルの防御網を高度二〇〇〇メートル以下に形成する方式であった。

わが国は四季を通じて高空の風速は一般に大きく、殊に冬期の平均風速は欧州の二倍以上もあり、はなはだ不利な気象状態であった。

昭和七年二月、上海事変に出動した独立気球第一中隊は気球隊を基幹として中隊を臨時編成、上海派遣軍の隷下に入り、軍直轄として捜索および気球観測射撃で顕著な成果を示した。

同年五月、停戦協定が成立し千葉に帰営した。

同年九月、九州地方における特別砲兵演習に際し、第一中隊を以て参加した。

同年十一月、大阪、奈良地方における特別大演習に際し、第二中隊を以て参加した。

昭和八年、航空技術本部はアメリカより回転翼機ケレットK - 3オートジャイロ二機を購入し、陸軍航空本部技術部、所沢陸軍飛行学校、下志津陸軍飛行学校に操縦術等を伝習していたが離陸には距離は短いが滑走する必要があり、操縦も容易ではないので破損したまま研究を中止していた。

ケレットK - 3オートジャイロ主要諸元

重量　一〇四四キロ

搭乗員　二人

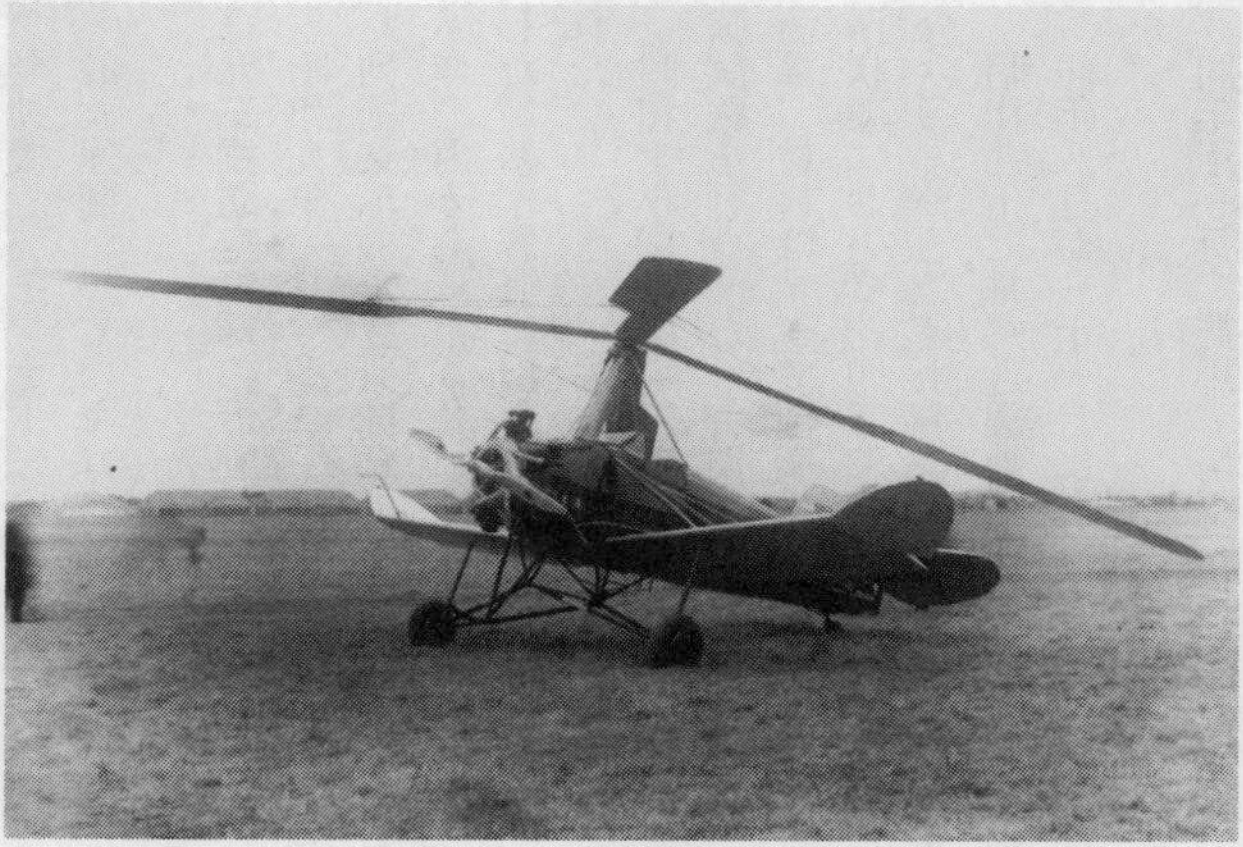

アメリカから購入した回転翼機ケレットK-3オートジャイロ

発動機　キンナー二一〇馬力
最大速度　一七六キロ／時

九三式防空気球の仮制式制定

昭和九年一月、「九三式防空気球」が仮制式制定された。この気球は昭和六年から実施した列国気球の審査研究結果に鑑み本邦製材料を用い国情に適する気球を製作する目的で昭和八年三月から設計試作に着手し、同年八月二個の気嚢並びに繋留索および繋留機を各一完成した。基本審査に引き続き未教育人員を以て実用試験を実施した結果、実用に適すと認められた。

昭和十年度の関東軍冬季気球試験演習に供試され新京、奉天、撫順および大連において昇騰試験を行なった。夜間における国内都市または要地の防空器材として試作したもので構造簡単、材料はすべて国産品を使い、有事には短時日多量生産が容易であった。昇騰高度は標準状態において約四三〇〇メートル、風速三〇メートルでも安全である。捲索降下速度は毎分六〇～一〇〇メートル、昇騰速度は毎分約一二〇メートル。気嚢に上下共通性がある。

昭和九年七月、近畿地方における防空演習に際し、教育隊隊長以下一八三人が参加した。

同年八月から十一月にかけて、補備教育のため第二次防空気球隊要員一五五人が召集された。

同年十一月、群馬、埼玉、栃木両県下における特別大演習に際し、第一中隊を以て東軍に、

九三式防空気球

第二中隊を以て西軍に参加した。

昭和十年九月に行なわれた資材天覧の際に陸軍科学研究所が試製防空用小気球を出品した。三〇グラムの小爆薬数個を索により懸吊し敵の飛行機が索に衝突するとその張力によって信管が作用し、全爆薬が爆発して敵機体に損傷を与えると天皇に説明している。二個一組、昇騰高度七〇〇〇メートル。

防空気球の制定にともない従来の繋留気球を用途により偵察気球または防空気球に区分した。

昭和十一年四月の国防献品取扱月報によると防空気球の単価は二万円、八八式七糎野戦高射砲が二万九〇〇〇円、九五式大空中聴音機が一万八〇〇〇円、高射機関砲が二万円の見込みとされている。

九五式偵察気球の仮制式制定

昭和十年十二月、「九五式偵察気球」を仮制式制定した。この気球は機動性の向上が特色で、九一式は中隊に約二十数両の車両を有し行軍は困難、特に障害通過が困難で取扱操作が不便だった。これに対し九五式は一人乗りで二人乗りの九一式に比べ人員、車両などすべてにおいて三分の二程度で運用でき、機動容易で障害も数分で超越可能となった。

気球膨張は各水素缶車に布管（ホース）を接続していっせいに行ない、わずか数分で充塡可能だった。

膨張のため陣地進入してから約二〇分で高度一〇〇〇メートルに上昇可能で、視程約一万メートル、地上とは有線電話で連絡した。

降下速度も大きくなった。二五メートルの風速に耐えるよう設計されている。

吊籠落下傘を装備した。

問題点は一人乗りのために優秀な偵察者を必要とすることであった。

繋留車は九四式六輪自動貨車を改修したもので自重約四六〇〇キロ、繋留索全長約一三〇〇メートル。

操作に要する人員は将校一、下士官四、上等兵七、兵卒五〇、計六二人。

昭和十年度冬季北満試験に九五式偵察気球、吊籠保温装置、繋留車等が供試されるとともに厳寒季における水素の発生・圧縮作業を試験した。

昭和十一年五月、軍令陸第四号により気球隊を気球聯隊と改称した。

飛行機と高射砲の急速な進歩は、気球に「制空権を獲得している時機においてのみ至短時間に有効に任務を達成し得る」ことを原則とすると認めさせた。

昭和十一年七月時点で陸軍航空技術研究所が保管していた気球関係器材には九三式防空気球三型、試製阻塞気球一型、試製阻塞気球二型、試製「フ一」、試製「フ三」、試製偵察気球等の名称が見られる。

「フ三」は砲兵射撃観測用として砲兵聯隊の編成内に入れる目的で開発した軽易な観測気球である。まず要求条件により風洞試験で形状を決定し、昭和十年二月、藤倉工業株式会社に

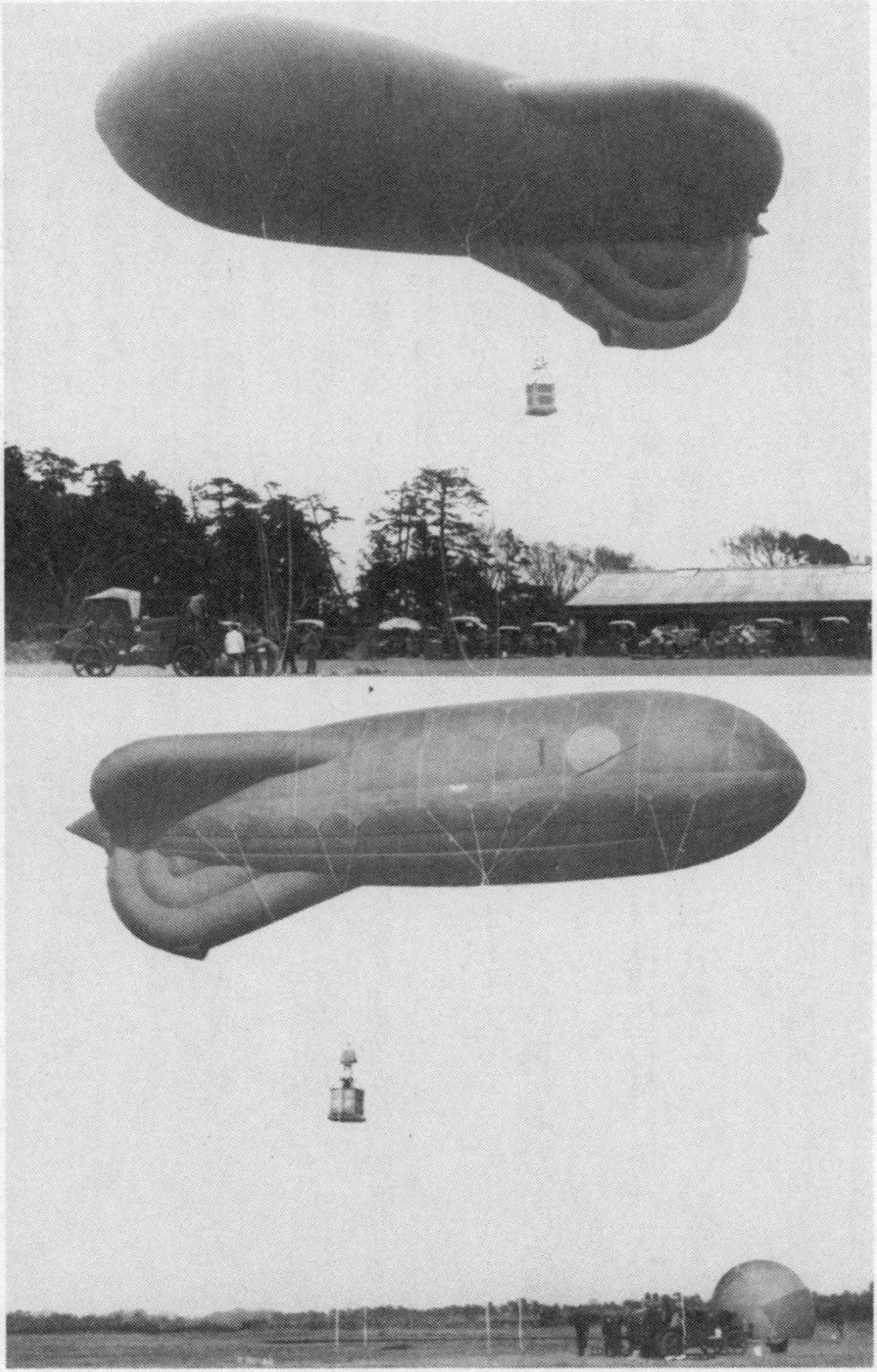

九一式または九五式偵察気球写真集。1号、6号、9号、10号、11号、21号、100号、102号、号数不明2個、気嚢後端が尖り、皺襞球皮帯の縦縞模様が特徴

9

10

10

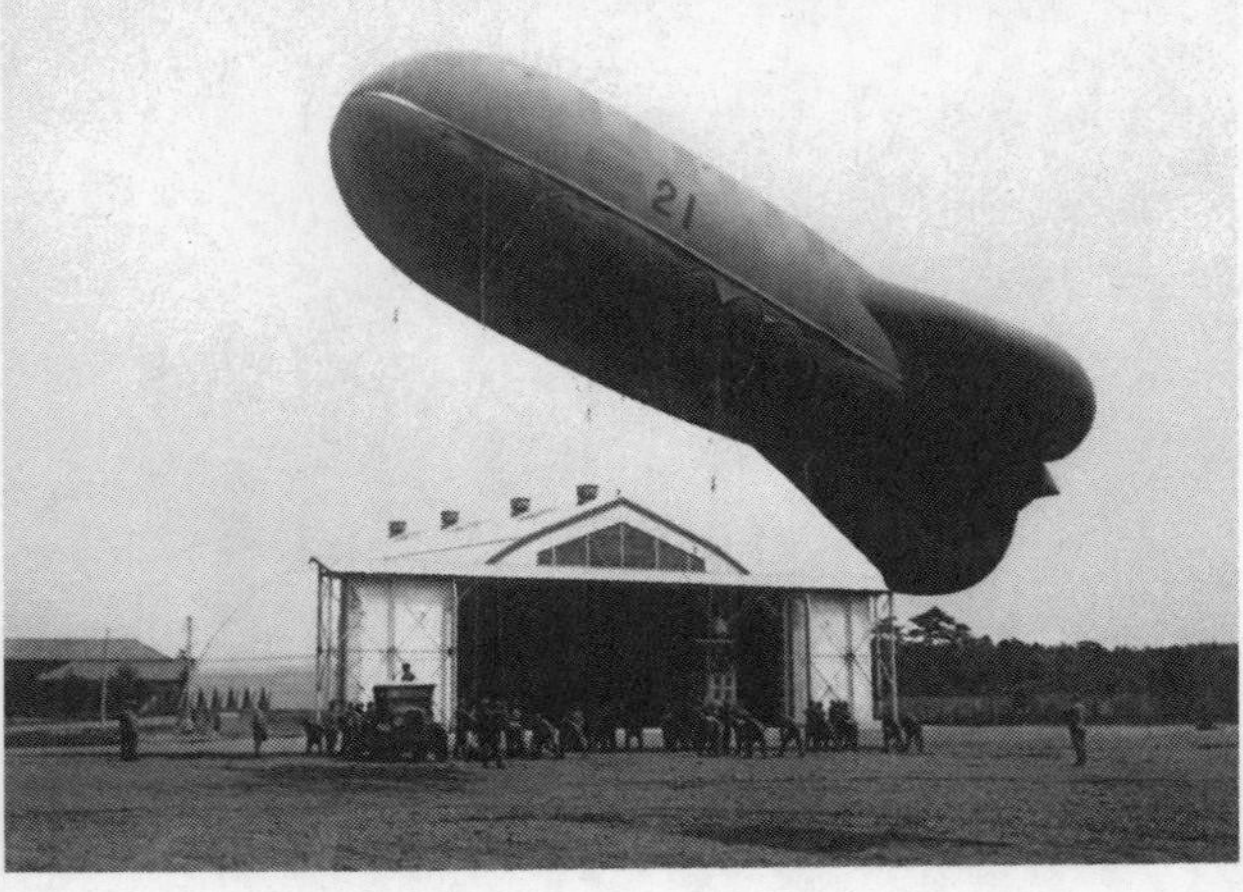

100

102

九五式偵察気球前面図
（昭和15年・陸軍士官学校・兵器学教程巻二所載）

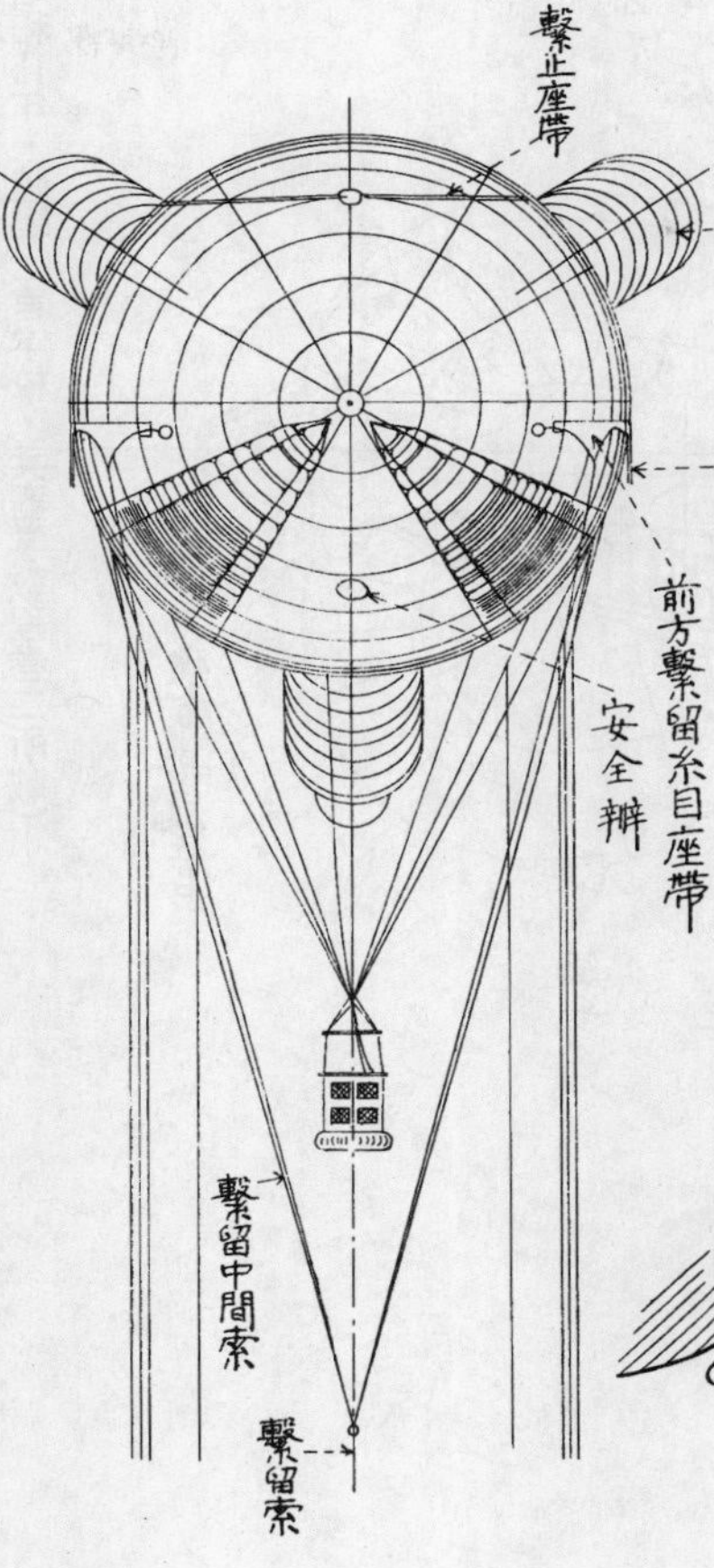

皺襞球皮帯要領断面圖

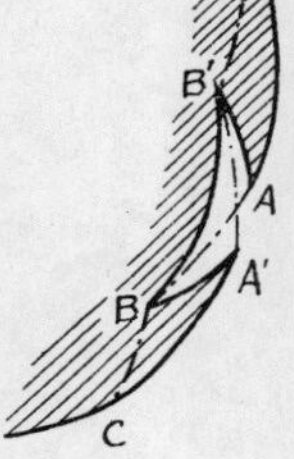

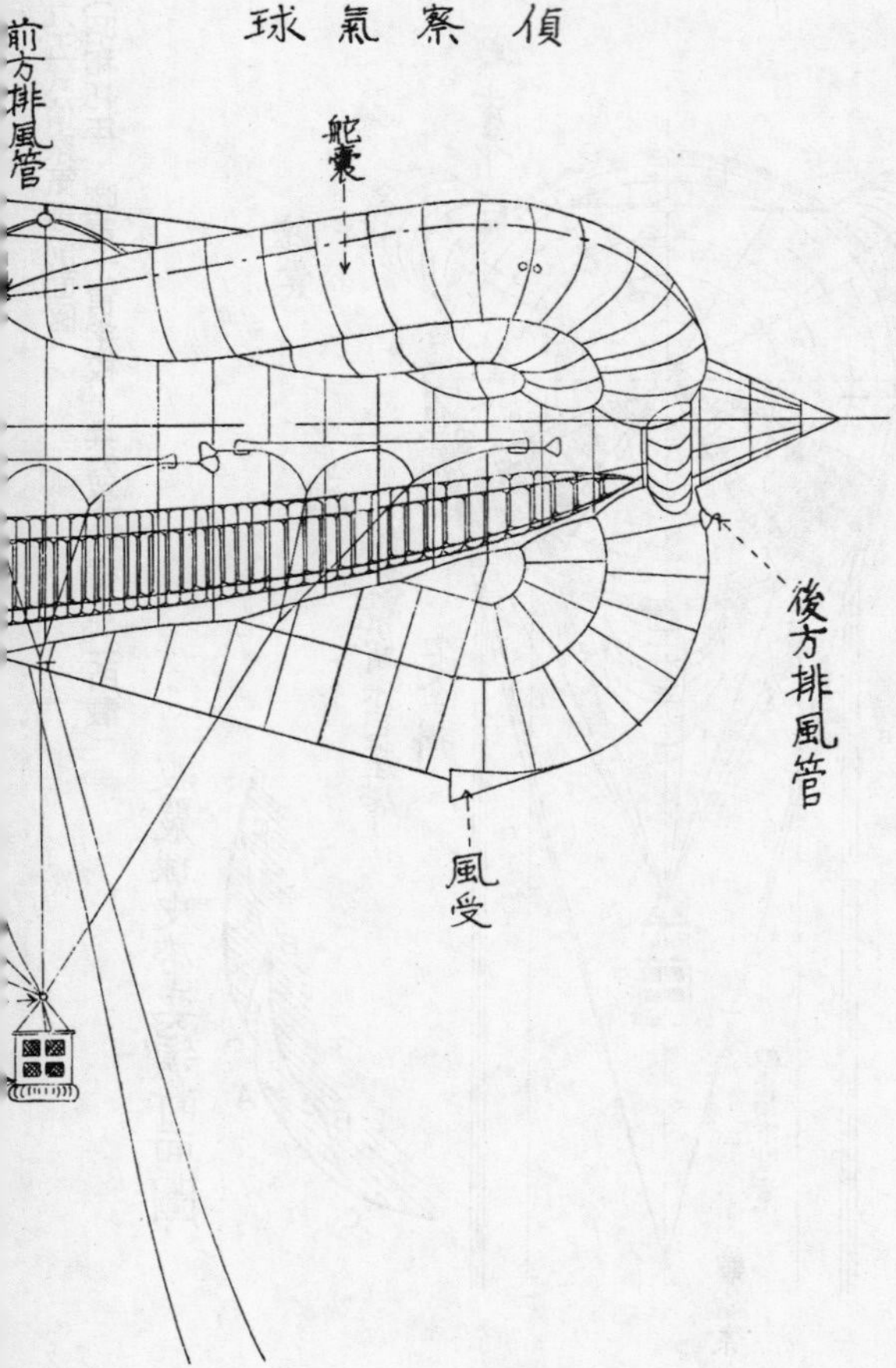

九五式偵察気球側面図（昭和15年・陸軍士官学校・兵器学教程巻二所載）

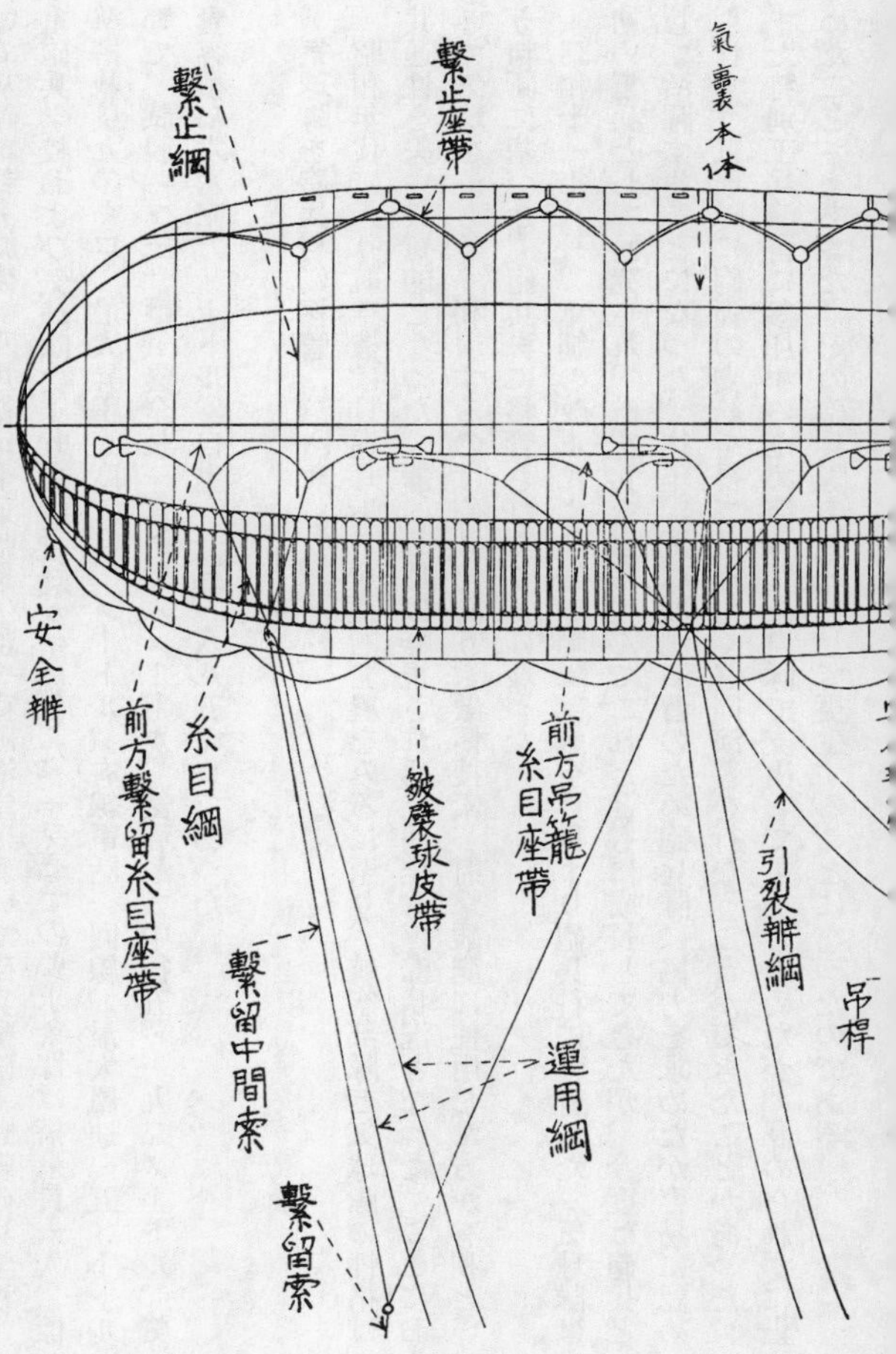

氣囊本体
繋止座帯
繋止綱
安全辨
前方繋留糸目座帯
糸目綱
繋留中間索
繋留索
皺襞球皮帯
前方吊籠糸目座帯
運用綱
引裂辨綱
吊桿

おいて気球および繋留索の試作開始、同年三月中旬製作完了、次いで同社深川格納庫内において基礎試験実施後、四月初旬千葉県長生郡一宮町海岸において砲兵監部、野戦砲兵学校、重砲兵学校および気球隊により昇騰試験を実施した。「フ三」の要求条件は搭乗員一人、標準搭載量九〇キロ、最大昇騰高度二〇〇メートル、有線電話一回線、最大風速一五メートル等で、試製「フ三」は気嚢全長一八・七六メートル、気嚢最大中径五・一九二メートル、気嚢容積二六六立方メートル、自重一一五・六八五キロであった。

気球隊を砲兵科に移管

昭和年代に入り航空機は日進月歩の飛躍的発展をみるに至り、航空部隊と気球隊の性格は共通性を失い異質的となった。静的気球は軽視され研究開発も停滞状況となった。ここにおいて気球を最も多く利用するのは砲兵であり、敵情捜索、射撃観測に使用した方が有利という判断に基づき、砲兵科に移管されることになった。

昭和十一年八月、軍制の改正により気球聯隊は航空兵科より砲兵科に移管した。気球隊は初め工兵として研究され、航空兵を自ら生んでこれとともに成長してきたが、今度は砲兵として活躍することになった。往年、気球観測演習のため砲兵隊に協力を求めたが容易に認められず、気球隊に砲弾の支給を得てようやく協同演習を行なうことができたことがあった。また特別工兵演習に参加するため演習費を自隊で支出して参加を求めたが、認められずに止めたことさえあった。その砲兵隊の気球として更生することになったのである。

古荘幹郎航空本部長は「気球は明治十年以来幾多の戦役に参加し赫々たる武勲を遺したるとともに、航空の始祖として数多有為の人材を出し、航空今日の隆昌に寄与したる所実に鮮《すくな》しとせず。我等職を航空に奉じる者の斉しく思慕するところであった。しかるに近時飛行隊は独立せる空軍的戦闘威力を重視せられ、これが用法また変遷を見んとし、地上軍隊の補助兵種として本来の面目を有する気球と訓練および研究上逐次共通性を失うに至りしため、これを同一部門においてその進歩発達を期することは気球のため不得策なりとし、今回歴史と伝統とに対する愛着の念の捨て難きを捨て、気球の真価発揮に最も緊密不可分の関係にある砲兵科に移管されることになった」と述べている。

砲兵科移管当時の気球聯隊の編成は聯隊本部、気球二個中隊、練習部、材料廠からなり、殆どは気球偵察術修業の経歴を有する砲兵将校が命課せられ、少数の航空兵科将校が砲兵科に転科して聯隊に留まった。気球聯隊初代聯隊長は砲兵大佐田部聖で、この移管により航空兵以外特に砲兵出身の偵察教育を受けた将校は支那事変で中国に出征した独立気球中隊に偵察将校として参加し、一個中隊に陸士出身将校が一〇名近くいるという全軍一の豪華編成だった。

昭和十五年平時編成改正により、聯隊は聯隊本部（三四人）、二個中隊（中隊は一八四人）および材料廠（一九人）からなり総員四一二人で自動車編成であった。

気球部隊と砲兵部隊との協同訓練は主として敵情捜索、射弾の修正、空地連絡であり、特に気球位置と放列位置の関係並びに目標位置との関係であった。

当初の装備は容積八〇〇立方メートルの大気球であったが、砲兵用としては射撃部隊と同行し陣地変換に即応するため軽量、移動容易の必要性から二〇〇立方メートルの一人乗りとし、上昇高度五〇〇メートルとした。

気球はその後迷彩研究が行なわれ、迷彩を実施するようになった。

九五式偵察気球の仮制式制定に伴い、十二年度独立気球中隊動員編制の如何に関わらず本科専門教育を昭和十一年六月一日以降、九五式偵察気球について行なうことになった。そのため気球隊における教練を航空兵操典のみによることは不十分となったので気球隊教練仮規定を編纂した。気球教育仮規定は廃止し、一般教育において操典の補足的細部事項は気球工手教程、九五式偵察気球説明書、九五式偵察気球繋留車説明書、航空兵射撃教育仮規定、同写真教育仮規定等により教育することになった。航空兵射撃教育仮規定以下は飛行隊と共通する規定である。

昭和十一年九月、砲兵監の気球聯隊初度視察があった。従来気球聯隊は航空科においても特別扱いにされ、兵科に対する親しみがやや薄かったが、砲兵監の視察により気球の存在が大いに認められ、聯隊将兵に砲兵科たる自覚をもたらした。

昭和十一年十月、従来航空技術研究所で行なっていた気球関係業務を陸軍技術本部第三部に移管した。この頃の研究内容は偵察気球、砲兵小気球、防空気球とそれに付随する繋留車、水素発生装置、写真機等観測機材および通信器材であった。

偵察気球は八〇〇立方メートル、二人乗り、高度一二〇〇メートルのものを研究した。気球両側面斜下部にゴム紐をジグザグに入れ容積の変化に耐え得るものとし、水素を捨てることの不経済をなくした。気球先端下部に安全弁を付け安全弁の端に放電線を付けた。安全弁は繋留索が切れたときに自由飛行で安全に着陸できるよう、また必要に応じ水素を急速に放出する必要があるときに搭乗者が操作できるよう吊籠まで安全弁紐を延長してある。水素放出口は安全弁の下部にある。

繋留車は制式自働貨車の車台上に運転台、巻込機関、滑車等を取り付けた。滑車は左右に傾斜するようにし気球昇騰のまま繋留装置の運転を続けながら移動できる。

水素缶車は制式自働貨車車台に六立方メートル入り水素缶一二本を二段積みし六両で編成する。車体に地中放電線を引く。水素缶の口から全部後部側方一箇所に纏める配管とし、この取出口から布製導管で蒐集具口金に連絡し、蒐集具から一本の導管を通じて放出口に連絡し水素を気嚢に充填する。

一式偵察気球の研究

昭和十一年頃より砲兵小気球の研究を始めた。既述の「フ三」は研究初期の秘匿名称である。容積二〇〇立方メートル、一人乗り、高度五〇〇メートルとした。繋留車は砲兵と行動するため装軌式とし制式軽牽引車の車台に繋留装置を付けた。昇降用機関は走行用機関を使用し操縦も車両運転台で行なった。気球および諸器材は気球車に積載、人員は運転手とも八人を搭載した。水素缶車は二両編成とし、各車水素缶一八本と兵員八人を搭載した被牽引車を付けた。

この砲兵用小気球は「一式偵察気球」として気球聯隊に実用試験を委託した。昭和十四年には気球車、繋留車、水素缶車を以て富士裾野演習場で昇騰、そのまま移動、膨張のまま格納等の試験を行なった。いずれも良い成績を上げたが制式制定に至ったかどうかは確認できない。

昭和十一年度に調弁した器材のうち主なものとしては九五式偵察気球三個四万八〇〇〇円、繋留車一組二万八〇〇〇円、繋留索四個九五二〇円、気嚢車二組二万四〇〇〇円等がある。

昭和十二年八月、近衛師団は同年9月に実施する関東地方防空演習に使用し、引き続き防空気球要員教育に使用するため九三式防空気球3個の支給を陸軍大臣に申請した。あわせて目下試験が委託されている「フ三」および九七式偵察気球の実用試験実施のため九五式偵察気球繋留車一両の支給を申請したが、前者のみ支給され後者は支給されなかった。九七式偵察気球の制式制定名称は「九八式偵察気球」となった。

九八式偵察気球の制式制定

九八式偵察気球は昭和十二年一月、陸軍技術本部第三部研究方針に基づき試作された偵察気球で、九五式偵察気球に比べて性能優秀として同気球に代えて制式制定することが認められた。乗員一人で昇騰高度八〇〇メートルの場合七十糎気球写真機で写真偵察を行なうことができる。九六式気球用電話機は吊籠用電話機および増幅器からなる。

気球の操作機能は九五式と概ね同様で九一式に比べて軽快で安定している。同年七月、藤倉工業株式会社で試作完成した。同年十二月までの間気球聯隊に実用試験を委託し、その結果偵察気球として適当と認める判決を得た。

九八式偵察気球の単価を見ると、気囊一万六〇〇〇円、吊籠一三〇〇円、繫留車五万円、水素缶車二万円、気球車一万八〇〇〇円、野外用三号発電機五〇〇〇円、水素缶一〇〇円、八九式十糎対空双眼鏡二一三〇円等、気球を使用するには気球本体よりも周辺器材に費用がかかった。

気囊、吊桿、吊籠、繫留索、吊籠落下傘、膨張用具、繫止用具、九八式超越用具は藤倉工業が製作し、繫留車（車台、発動機は官給）は三菱重工業が製作した。

昭和十二年十二月、小倉、門司、下関の三市長より防空気球設置の願い出があり、日本製鉄株式会社八幡製鉄所の前例にならって設置することとし、設置数は各市二個を予定した。

気球隊充当補給用器材は一部を気球聯隊に保管委託しているほか大部は立川陸軍航空支廠に保管しているので保管状態は良好だった。

十二年度動員を九五式二中隊、九一式一中隊とすると動員充当器材の過不足のうち最も大きなものは、

気囊　所要一一（九一式二、九五式九）に対し五
繫留車　所要八に対し五
気球車　所要五に対し一

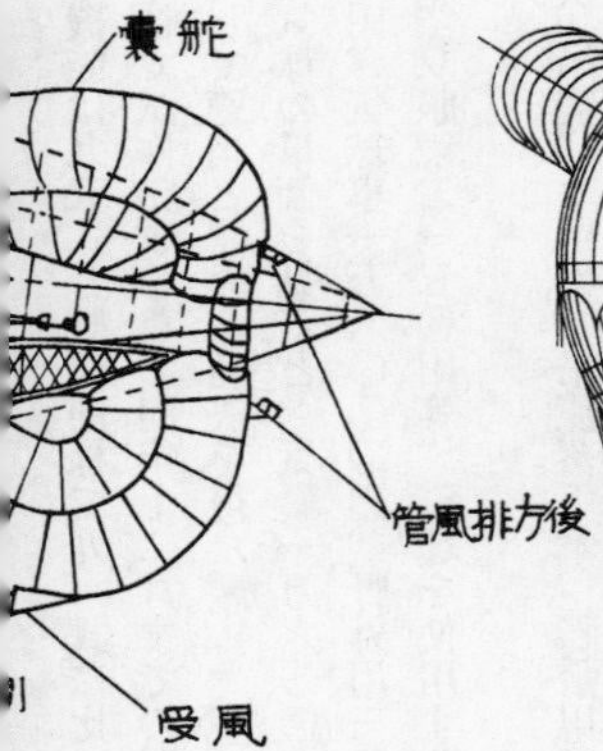
舵嚢
後方排風管
風受
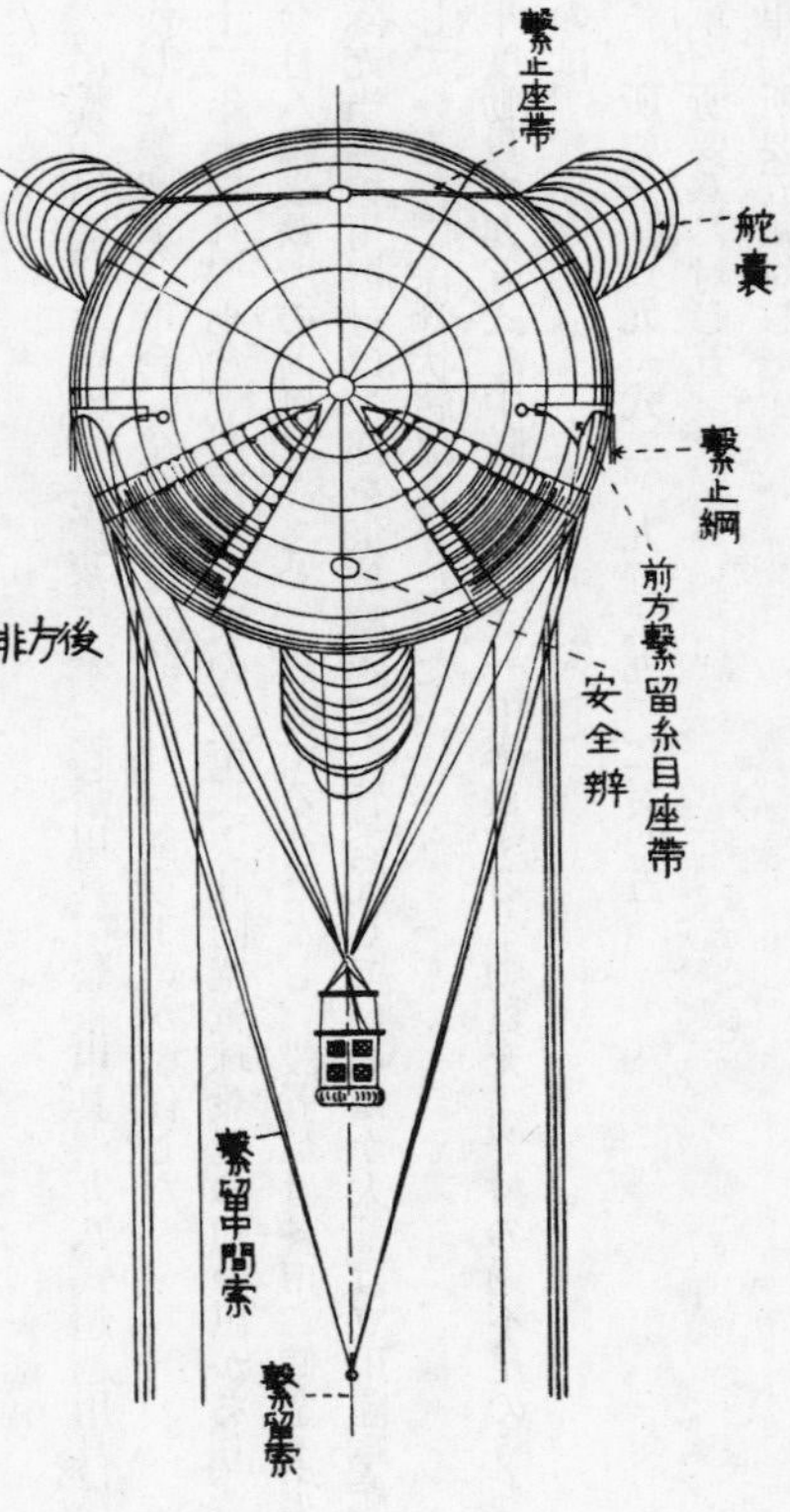
繋止座帯
舵嚢
繋止綱
前方繋留糸目座帯
安全辨
繋留中間索
繋留索

九八式偵察気球
（昭和16年・陸軍士官学校・兵器学教程巻二所載）

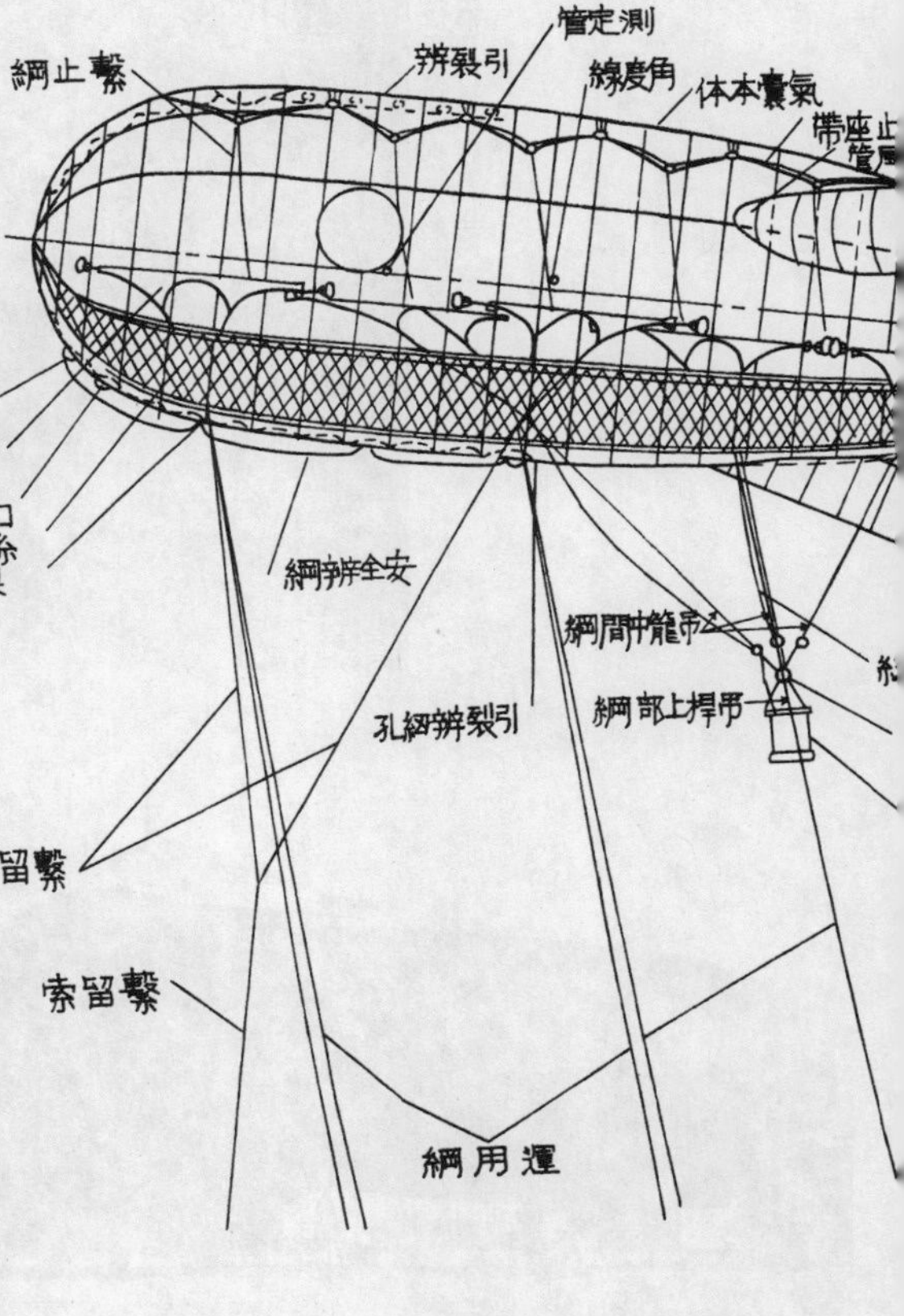

九八式偵察気球写真集。皺襞球
皮帯の網目模様が特徴(見開き)

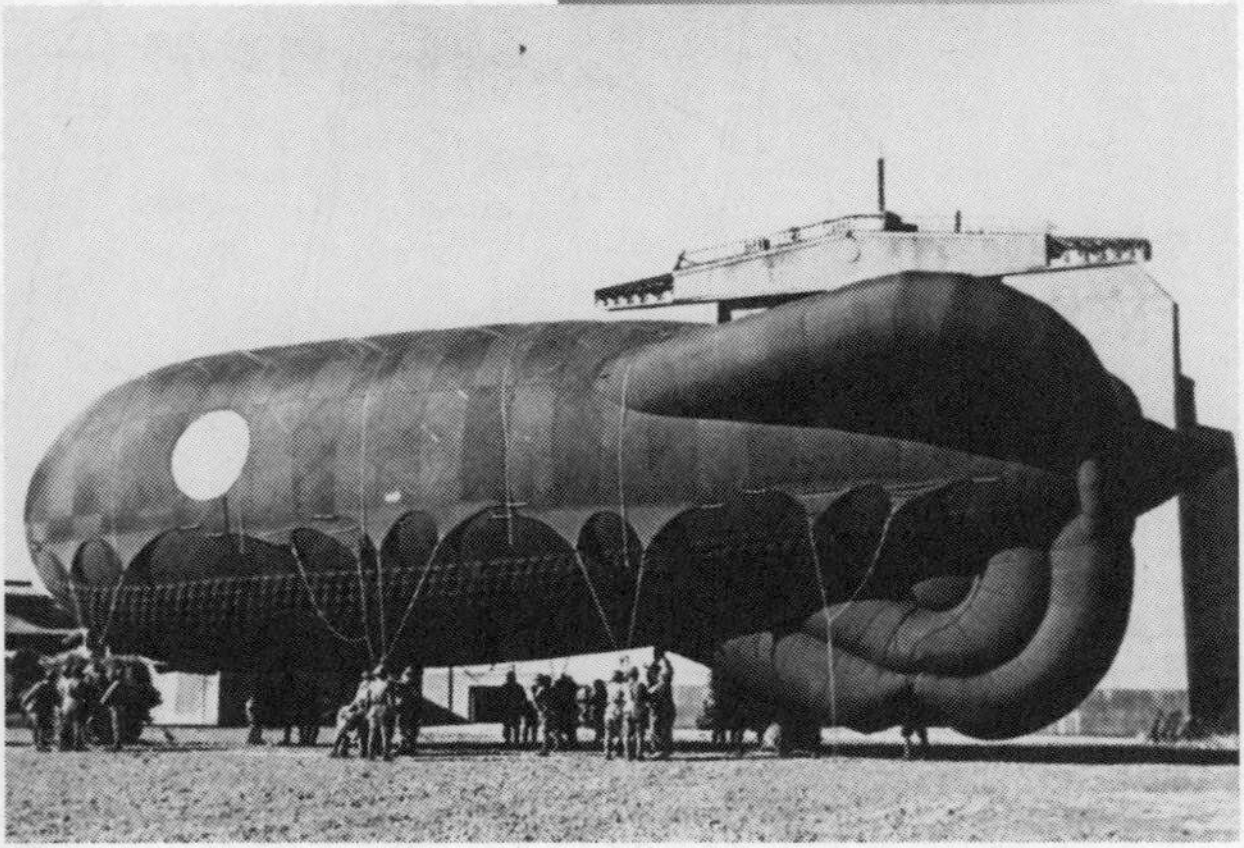

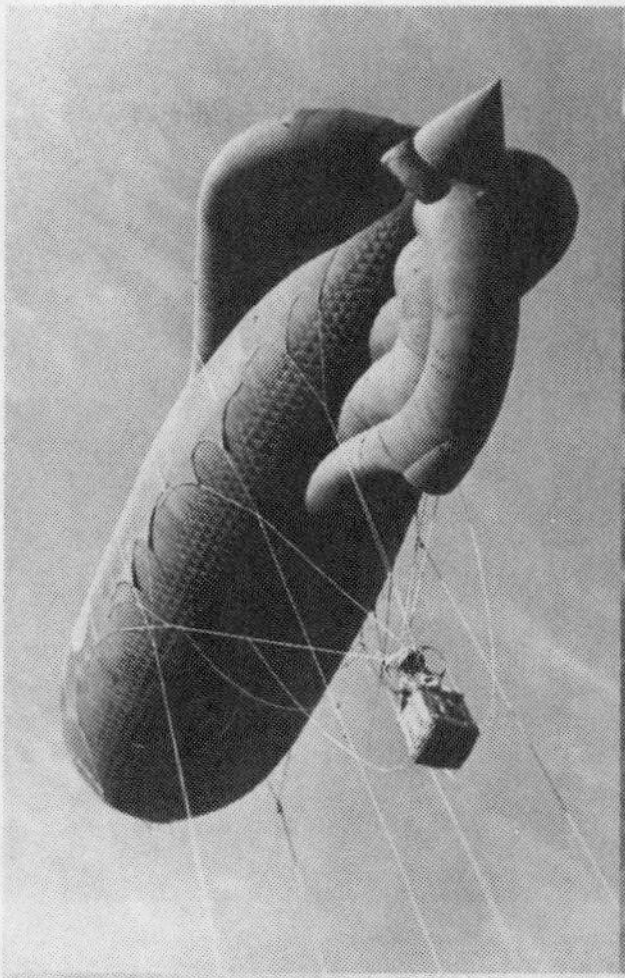

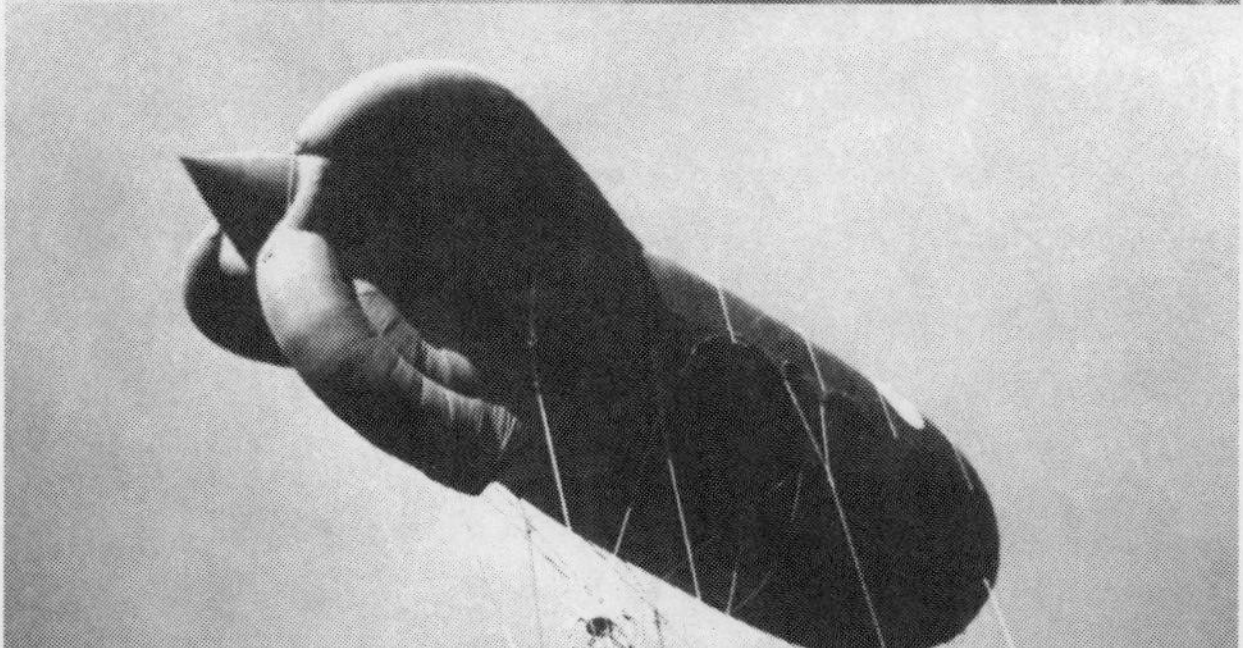

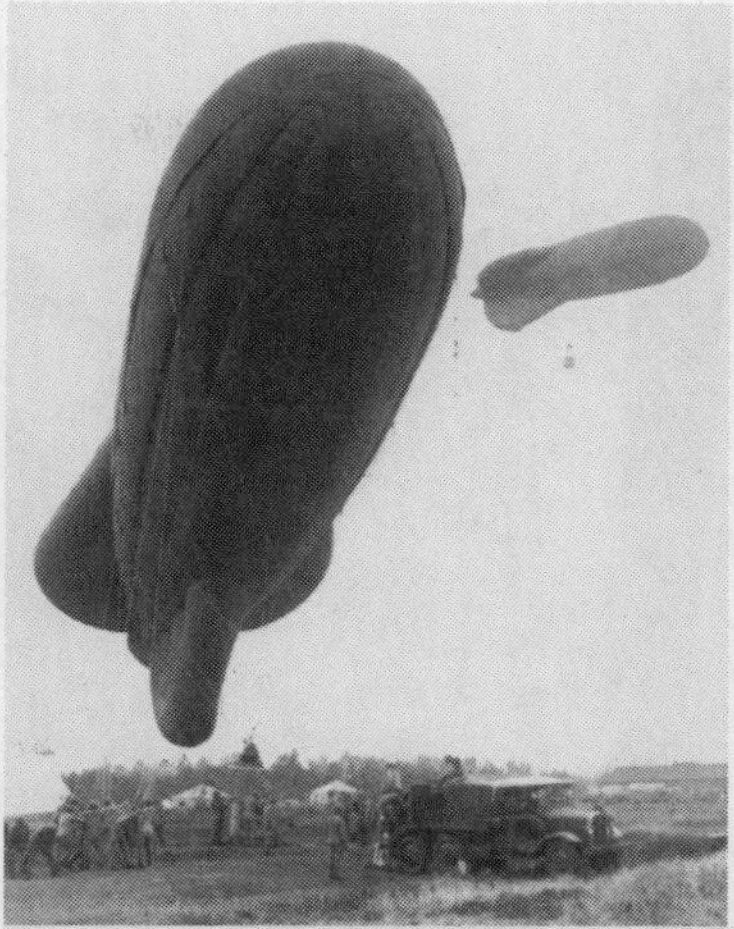

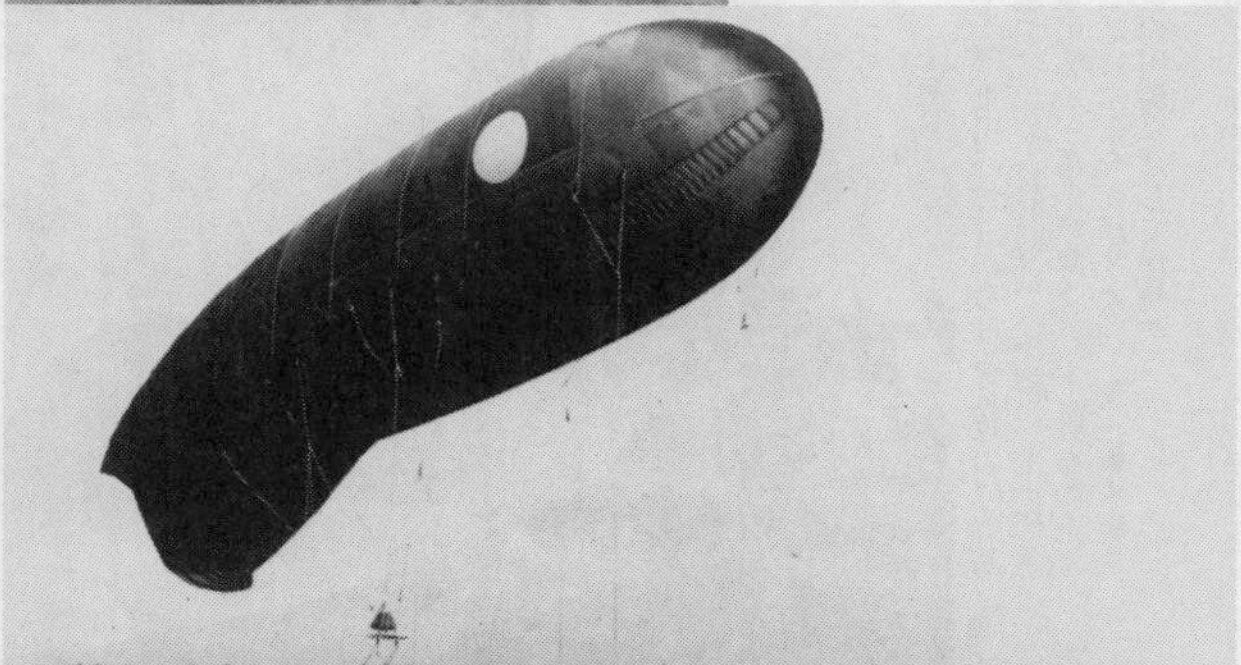

繋留車は蒸気轆轤車からラチール式繋留車となり
九四式六輪自動貨車改修繋留車となった(見開き)

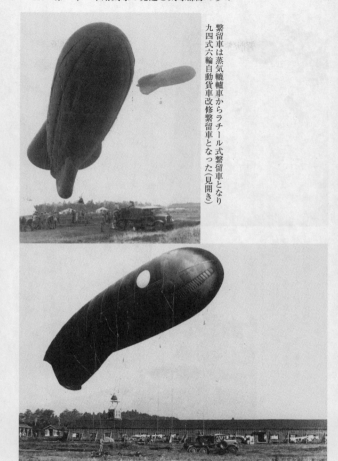

〈上右〉世田谷付近における気球の障害超越(大正10年11月特別大演習)。〈上左〉気球吊籠から落下傘降下。〈下〉敷布の上で気球に水素を充塡する間、繋止綱を螺旋杭の円環に通して保持する

となるが、差し当たり三中隊の出戦には支障なく、全部補充隊用兵器の不足として取り扱うこととした。

気球聯隊に対する兵器補修費の令達額は平均おおむね五万八〇〇〇円で九一式偵察気球を基礎とする平時編成および兵器定数表に対しては概ね所要に適応していると認められた。

支那事変における独立気球第一中隊

昭和十二年、支那事変が勃発、八月二十四日近衛師団隷下の気球部隊に臨時動員が下令された。聯隊は編成を担当、殆ど主力を以て編成した。要員は野砲校、重砲校から偵察将校として参加した他、各中隊付将校として多数参加した。独立気球中隊3個は概ね次の地区において各種砲兵と協力して大きな功績を挙げた。

独立気球第一中隊は北支那方面軍第一軍の戦闘序列に編入、九一式偵察気球を使用し、九月二十七日、琢州保定会戦後の石家荘への追撃戦に参加、野戦重砲兵第二旅団、軍直轄砲兵隊の射撃に協力した。

十月十一日、京漢線沿いの南下作戦に参加。十二月十九日鉄道輸送で徳県へ移動、第二軍司令官の指揮下に入る。

十三年一月二十六日、黄河以北戡定作戦に参加、三月三十一日から黄河橋頭堡確保作戦に参加、同年九月南支に転じ広東攻略戦に参加、この間香港要塞陸正面の写真撮影に成功した。

十四年一月二十七日広東出港、二月七日宇品上陸、同月十一日復員完結した。

独立気球第一中隊による上海付近の気象と明視距離の観測例を以下に示す。

澄橋鎮　高度　一〇〇〇メートル
天候　晴、雲量二、雲高六k
明視状態　太陽を左に受け透明度やや不良薄霞あり
明視距離　約一〇k太陽に面し約四k
高度　一二〇〇メートル
天候　曇、雲量一〇、雲高一・五k
明視状態　太陽を左に受け透明度おおむね良好
明視距離　約二〇k
高度　三〇〇メートル
天候　曇、雲量一〇、雲高〇・五k
明視状態　寒気清澄し透明度良好なり
明視距離　約二〇k
高度　一〇〇〇メートル

天候　曇、雲量一〇、雲高二ｋ
明視状態　日光の照射を受けざるも透明度良好靄なし
明視距離　二五ｋ～三〇ｋ
高度　一〇〇〇メートル
天候　晴、雲量二、雲高七ｋ
明視状態　太陽を左後方に受け透明度良好靄なし
明視距離　約三〇ｋ
高度　一〇〇〇メートル
天候　晴、雲量八、雲高一・五ｋ
明視状態　太陽を左後方に受け透明度良好靄なし
明視距離　約三〇ｋ

翔鎮南

高度　一〇〇〇メートル
天候　曇、雲量一、雲高二・八ｋ
明視状態　薄靄あり太陽を左前方に受く
明視距離　約一二ｋ

高度　五〇〇メートル
天候　晴、雲量〇、雲高〇・七k
明視状態　靄多し太陽を左やや前方に受く
明視距離　四k〜六k

高度　一〇〇〇メートル
天候　晴、雲量〇、雲高二・五k
明視状態　薄靄あり太陽を左前方に受く
明視距離　八k〜一〇k

高度　八〇〇メートル
天候　晴、雲量四、雲高二・五
明視状態　靄あり太陽を左に受く
明視距離　一〇k〜一二k、太陽方向六k

高度　八五〇メートル
天候　曇、雲量一〇、雲高一・五k

明視状態　太陽の迎射を受け薄靄あり
明視距離　一〇k～一二k

高度　五〇〇メートル
天候　曇、雲量、一〇、雲高〇・六k
明視状態　靄多し高度を変更するも変化なし
明視距離　四k～五k

独立気球第二中隊

独立気球第二中隊は北支那方面軍第二軍の戦闘序列に編入、九五式偵察気球を使用し、上海、南京攻略作戦に参加、捜索および射撃観測に任じ、野戦重砲兵旅団、その他軍直轄砲兵と協力した。

特に南京攻略戦においては独立攻城重砲兵（八九式十五糎加農）と協力、南京西方の揚子江上に退却を支援する敵船団を発見、大隊に射撃を要求、この船団に決定的打撃を与え過半数を撃沈、他を潰乱し、数万に及ぶ捕虜捕捉の原因をなしたのは観測と射撃の緊密な連携の成果であった。

この戦闘の経過を独立攻城重砲兵第二大隊の戦闘詳報から要約する。

一、昭和十二年十一月十四日午後、独立攻城重砲兵第二大隊は太倉南側、南碼頭付近に展開し、第六、第九師団の崑山攻撃に協力するよう命じられた。

二、午後四時ごろ独立気球第二中隊長纐纈《こうけつ》少佐が連絡に来て、我が飛行機は崑山東側東市大街を目下爆撃中なりと通報を得たので、直ちに崑山付近の敵射撃のため気球中隊に地点番号を示し、射撃に関する協定を実施した。

三、午後五時十分飛行機よりの通報によれば「崑山新港より近く一〇〇〇メートル、左一〇〇メートルの地点に有利なる目標を発見せるを以てこれに対し直ちに射撃すべし」の急報があった。この時砲側は約五分後に射撃準備を完了する態勢にあったが、とりあえずこの状況を気球中隊に通報しさらに偵察させた。

四、当時独立攻城重砲兵第二大隊の無線班は放列陣地の右側台地に開設中だったが、飛行機との連絡により知り得た状況は次のとおりであった。

1、午後五時十八分友軍は崑山南方および東方クリークを続々渡河中なり。

2、崑山東方南北に通じるクリークと鉄道線路との交差点より一〇〇〇メートル遠方地点に射撃を修正すべし。

五、大隊長は以上の状況を綜合し、崑山東南三叉路に対し退却中の敵を撲滅する目的を以て射撃開始を命じ、気球中隊に通報した。

午後五時三十一分両中隊は射撃準備を完了し、第一中隊は午後五時四十分、第二中隊は午後五時四十五分それぞれ射撃を開始し、退却中の敵に対し大きな損害を与えた。

この射撃終了後射程を延伸し、崑山城内にある敵後方部隊に対し擾乱射撃を実施、次いで崑山東市大街に対し順射を実施した。

六、発射弾数は尖鋭弾二七発、射距離はおおむね一万六〇〇〇メートルであった。射撃効果は気球中隊の観測によれば各目標ともに敵に多大の損害を与え、特に退却中の敵に対し三順目より有効な射弾により効果を収めた。

太倉付近の戦闘に続いて行なわれた無錫付近の戦闘については次のようであった。

一、昭和十二年十一月二十五日午後一時、大隊は鴨條橋附近に展開し無錫より西方または北方に退却中の敵密集部隊の交通遮断射撃を命じられた。

観測所は第一中隊放列陣地東側付近とした。

二、午後一時二十分、大隊長は鴨條橋所在の独立気球第三中隊に到り、射撃地点について協定した。

三、午後四時三十五分、連絡掛将校冨山少尉より電話で次の砲兵隊命令を受領した。

砲兵隊命令

「独立攻城重砲兵第二大隊ハ射撃準備完了セハ速ニ気球観測ニ依リ効力射準備ノ射撃ヲ以テ要点ニ対シ点検射ヲ実施シ置クヘシ」

大隊長はこの命令に基づき第二中隊に対し射撃準備が完了したらまず上馬港に対し効

力射準備、続いて梅園、無錫中央に対し射撃開始を命じた。

気球隊の通報によれば上馬港、梅園の地点は逆光線のため観測不可能だが、太庄の地点は明瞭に観測できるとのこと。
四、午後五時十五分、第二中隊は太庄に対し試射を開始した。発射弾数は尖鋭弾八発。午後五時二十五分、気球隊より次の通報があった。
「太庄北側湖水に敵舟艇四、五〇隻を発見せり」

砲兵隊司令部に報告の結果、速やかに射撃すべしとの命を受けた。発射弾数は尖鋭弾三〇発、射距離はおおむね一万六〇〇〇メートルであった。
五、本射撃の効果。
気球隊都築大尉より観測効果の通報は次のとおり。

「河中および河岸に多数の命中弾あり。また舟艇に命中して火災を起こせるもの等あり。敵舟艇は混乱状態なり。一部は潘半附近より上陸せるものあり。十分射撃の目的を達成せり」


昭和十二年十二月一日、江陰攻撃に参戦中午前八時頃敵戦闘機の攻撃を受け、直ちに降下点検したが損害はなく引き続き終日戦闘した。午後六時頃に至り敵野砲榴弾の集中射撃を受け、気球は危険な状態になった。降下点検したが当時は戦況上細部にわたり細密な点検はできない状態にあった。

翌二日、午後四時頃に至り繋留車の張力が次第に減少するとともに気球は自然降下を始めた。そのとき初めて前日の二回にわたる敵攻撃のため損害を蒙ったものと判断し、放気点検することになった。点検の結果判明した損害の程度は気嚢P18、P19付近に約二センチ程度の機関銃弾によると見られる角裂八箇所、気嚢P9、P10（日章布付近）に約二・五センチ程度の破裂破片によると見られる角裂三箇所、以上の損害があったが、機関銃弾による損害を被った時点では偵察者二名は依然搭乗し高度五〇〇〜七〇〇メートルで約一一時間任務を継続した。野砲弾による損害以後は夜間となり、昇騰を要しなくなったので降下した。

昭和十二年十二月二十日、南京城外中山陵南側において気球昇騰中、午前四時頃繋留車が転覆したことがある。風速は二五メートル内外であった。

昭和十三年四月徐州攻略戦に参加の後六月から十一月にかけて武漢攻略戦に参加、特に9月の中支羅山、信陽附近の戦闘で砲兵部隊と協力、その特性を遺憾なく発揮した。なかでも信陽城の攻略に当たっては敵から約一キロの信陽駅付近に布陣、風向、気流の関係上信陽城の真上七〇〇〜八〇〇メートルの高度から城内外の正確な敵情の捜索、砲兵の射撃観測に任じ、敵小銃弾約二〇発を気嚢に被ったがよく任務を果たし偉功を奏した。

十四年五月三十日ターク一出港、六月五日宇品に上陸、六月十一日復員完結した。

独立気球第三中隊

中隊長は砲兵少佐、偵察将校は大尉三人、中尉四人、少尉二人の計九人、班別では指揮班、操作班、高射機関銃班、補給班、器材班、他に経理、衛生が付属し総勢約二〇〇人、車両三一両で編成された。

独立気球第三中隊は北支那方面軍第二軍の戦闘序列に編入、九五式偵察気球を使用し、馬廠付近の戦闘を皮切りに三ヵ月にわたる上海周辺の戦闘に参加、次いで南京攻略作戦に参加、さらに徐州作戦、武漢攻略戦に参加、十四年二月、第十一軍隷下に入り南昌攻略作戦に参加、修水河渡河作戦の大火力戦闘で情報収集、射撃観測で活躍した。四月本作戦を終了し帰徳の第二軍司令部附近に駐留、次期作戦を準備した。

独立気球第三中隊の昇騰記録から昭和十三年五月五日の任務遂行の概要を見ると、

搭乗者	時刻	在空時間	昇騰高度	報告回数
藤岡少佐、松島少尉	〇六：一六～〇六：五〇	三四分	五〇〇m	二回
小田島大尉、坂田中尉	〇七：五四～一〇：一二	二時間一八分	七〇〇m	一七回
坂上大尉、北田中尉	一〇：二六～一二：三五	二時間九分	七〇〇m	一二回
生源寺大尉、河野大尉	一三：〇〇～一四：四〇	一時間四〇分	七〇〇m	九回
小田島大尉、坂田中尉	一六：一七～一七：五五	一時間三八分	七〇〇m	八回

となっている。

使用した気球番号は一一一号、繋留車番号は三二四号で、一日に五回すべて陣地を変換して昇騰し、観測結果を四八回電話により報告している。任務は敵主陣地前縁の確認、左右縦隊第一線進捗の状況、有利な目標を発見すれば射撃要求および射撃観測、敵情特に陣地要点の捜索および敵動揺の度の捜索にあった。

報告内容の具体例を十月七日の昇騰記録から一部引用する。

○八時〇二分　陽新県より彭山廟に通ずる道路は浸水しありて通過不能。
○八時五二分　石家湾道は赤土の路面にして良好なる道路なり。陽新—双港道は浸水しありて使用不能。
一一時二二分　荻田橋附近に砲声を聞く。同地付近は雲の切れ目より見ゆ。
一二時〇五分　十加第一中隊陽新西北方約一キロ道路屈曲点付近独立家屋に対する射撃に協力、決定照尺を求めしむ。左記目標を発見　掩蓋機関銃座(1)一三二高地南方閉鎖曲線高地(2)牛頭山南方閉鎖曲線高地。
一二時二五分　一三七二高地および陽新西北方一三二高地に対し擾乱および威力捜索の目的を以て十加に射撃要求。
一六時〇五分　陽新西側上御頭南方高地の斜面にトーチカ工事あり。
一七時三〇分　一三七二高地上に敵掩蓋機関銃座二箇所発見。
一七時三五分　陽新より東北に通ずる道路一三六九高地上に敵のトーチカらしきもの発見。
一七時五二分　陽新県西側上街頭より新しく新道のできたところに敵砲兵らしきもの二門

〇〇時〇二分　敵の露営火らしきものを認めず。発見。

〇〇時一五分　波田支隊方面には露営火らしきものを認めず、戦線は平穏なり。

十五年五月から七月、宜昌作戦に参加、陸県から漢水渡河作戦では敵情捜索、目標標定、射撃の観測に任じ、約一時間半にわたる渡河支援射撃に協力した。十五年八月、復員を命じられ、千葉に帰還した。

なかでも徐州西方一五キロに集まる敵陣地攻撃には敵前二キロ半の至近距離に気球を昇騰し、敵弾下連続八時間の偵察を敢行して砲火を有効に誘導した。北支においては河水氾濫し繋留車の運行が不能のため、繋留車を鉄道貨車に搭載し列車により昇騰移動を実施した。嘉定において気球膨張以来約二〇日間、約二〇〇キロの昇騰前進を敢行し戦史上一記録を作った。

独立気球第三中隊の戦闘詳報から昭和十五年五月八日祖師店西側における昇騰記録を抜粋する。気球番号一三一、繋留車番号三五二、高度八〇〇メートル、天候曇、風速二メートル、温度一七度、在空時間一時間四四分の間に搭乗者菅井中尉、吉田少尉は一五回にわたり偵察結果を報告している。

一〇時一七分　友軍の先頭は興隆集棗陽道上優梁河附近の部落にあり。

一〇時二〇分　興隆集北方七キロ半楡樹崗棗陽道上西方里園附近に火災あるを認む、右縦隊はその附近まで進出しあるものと判断す。
一〇時二三分　槐樹崗に火災あるを認む。
一〇時二九分　棗陽東南方地区には敵兵らしきものを見ず、友軍の進出状況は興隆集棗陽道以外明瞭ならず。
一〇時五四分　優梁河東方約四キロ黄家湾西方約一キロ紅花鋪附近に野砲らしきもの停止中なり、優梁河東側の友軍は全部停止中なり。
一〇時五九分　右縦隊の先頭は里園附近に達せり。
一一時〇九分　棗陽以東優梁河附近に到る間視度困難なるも部落の標定は出来得る程度なり、棗陽県部落は外郭が見える程度なり、右縦隊の先頭らしきものは里園西方約二キロ陳庄附近に達せり、兵力約二個大隊。
一一時一〇分　優梁河北北西李庄部落に火災あるを認む、その西方道上に砂塵を見るも部隊を認めず。
一一時一八分　棗陽県の東南約三キロ張庄附近に友軍徒歩部隊あるを認む。
一一時二四分　棗陽西南方砂河を下り約八キロ土橋鋪部落に大火災あるを認む。
一一時二六分　右縦隊の進出状況は槐樹崗西方砂河に達せるものと認む。
一一時三〇分　興隆集西方約三キロ紅花店以西道路上には友軍徒歩部隊続々進撃中、紅花店以東には駄馬部隊西進中、車両は興隆集東端を流れる河以東に先頭を位

一一時三五分　置して停止中、興隆集西南端昌家湾の橋梁を工兵隊修理中。

一一時五七分　棗陽東端河向には友軍歩兵らしきもの集結中、集結中の部隊の中に戦車らしきを認む二、三台なり。

一二時〇〇分　昌家湾の南方約五〇〇メートル河の交流点より約一〇〇メートル南方の地点に車両の渡渉場急造中なり、約三〇台の車両はその西方約一キロ刘家小湾部落の南方に行進中、先頭は概ね馬家湾南方約五〇〇メートル道路の交会点まで達せり、その他の車両は興隆集以東に進出せず。

棗陽西方約四キロ西北より東南に通ずる二条実線路を敵の装甲車快速を以て南下中、現在の位置は小陳崗西方三叉路附近道路より南へ下っている、兵力は砂塵より見て約六台位。

九五式偵察気球は安定性が良好で、風速八～一七メートル内外で時々突風的状態を生起する場合においても健康状態普通の偵察者が大した苦痛を感じることなく、任務を遂行することができた。

支那事変の戦場は殆どが平坦で観測所として適当な高地がなかったので、中口径以上の多数の砲兵に協力し、敵情捜索並びに射弾観測に任じ砲兵部隊の戦闘を可能ならしめ、気球の真価を発揮した。九五式偵察気球の優れた性能がもたらした効果は多大で、その主要な点は二人乗りとなったので同時に多数の砲兵に協力することができること。九一式に比べて軽快で機動力に富みかつ昇騰性能が良好で一〇〇〇メートル以上に容易に昇騰することができる。したがって捜索並びに砲兵協力において運用が容易であること等が挙げられる。

昭和十二年十月八日の正定城攻撃には当時の日本砲兵の精鋭を集め、まるで特別砲兵演習のようであった。九六式二十四糎榴弾砲一中隊、八九式十五糎加農一大隊八門、九六式十五糎榴弾砲一大隊八門が気球中隊の観測のもとに城壁破壊を競った。これらの戦闘は敵航空勢力が弱小であったために気球の任務を十分に達成できたのである。

当時の偵察将校が戦後気球戦闘を回顧して「戦場における特等席で、繫留索で電話が通じておって、繫留車が下にあるんですが、上から敵状なんかを言いますと、もう新聞記者が繫留車の前に固まって記事を書いておるという状況でした。一番多くやったのは城壁の破壊でした。城壁を崩して突撃路を作る。これは中口径砲以上の協力でやりました。南京撤退のときは船で揚子江を退路遮断しました。ちょっと危険なことがあったのは敵の迫撃砲の破片が気嚢に当たり、スーッという音で急にすぼみました。しかし爆発はせず、辛うじて下に降りて、これを修理して水素を入れてまた上にあがったという状況です。南京の追撃のときには繫留車がどんどん行きますので、ちょっと見ますと飛行船がずーっと行ってるように見えて、敵に対する心理的な威圧は相当あったようです。収集した伝単などにも、あの空の怪物をなんとかしてやっつけろというようなのが相当あったようです」と話している。

支那事変における独立攻城重砲兵第二大隊は飛行機観測による射撃は一回も実施する機会がなかった。その理由は相互の位置が離隔し飛行機が砲兵に協力する時間の余裕がなかったことによる。一回だけ崑山を射撃したとき飛行機の協力を受け得る状況だったが砲車の準備が未だ整わなかったため単に飛行機により得た情況を気球によりさらに捜索させるに止まった。

以後気球の協力による射撃は遠大な射程を利用できるためしばしば有利に働いた。地上観測射撃が重要であることは明瞭だが八九式十五糎加農のような遠大な射程威力を利用する火砲では性能上気球を利用する場合が多かった。

支那事変の結果から観測手段に関し次の教訓を得た。

一、気球が協力する場合でもなるべく地上観測を主とし、気球観測を従とすること。地上観測といえども必ず第一線歩兵の位置に進出し、射弾を適確に掌握できることが必要である。

二、北支、上海等の作戦地においては観測手段の利用に関し次の判決を得た。

地上観測―精密射撃（破壊、撲滅、強度の制圧等）には絶対に必要である。ことに攻城重砲が第一線歩兵に直協的に使用されるときは益々重要である。

気球観測―遠距離目標に対する射撃（敵退却部隊、交通遮断、撹乱等）には極めて有利である。ことに天候、地形が遠距離の展望を許すときは益々有効である。

射撃目標を観測手段および射撃の種類により分類するとその数は次のようになる。

射撃種類	観測手段（地上）	観測手段（気球）	計
破壊撲滅	一五		一五
強度制圧	四	二	六
制圧	一五	三	一八
交通遮断	二	五	七
沈黙	七	〇	七
擾乱	四	六	一〇
試射	八	二	一〇
その他	三	〇	三
計	五八	一八	七六

支那事変初期に気球の移動修理班を派遣した。修理班は陸軍技術本部第三部の戸田技師以下四人で、気球器材の補給、現地修理、技術指導のため上海、南京、天津地区で業務を実施した。

気球聯隊は実働部隊ではないので内地に残った。気球聯隊の業務は昭和十一年九月、気球に関する学術の調査研究と気球に関する兵器、器材の研究、試験を行なうことおよび臨時に各兵科の将校以下を召集し必要な教育を行なうことと定められていた。

空中偵察術の修業には教育総監部、参謀本部および全国の師団から主に陸軍大学校出身者が年間一〇人程度気球隊に分遣され一ヵ月間の教育を受けた。

昭和十三年頃、陸軍では砲兵の観測に低速で離着陸距離が短く地上部隊と行動をともにできる飛行機が必要となり、秘匿名称を「カ一《かいち》」としオートジャイロを再び研究することになった。大阪砲兵工廠第一製造所が担当し、大倉商事を通じて米国よりケレット14号オートジャイロを入手し研究を始めたが再び破損してしまい、萱場製作所に修理を依頼した。当時航空各社は本務に忙しくこんなオモチャは作っておれないとのことで、お鉢が大阪砲兵工廠へ回ってきたもので、その後大阪大学航空科、朝日新聞航空部の協力を得て十六年五月、修理機の試験飛行を行なった。

次いで萱場製作所において国産にかかり神戸製鋼所、満州飛行機の協力を得て十七年九月頃完成した。陸軍野戦砲兵学校の実用試験の結果、砲兵の滞空観測具として実用に適すると認められ、差し当たり昭和十八年度において最小限一〇機を整備するとともに操縦要員および機関要員各将校三、下士官一〇、計二六人の教育に着手することになった。教育期間は操縦を昭和十八年四月一日から七月末の四ヵ月間、機関を同九月末までの六ヵ月間とした。人員は野戦砲兵学校、重砲兵学校、気球聯隊より差し出すことになった。

陸軍野戦砲兵学校の実用試験では次の付帯意見があった。

一、「カ二」部隊には高射機関砲を付属する必要がある。
二、同乗席を大きくし、開閉できる天蓋を付ける。
三、椅子を前後に動かせるようにする。
四、空地連絡の性能は電話一五キロ、電信三〇キロで十分である。

現に整備してある偵察気球は当分の間「カ二」と併用することになった。

昭和十八年十一月、回転翼教育関係は豊橋市外老神飛行場に移転した。「カ二」は砲兵の射弾観測用として気球に代えて整備するだけでなく船舶部隊で対潜水艦警戒用として使うことになり爆雷一個を搭載していた。「カ二」は地上防空機関の掩護圏内においてのみ射弾観測をすることに制限されているから「カ一」を装備しても飛行機の砲兵協力の必要性は変わらない。増産に努力したが材料不足のため製造は遅れた。対馬海峡の要塞に配備されたが詳しいことは不明である。

カ一観測オートジャイロ主要諸元

搭乗員　一人

発動機　アルグス二四〇馬力

ノモンハン事件における気球

昭和十四年五月に勃発したノモンハン事件に際し、独立気球第二、第三中隊は支那戦線にあり、第一中隊は帰還命令により内地に帰還していた。気球聯隊は臨時独立気球隊を編成し満州へ派遣した。これは内地動員の純然たる応召部隊であった。

七月二十四日、興安北省イリンギン査汗湖附近に布陣し、第二十三砲兵団第一群長の指揮下で野砲兵第十三聯隊、野戦重砲兵第一聯隊、同第七聯隊等に情報を伝達するとともに、穆稜重砲兵大隊の対砲兵戦に協力して遠距離観測を開始した。気球は一〇一号、色はブルーだった。

七月二十五日午前八時三十分、朝から三回目の昇騰で高度八〇〇メートルにおいて敵情偵察中、敵イ16戦闘機三機に超低空から機銃掃射を受け、数分後気球は炎上し搭乗していた将校二人は戦死した。

気球は直ちに内地から取り寄せることになり、八月上旬到着、この間気球観測の穴埋めは臨時独立気球隊とともに内地から派遣され、ハイラルに待機していた臨時気球小隊の一人乗り砲兵小気球「フ三」を急遽ノモンハンへ出動させることになり、八月九日戦場へ到着、観測を開始した。これと前後して内地から気球が到着し、直ちに観測を開始した。砲兵小気球も空中観測時に敵砲撃により炎上墜落したが、偵察将校は落下傘降下により危地を脱した。

九一式偵察気球は高度を一メートル高めるに従い視界が一〇〇〇メートル増大する北満の広野で砲兵任務のための観測をした。最も良好な視界は気球高度の約一〇倍以内であって、正面六キロ以内の師団に一個の気球があれば左右縦深ともに十分眼下に収めることができた。北満は大気が清澄で気球から距離約二〇キロ先の敵砲兵を標定することができたが精度はよくなかった。

気球は支那事変で過大評価され、師団砲兵の特科団の中に一人乗りの小気球を入れることになったが、ノモンハンで敵の飛行機にさんざんやられたので実行されなかった。ノモンハン事件を契機として気球観測は補助手段として小気球で至短時間の観測に使用せざるを得なくなり、気球観測から航空機観測へと大変換することになった。

昭和十五年九月、東富士演習場において砲兵研究演習が実施され、気球中隊（東部七十六）は九八式偵察気球一個を以て藍軍に参加した。十月初旬まで約二週間にわたり陣地攻撃における対砲兵戦、情報と射撃の連繋、気球観測について演習を行なった。

昭和十五年頃多葉式防空気球を試作した。同年二月、安房鴨川海岸で行なった昇騰試験で高度三六〇〇メートルに達したが荒天のため繋留索が切断し、気球は雲の中に消えてしまった。

昭和十六年三月、陸軍運輸部は船団および泊地における防空気球および偵察気球の実用試験を実施、輸送船団の航行中および碇泊間の防空用として価値はあるが、昇騰のためには若干の設備を要すると判定した。演習部隊は東部第七十六部隊偵察気球小隊および防空気球小隊で試験に使用された気球は九三式防空気球と九八式偵察気球および「一〇〇式偵察気球」であった。

甲板上において気球を操作するため必要な最小限空域は九三式防空気球が長さ二一メートル、幅九メートル、九八式偵察気球が長さ二七・五メートル、幅一一メートル、一〇〇式偵察気球が長さ二三メートル、幅九メートルであった。

昭和二十年度に九八式偵察気球の新たな発注はなく、一〇〇式偵察気球が一五個発注された。

同年十一月、第一、第二、第三防空気球隊の編成が完結し、東部軍第六十一独立歩兵団の管理下に入った。

九一式、九五式、九八式偵察気球諸元比較表

諸元	九一式	九五式	九八式
全長（m）	三一・二〇	二六・四五	二六・四五
全高（m）	一九・六七	一六・八二	一六・八二
最大中径（m）	八・五四	七・二四	七・四〇
容積（㎥）	一二〇〇	七三〇	七八〇
水素充塡量（㎥）	九七〇	五六〇	六五〇
自重（kg）	六二四	三四〇	三九〇
内訳　気嚢（kg）	五五〇	三〇八	三三〇
吊桿（kg）	一四	七	一〇
吊籠（kg）	六〇	二五	五〇
昇騰高度　乗員一名（m）	一五〇〇	一〇〇〇	一〇〇〇

	乗員二名（m）	一二〇〇		八〇〇
抗堪風速（m／秒）		二四	二五	二五
搭載量	乗員一名（kg）	一八七	一二〇	一五〇
	乗員二名（kg）	二五七		一八〇
繋留索	中径（mm）	七・〇	六・四	六・四
	重量（kg／100m）	一六	一四	一四
	切断荷重（kg）	三五〇〇	三〇〇〇	三〇〇〇
捲索能力	低速（m／秒）	一・七	一・七	一・七
	高速（m／秒）	五・〇	五・〇	五・〇
	逆転（m／秒）	二・五	二・五	二・五
繋留車重量（kg）		五三〇〇	四六〇〇	四六〇〇
水素缶（本）		約一七六	約一〇二	約一二〇

大東亜戦争における気球

独立気球第一中隊は昭和十六年六月、南方作戦参加のため臨時動員、第二十五軍（山下兵団）の隷下に入った。大東亜戦争に入った昭和十七年一月、独立気球第一中隊はタイ・シンゴラに上陸、一月末頃ジョホールバル北側に陣地を占領、特にシンガポール島攻略時は上陸予定地点の目視並びに写真捜索に任じ、また十五糎加農大隊に協力してブキテマ高地マンダイ付近の敵砲兵陣地の制圧に任じた。

二月十五日十六時、シンガポール陥落とともに中隊は軍司令官の命により、日章旗を掲げて昇騰、全軍に勝利を示した。シンガポールにおけるイギリス軍捕虜将校の言に「シンガポール要塞のとどめは気球観測による正確な砲撃によって刺された」とある。

同隊はその後比島方面軍（本間兵団）の指揮下に入り、バターン半島のサリアン河谷に前進、野戦重砲兵第八聯隊編成の九二式十糎加農部隊と協力、マリベレス山麓よりオリオン山に至る間の敵砲兵陣地に対する射弾観測に任じた。

同年四月敵一五センチ加農の集中射撃により気球は使用不能になり、直ちに気球の補給により任務を続行、お返しに敵一五センチ加農三門の破壊を確認し、他に数箇所の砲兵陣地に損害を与えた。

アメリカ軍主力の降伏後コレヒドール要塞の攻撃に任じ、引き続き野戦重砲兵第八聯隊に協力、コレヒドール島カバロウ島要塞の攻撃に参加、同砲台の高射砲陣地および付近湾内の敵船舶十数隻の射撃に効果を収めた。

十加と協力してはフライデ島の三五センチ四門砲台を制圧した。また重砲兵第一聯隊の二十四榴と協力してはコレヒドール島ゲアリー砲台の三〇センチ榴弾砲八門のうち七門を完全破壊し、弾薬庫を爆破させた。

一方アメリカ・フィリピン連合軍の火砲射撃により被害を受ける状況もあった。バターン・コレヒドールの攻略が終わり、昭和十七年五月十九日、比島からの内地復員が命じられ千葉へ帰還した。

防空気球による空襲への備え

防空気球は夜間敵航空機の爆撃に対し都市とくにその重要施設、資源等を掩護するため使用するもので、一般的に阻塞気球あるいは防空阻塞気球という名称が昭和六年頃から終戦まで使用されているが、制式制定の名称は防空気球である。

昭和十七年一月、陸軍省器材課より陸軍兵器本部へ九三式防空気球五〇個の調達を通牒した。

同年六月、陸軍省軍事課、防衛課および参謀本部第四課は気球の民間払下に関する方針を次のように定めた。

宮城を直接防御するため東部軍が保有する気球五〇個のうち三〇個を以て、西部軍は現有の全気球を以て軍隊により防空を担当し、残余の気球は民間に払い下げる。軍において直接保有するのはこの数を限度として将来生産する規格低下した気球は直ちに民間に交付し民間重要施設の防御に充当する。これにより民間が自ら対空防御のため防空気球を保有することになった。

昭和十六年度動員計画により配置された防空気球隊は東部軍が東京防空隊隷下の第一、第二、第三防空気球隊と西部軍が小倉防空隊隷下の第四防空気球隊の計四隊であった。その他には東京の高射第一師団隷下に第一要地気球隊があり、宮城周辺に展開していた。装備する三〇連防空気球の高度上限は一〇〇〇メートルだった。

北九州にも高射第四師団隷下に第二十一要地気球隊があり、防空気球六個を以て八幡地区童子丸に展開していた。

第一、第二、第三防空気球隊は後合一して本部を越中島の都立第三商業校に置き、第一、第二、第三小隊を越中島隊として月島一帯に、第四、第五小隊を鶴見隊として川崎地区に展開、防空気球を揚げて首都および京浜工業地帯の防空に任じた。

防空気球は一〇連または三〇連で運用されたがB29等に対しては全く無力であった。

昭和十八年九月、南方軍パレンバン防衛司令部は第百一要地気球隊を編成し、スマトラの精油所の防空に当たった。

十九年に入り英国機動艦隊の艦載機約二八〇機が二波に分かれパレンバンに来襲、気球隊は精油所周辺高度一〇〇〇メートルに三〇個の気球を飛揚した。敵機は低空で攻撃、第一波の戦闘機約一〇機が気球網に掛かった。

昭和十九年十月に陸軍兵器学校が作成した戦時兵器勤務必携に掲載されている気球兵器には次の種類がある。兵器を更新しつつ終戦まで気球隊が活動していたことが窺える。九八式偵察気球、一〇〇式十糎双眼鏡、一式防空気球、二式水素缶車、二式気球車、二式吊籠落下傘等。

昭和二十年、ソ連の参戦により防空気球隊は新潟に移動し、主力は新潟、一部を富山県伏木港に展開し、北方よりの敵機に備えた。

終戦時に占領軍に提出した兵器生産状況調査表によると防空気球は一九四一年度三〇〇個、一九四二年度一五〇個、一九四三年度二〇〇個を製造したとしている。

陸軍兵器行政本部の昭和二十年度整備計画には「一式防空気球」一〇個、「二式防空気球」五〇個の製造が計上されている。これらの製造に携わる機関は東京第一造兵廠とその協力企業の藤倉工業、日本製紐、中央ゴム、東京製綱、相模造兵廠とその協力企業の三菱重工業、門田鉄工所、日本特殊陶業、矢崎電線、沢藤電機等であった。

二式防空気球は民間企業での部品製造は一部進んだが、組み立てはほとんど行なわれなかった。

一式防空気球一組の価格は約四万三五〇〇円であった。

防空気球は偵察気球を小型化して吊籠を省略した構造で、昇騰高度を上げるため通常二個の気球を縦に配列し繫留機により昇騰降下を行なう。単一気球の上昇限度はおおむね二一〇〇メートルで連接気球の上昇限度はおおむね四五〇〇メートルである。気嚢の構造は偵察気球とほぼ同様の可変容積式（両側腹にゴム紐で襞を設け、水素の膨張収縮に応じて気嚢容積を変化するもの）であるが、すべて木綿の一重球皮製気球であることが異なる。上部気球と下部気球は同型で、昇騰に際し水素充填量を加減するだけであるから製作が簡単で補充も容易であった。

防空気球の配置は様々な条件により差異を生じるが大都市に対しては要点配置または分散配置、時として輪形配置または一側配置を、小都市または要地に対しては輪形配置または一側配置を行なうが少なくとも予想される空襲方面の空域を阻塞するように配置する。一線の場合は鋸歯形としてその間隔は五〇〇〜八〇〇メートル、数線および分散の場合は碁盤形としてその間隔は一〇〇〇メートルを標準とし、隣接気球間に接触を来たさないようかつ予想敵機の翼長を考慮して決定する。昇騰高度は努めて五〇〇〇メートル以上の高々度を有利とするが掩護物の状況、気象の状態、防空の方法等により約四〇〇〇メートル程度の中高度または約三〇〇〇メートル程度の低高度でもより広い空域に配置する方が有利な場合がある。

一九一八年一月以降ドイツ軍飛行機のパリ襲撃が激しくなりフランス軍は一般空中防備の整備とともに防空気球を採用し、市内および市の周辺に約四〇〇個の気球を使用する計画を立てた。

しかしその初期は製作材料欠乏と兵の未熟から十分な効果を挙げられなかった。そこで戦線から気球隊付将校を召還してその運用に任じるとともに、イギリスから球皮材料の補給を受け、七月に至り漸く器材の整備が成り、かつ二個連結の気球を使って四五〇〇メートルの高空に昇騰することができるようになり、遂にドイツ軍飛行機がパリ上空に来襲することを不可能とさせた。

フランスのバゼジー砲兵大佐は防空気球の間隔を三〇〇メートルとすれば翼長二五メートルの爆撃機の衝突公算は往航一二分の一、復航一二分の一、計六分の一に達する。これでは如何に勇敢な操縦者でも軽視することはできないと論じている。

パリの阻塞気球の配備は防空気球使用の好例である。エトアールの広場凱旋門よりシャンゼリゼの遊歩道を経てチューイリィ公園にわたる間に一小隊を配備してまず市の西半部を南北二帯に区分するとともに、ルクサンブール公園の1小隊と呼応して附近の有名な宮殿、寺院、官庁を直接掩護し、市の東半部においてはバットショーモン公園、ペールラシェーズ墓地を利用し、各一小隊を配置し市内上空の空積を阻塞するのみならず直接外郭においては西部のビランドゥール、ヌーイ、ナンテルの民間工場地区に四個小隊を配して細密な阻塞網を形成し、南部より東部にわたっては6ヶ小隊を点々と配置して市内に対する障壁とし、北部においてはブールジェの飛行場により掩護される他ヴィルタヌーズの兵器修理工廠、ゼブランの火薬製造所等に各直接掩護の小隊を配し、かつ敵機来襲の主要航路となる方面に市街より遠く一五ないし二〇キロを隔てて一線の阻塞網を編成した。その使用気球数は一八〇組に達した。

防空気球は運動性を持たず繋留機により地上に固定した。繋留機は被牽引式で動力車と索鼓車は分離していて、所要に応じ数連の気球に対して動力車一両を流用することもできた。また防空気球の昇騰地は地域により概ね固定されるから固定の電動装置によることもあった。

索鼓車は数千メートルの繋留索を纏巻する鼓胴に動力車の曲軸を連結する。索張力のため車両が転覆しないよう架尾を螺旋杭で固定する。また張力が垂直上方に作用するときは繋留索を水平約五〇メートルに埋設する支点滑車を支点として気球を接続し昇騰降下をする。

一式防空気球主要諸元

一式防空気球

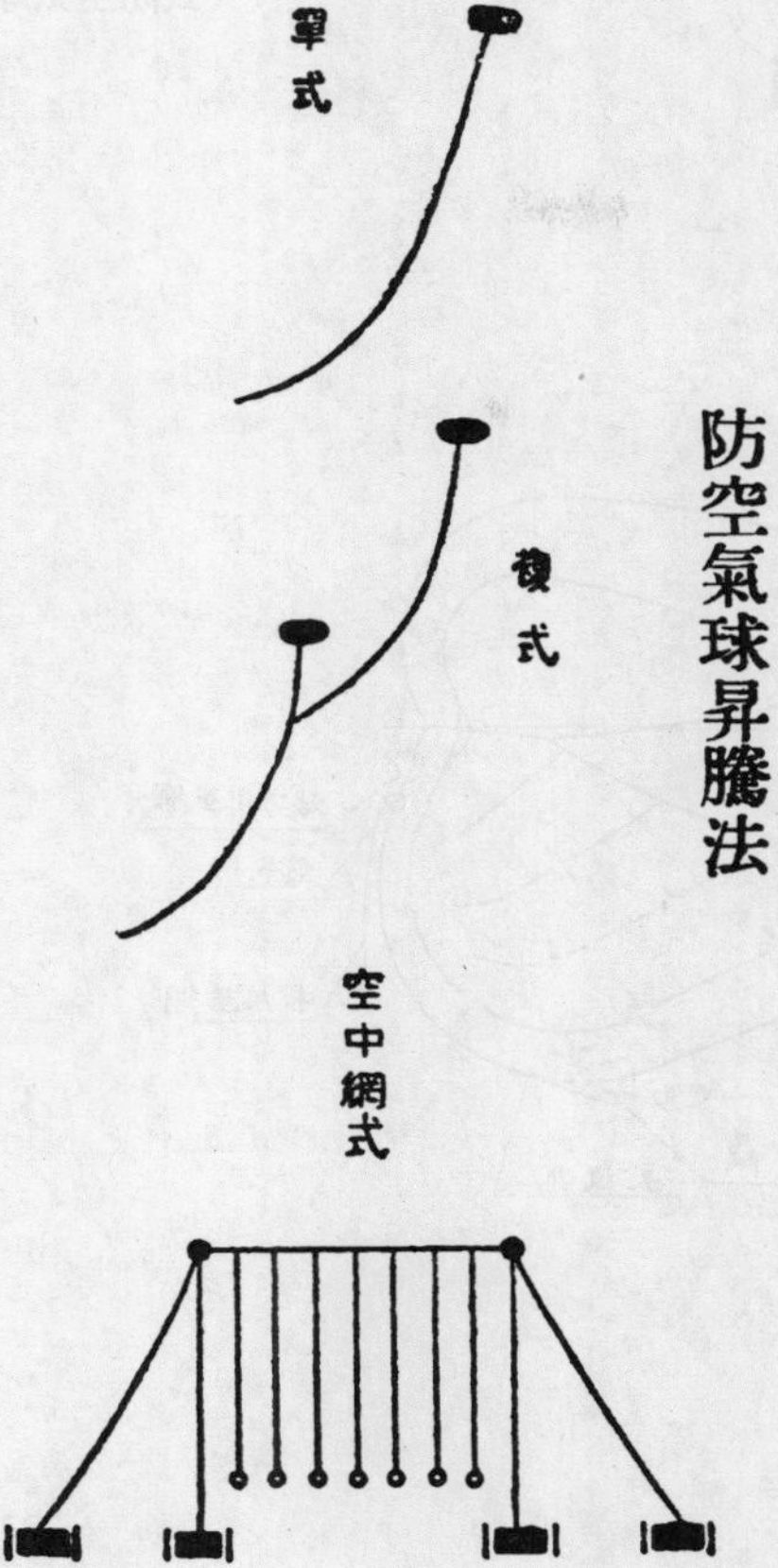

単式、複式、空中網式防空気球昇騰法
（昭和15年・陸軍重砲兵学校・兵器学教程付図所載）

一式防空気球舵嚢膨張経路
（一式防空気球説明書所載）

要図

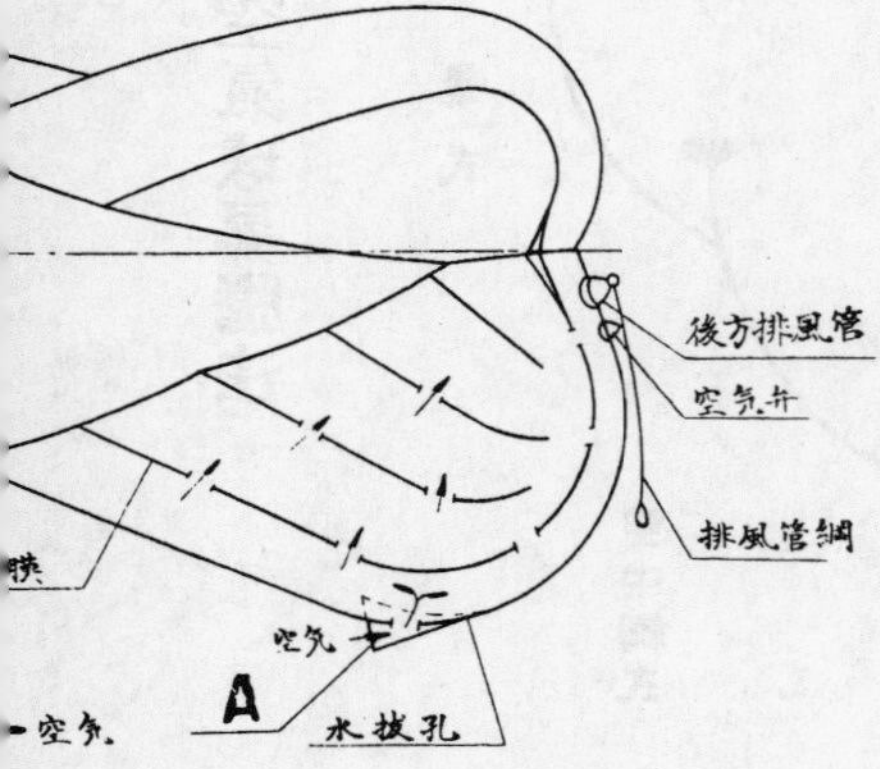

舵嚢膨脹然
（ノウ ボウ チョウ）

安定舵嚢

後方排風傍

前方排屋

方向舵嚢

風窓

A 部詳

A B

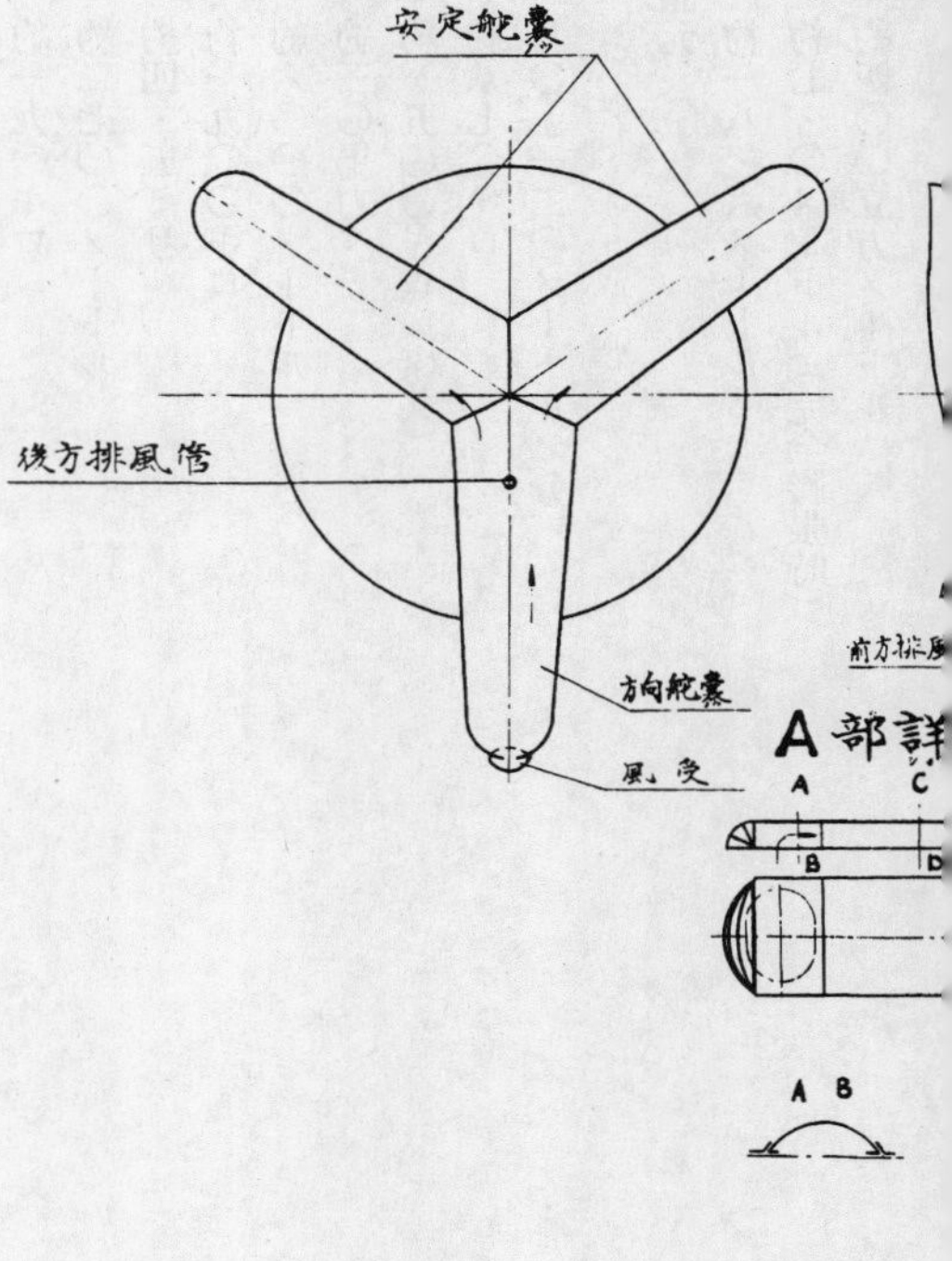

気嚢全長	約二〇・六メートル
気嚢本体最大径	約七・八メートル（完全膨張時）
気嚢本体最大容積	約五五〇立方メートル
標準水素充填量	約四一〇立方メートル
重量	約一九〇キロ
標準昇騰高度	約二七〇〇メートル
繋留索標準径	約四・五ミリ
切断重量	約一九〇〇キロ
全長	約六〇〇〇メートル
繋留機機関馬力	約三〇馬力
索鼓車重量	約一五〇〇キロ（索共）
動力車	約八七〇キロ
巻索速度	三〇～一二〇メートル／分

二式防空気球主要諸元

気嚢全長	約一八・六メートル
気嚢本体最大径	約七・〇メートル（完全膨張時）
気嚢本体最大容積	約四〇〇立方メートル

標準水素充填量　約三二〇立方メートル
重量　約二〇〇キロ
標準昇騰高度　約一五〇〇メートル
繋留索標準径　約四・五ミリ
切断重量　約一九〇〇キロ
全長　約二〇〇〇メートル
繋留機機関馬力　約三〇馬力（電動機約二五馬力）
索鼓車重量　約一二〇〇キロ（索共）
動力車　約八七〇キロ（電動機約七五〇キロ）
巻索速度　三〇〜一二〇メートル／分

関東軍の対ソ気球作戦

昭和十七年九月、関東軍直轄独立気球第一中隊の臨時編成が下令され、新京において第二気象聯隊第七中隊を以て編成完結、十月、竜江省平安鎮に展開した。編制は中隊本部、第一小隊（観測）、第二小隊（放球）、第三小隊（水素発生）からなり、人員一五二人で夜間に爆弾および焼夷弾の模擬砂嚢を吊るして放球し、目標地点に落下させる訓練を実施した。

昭和十八年頃には一〇〇キロ離れた目標に半径二キロ以内の誤差で落下させ、後方擾乱の目的を達成し得る練度に到達した。

中隊が保有する気球には五号（一五キロ爆弾二個懸吊）、四号（一五キロ爆弾一個懸吊）、三号（一キロ爆弾三個懸吊）があった。

昭和十九年五月、第二次「ふ」号演習で、中隊と機動第二聯隊の協同訓練を実施した。

昭和二十年四月、平安鎮から洮南に移駐、第二気象聯隊から機動第一旅団の隷下に編入した。五月一日独立気球第一中隊を編成、三十日に編成を完結した。

中隊の編制は中隊本部、指揮小隊、放球小隊、自動車小隊、水素小隊からなる。人員三三六人、他に軍属6人。中隊は機動旅団の地上挺進戦法にさらに気球戦法を加えたものであった。

一方機動第二聯隊の第十中隊が「ふ」号気球運用の研究中隊に指定され、中隊は第十中隊の基幹要員の教育を担当した。このようにして中隊は従来の風船爆弾用法よりむしろ気球を利用する空からの挺進（搭乗）が要求された。

空輪挺進隊用自由気球も研究された。

他に第一野戦気象隊を気球聯隊で編成し、本部を北京に、北は張家口、大同、南は済南、西は太原と広く気象観測網を敷いた。

大正十四年七月、所沢陸軍飛行学校の測風気球に関する研究によると常用気球は重量約二〇グラム、直径約五四センチ、一分間に一五〇メートル上昇し高度一万メートル付近で直径は七〇センチ以上となり破裂する。気球の色は鮮紅色とした。これはイギリス、アメリカの常用気球に比べて遜色はなかった。

第二章　風船爆弾

対ソ戦特殊兵器の研究

陸軍科学研究所第一部長多田礼吉少将を中心として発足した特殊兵器研究制度によって研究開発された兵器には無線操縦兵器の「む」号研究、有線操縦兵器の「い」号研究、ロケットの「ろ」号研究、ノクトビジョン（暗視兵器）の「の」号研究、熱線利用兵器の「ね」号研究、怪力線の「く」号研究、眩惑光線の「き」号研究、高圧電気応用兵器の「か」号研究、鋼線等投擲兵器の「て」号研究等とともに風船爆弾の「ふ」号研究があった。

この特殊兵器研究制度の特色は在来の兵器の改善よりも新兵器特に奇襲兵器の開発を目的として高度の秘密主義をとり、抽象的な研究は除外し試作、試験を主体とした。

当時の研究項目はソ満国境におけるソ連軍縦深陣地攻略のための兵器の研究に主眼が置かれていた。昭和八年頃から研究が開始され、昭和十六年陸軍科学研究所が発展的に改編されるまで盛んに行なわれた。

昭和十年六月、陸軍省は特殊技術研究要領を定めて特殊兵器の開発促進を図った。要領に指定された特殊兵器には陸軍技術本部が研究する次の三項目があった。

「技一号」最大射程一六〇キロを有する二四センチ級加農
「技二号」迅速に地中を掘進する特殊地中戦器材
「技三号」地表面に現れることなく迅速に掘進する装置

その他に陸軍科学研究所が研究する次の一六項目があった。

「科かこ号」野戦において高圧電気の殺傷威力を攻撃的に利用する装置
「科い号」爆薬を内燃機関に装し有線操縦を行う装置
「科ふこ号」特殊放流爆弾により遠距離の目標を爆撃する装置
「科の号」暗視装置
「科は号」特殊なガスを放散し敵の発動機を停止させる装置
「科ろ号」ロケット式（噴進式）爆弾装置
「科む号」無線操縦装置
「科A号」現在以外の新毒名
「科せ号」空中小爆弾を浮遊し敵飛行機を破壊する装置

「科やほ号」赤外線の放射により方向を維持する装置
「科かて号」鉄条網弾を発射しこれに高圧電気を通じる装置
「科く号」怪力放射線を人体または電気装置等に作用させる装置
「科う号」電気雲により人体または電気装置等に作用しまたは爆薬を爆発させる装置
「科き号」怪力光線により敵を眩惑させる装置
「科と号」防空電気砲装置
「科かは号」高圧電気の利用により敵の通信網等を一挙に破壊する装置

また陸軍航空研究所が開発する次の三項目もあった。

「航一号」飛行機による敵飛行機の爆発装置
「航二号」成層圏飛行機
「航三号」無線操縦の飛行機

これらの特殊兵器は予想される対ソ戦に備えるもので、大部分は未完成のまま終戦を迎えたが「科ふこ号」のように実際に兵器化に繋がったものもある。

風船爆弾の構想

「科ふこ号」研究は気球を等高度に飛翔させて遠距離を爆撃しようという構想である。それは東満の国境から最初はウォロシロフの飛行場を、後にウラジオストックを攻撃しようとするもので、到達距離は一〇〇キロを目途とした。気球は日本紙をコンニャク糊で張り合わせた球皮を創案して使用していた。昭和十四年頃にはこの球皮が多数整備され、また北満気象聯隊の中にこの兵器に専念する部隊が編成されていた。

その後昭和十七～十八年頃、関東軍においてこの気球を改修し、五メートルの紙気球で東満国境を越えて人員を輸送することが考案され、実行部隊が関東軍の機動旅団内に編成されたが終戦まで実施されなかった。

また第九陸軍技術研究所で謀略兵器の研究が始められるようになり宣伝用気球の研究も行なわれた。これは低空の地上風を利用して敵の背後に宣伝ビラを撒布しようとするもので、この目的にも同様の紙気球が使われた。

昭和十年八月、特秘兵器に指定された「ふ号要具」は昭和十四年八月、「試製気象機」と名称が変更され、同年十月、陸軍兵器機（秘）密取扱規程に定める機密兵器に準じて取り扱うこととされた。

昭和十六年六月、陸軍科学研究所は廃止され陸軍技術本部に統合された。これは技術本部と科学研究所を合併して陸軍のすべての兵器、器材の研究を一管理者のもとに統轄するものであった。この改正で陸軍科学研究所登戸出張所は陸軍技術本部第九研究所となった。風船爆弾は何度か名称を変更しながらも研究は継続されていた。

昭和十七年九月、気球聯隊に人員および資材が増加配属された。人員は佐尉官二人、准士官下士官六人、計八人を陸軍挺身練習部から気球聯隊へ軽気球研究要員として差し出し、資材は特種気球六個および関係器材一式を陸軍兵器本部から気球聯隊へ差し出した。すなわち陸軍が「ふ」号作戦の実施に向けて具体的に動き始めたのである。

陸海軍の「ふ」号研究

陸軍技術本部長を勤めた多田礼吉中将（技術院総裁）の着想で、「一万メートルくらいまで行けば西から東の方へ吹いている風が始終ある。それは太平洋を渡ってアメリカへ行くじゃないか。アメリカは大きな大陸だからどこへ落ちてもいいじゃないか」というような構想から始まったのがアメリカ本土を狙った風船爆弾である。第一造兵廠長の小林軍次少将も同じような構想を持っていた。

昭和十七年秋頃からアメリカ本土に艦船で接近して「ふ」号攻撃を行なうことが考えられ、海軍と交渉したがなかなか協力が得られなかった。同十八年初頭になって潜水艦を使用すれば一〇〇〇キロまでは近寄れるだろうということになり、第九陸軍技術研究所において一〇〇〇キロを目途とする「ふ」号研究が急速に進められ、六メートルの気球を米子付近から本州を縦断し太平洋まで飛翔させることができた。

主務者は工兵の草場秀喜少将（技術研究所長）であった。潜水艦の艤装についても海軍と協定し着手するまでに至ったが、三月になって海軍側から南方作戦が忙しくなって潜水艦をこの目的に割くことができないと断わってきた。実は海軍独自にこの攻撃を行なうため小形有圧の紙気球の研究を始めていたのである。

陸軍は紙の楮《こうぞ》にコンニャク糊を塗って化学処理をする。これはゴムより気密度がいい。海軍は羽二重を基礎にしたゴムで陸軍に比べて非常に高くつく。陸軍の気球は一個二〇〇〇円くらいだが、海軍の気球は一万円を超えていた。その後間もなく海軍はこの研究を円満に陸軍に譲ってきた。その理由は気象条件がよほど良くないと成果が期待できないと判定したことにあったらしい。

陸軍としては海軍の提案を受け入れ、両者を併せ研究することにした。陸軍式の無圧気球をA型、海軍式の有圧気球をB型と名づけた。

B型気球は陸軍に移ってから高内圧のため破裂したので、陸軍式の弁を付け、若干のバラストを投下できるようにした。その結果昭和十九年十一月の実験では八七時間におよぶ飛行記録を樹立した。

本土から放球し太平洋を飛翔して一挙にアメリカ本土を攻撃する案はその頃中央気象台からも出されていたが、昼夜間のガスの温度差が大きいので、昼夜を通じ等高度に浮遊させることが問題であった。それには球皮の強度を高め気球に十分な内圧を与えるか、または落下した場合に自動的にバラストを投下して高度を回復するかいずれかによる他ない。昭和十八年四月末になってバラスト投下の簡単な装置を付けた六メートル気球で滞空三三時間の記録がラジオゾンデによって確かめられた。

風船爆弾の開発

同年八月、陸軍兵器行政本部から第九陸軍技術研究所に対し本格的な研究命令が発せられ、検討の結果従来の経験を生かして紙製の無気圧気球を利用し、バラスト投下によって高度を保持することとし、気球中径を約一〇メートル、飛翔高度を初期一〇キロ、バラストを全部投下した終期をおおむね一二キロとして飛翔させることに決定し、最初の気球は同年十一月初旬に完成した。

昭和十九年二月から三月にわたり約二〇〇個の気球を準備し、千葉県一宮海岸において大規模な試験を行った。目的は気球の飛行状況や高度保持に関するデータを得ることにあったので、色々なラジオゾンデを付けて放球したが、あわよくばアメリカ本土に到達したら何らかの反響があるかもしれないということで、焼夷弾を積んだ気球も放たれた。

しかし何ら到達の反響はなく、不成功の原因は主として材料の低温低圧に対する性能にあり、特にバラスト自動投下装置に使用した導火索が低圧で導火しなかったのでこれを改良した。この試験では三〇時間以上の観測記録がしばしば得られたので、材料面さえ完備すれば必ずアメリカ本土に到達できると確信するようになった。

この試験を終了するに際し、一宮の試験場において陸軍省、参謀本部、兵器行政本部等の関係者が会議を行なった結果、十九年末から二十年にかけて大規模な攻撃を行なうことが内定され、その実施部隊は気球聯隊を基準として編成されることになった。

気球を有圧にするか無圧にするかは議論があったが、急速に完成を期したいこと、数多く作るには有圧では困難なこと、単価が著しく相違すること、有圧はゴム、ベンゾールなどの重要軍需資材が多量に必要なこと、有圧は軍隊で昇騰させることが困難になること等の理由によって無圧気球が採用された。

「ふ」号研究の諸条件

中央気象台は陸軍の要望によって太平洋上空の気流を判断する基礎的な調査を行ない、太平洋上層気流の推定図表を作成、放球時期、場所、拡散程度、到達に要する日時等を判断した資料を提供した。

これにより放球二四時間後、四八時間後および七二時間後の気球位置を求め、気球の全流跡線図が作成された。また冬期における高度一〇キロの気温は零下五〇度以下の極寒で気圧は地上の四分の一以下であるから、「ふ」号の研究において最も苦心し広く各方面の協力を仰いだのはこの低温、低圧との戦いであった。

これらの諸条件に対応すべく開発された気球は中径一〇メートル、下端に排気弁があり中腹部の少し下に座帯が付いていて、そこから吊索が下がっている。

高度保持装置は気球が一定高度降下するとバラストを投下する自動装置で、バラストとして重量二キロの砂嚢を三二個吊り下げている。

気球本体と高度保持装置とはそれぞれ投下した後、これらを爆破するための爆破缶を装置していた。証拠隠滅のためだったが発射準備の過程で二回爆発事故を起こし、三名の死傷者を出した。アメリカへ到達後に爆破缶の不発により丸ごと落ちたものがたくさんある。

投下弾は五キロの焼夷弾四個と一五キロの爆弾もしくは一二キロの焼夷弾一個からなり、前者はバラストと同様な状態で懸吊して最後のバラストの役をなし、後者は高度保持装置の中央に懸吊されている。

重量は気球本体七五・八キロ、高度保持装置二五キロ、バラスト六四キロ、投下弾三五キロの合計一九九・八キロである。

高度一〇キロにおいて気球本体は満膨張しその時の浮力は約一九六キロとなる。

ラジオゾンデを付けたものは電池の重量が約六〇キロあるので高度は九・五キロ前後である。

バラストを投下するにしたがって逐次高度が高まるので最終期の高度は一二キロ近くになる。

投下弾の投下は当初時計を利用した時限装置を考えていたが、目標が非常に大きいのでバラストを全部投下して最後に気球が降下したときもアメリカ大陸を通り抜けて大西洋に出ることはないとの考えのもとに時計は使用しないことになった。

風船爆弾の製造

昭和十九年五月、大阪造兵廠に気球一万個（ふと言っていた）の製造が命じられ、第一製造所（火砲）が担当して少なくともその半数を一月末までに各陣地に集積することになった。

球皮のための日本紙は埼玉県小川町の長繊維手漉和紙のみを使用していたが、大量に短時日で整備するため種々苦心が払われ、まず三菱製紙の高砂工場が試作をし、次いで二～三の工場が機械漉き和紙を試作した。

紙の貼り合わせ、強化、軟化の処理、気球の成形等も従来は国際科学研究所で一手に行なっていたが、日本火工品、国華ゴム工業、三菱製紙その他で実施することになった。

気球本体は良質の和紙をコンニャク糊で三枚または四枚貼り合わせ、紙の表面にも糊を塗り拡げて通気性のない強力な皮膜を作って原紙とし、この原紙をカセイソーダ液で強化処理し、コンニャク糊のαマンナンをβマンナンに変化させ、次いでこれをグリセリン液で軟化処理したものを用い、これを切断成型して貼り合わせ球体にした。

この球皮は水素の透過性が極めて少なく、ゴム引布、油脂皮膜、合成ゴム、合成樹脂、各種糊料などあらゆる材料を比較試験したが、これに優るものはなかった。

最後に座帯および排気弁を取り付けて気嚢が完成する。

球皮の貼り合わせには多数の人手と広い作業場が必要で、休業中の紡績工場などを借用して多数の作業台を並べ、高等女学校の生徒が各台の前に立ち教師が前方の壇上から一、二、三と号令をかけるのに合わせてコンニャク糊のついた刷毛を縦に横に動かして真剣に作業しているのは壮観であった。

特に満球試験のためには広い空間が必要だったので、大阪市内の劇場や中央公会堂等の借用を頼むといずれも快く承諾され、軍への協力が得られた。

国技館、歌舞伎座を始めとし東京、大阪、京都等の大劇場はほとんどこの目的に徴用されることとなった。しかしそれでも足りないので多くの建物が建設された。これらの建物の中で気嚢に空気を吹き込んで満球にし、加圧して二四時間放置、内圧降下五ミリ以下のものを合格とし、外部をラッカーで塗装した。

高度保持装置は大宮製作所で、後に機械的なものは東芝の川岸工場で作られた。火薬、火具類は第二陸軍造兵廠で製作された。

関係者の懸命な努力によって攻撃開始までにはほぼ半数を各陣地に集積することができた。

放球陣地の整備

発射陣地としての要件は東海岸であること、交通幹線に近く水素の補給に便利なこと、秘密保持に容易なこと、なるべく山で囲まれて風の少ないこと等が挙げられた。

気球の到達時間が最も短いのは北海道の東岸だが、万一ソ連領内に気球が落達してはならないというので北海道は使わないことになった。

結局、福島県勿来付近、茨城県大津付近を適当と認めこれに従来から利用していた千葉県一宮海岸を加えて三箇所とした。発射陣地は放球設備、器材準備設備、水素ボンベの集積所、鉄道の引込線、兵舎等で構成された。

水素は昭和電工で水を電気分解して作ったが、大津陣地は万一の水素補給の困難を考えて、水素を硅素鉄とカセイソーダとで自家発生することとしたので、この地区にはさらに水素発生所、ガスタンク、硅素鉄粉砕場等の設備をした。

放球陣地は勿来、一宮地区は一二箇所、大津地区は一八箇所とし、コンクリート床を設け、その上に懸吊発射のための鉤付発射台を設けた。発射台は円形に配列した鉤に気球の座帯の部分を掛けて水素を充塡し、風下に腕木を置いて高度保持装置および投下弾を懸吊しておき、水素の充塡が終わったら号令一下レバーを前に倒すと全部の鉤が同時に外れ、気球がバタバタと立ち上がるとともに腕木に吊るした装置を吊り下げて昇騰するという仕組みであった。

この装置により放球は非常に用意になり、多少風のあるときでも可能であった。

また気球の航跡を方向探知で標定するためなるべく大きい基線をもつ標定所が必要であり、最初アッツ島からラバウルにわたり標定所を配置することが希望されたが、戦況と通信連絡の関係上縮小し、青森県の古間木、宮城県の岩沼、千葉県一宮の三箇所を選定した。

気球聯隊の出動

部隊は千葉の気球聯隊を改編してこれに充当することになり、昭和十九年九月八日、気球聯隊および同補充隊の臨時動員が下令され、同月二十六日、編成完結した。

気球聯隊および同補充隊の編制は昭和十六年の動員計画訓令で聯隊本部（一八人）、気球一個中隊（一八一人）、練習部（一一人）、材料廠（一四人）、計四〇六人と定められていたが、聯隊は出動することなく、独立気球中隊のみが出動、その後は状況の変化により気球部隊の使命達成は制空権のない状況では不可能となっていた。

昭和十九年に至り「ふ号作戦」発動により、初めて聯隊長の指揮する聯隊が出動、補充隊も編成された。

気球聯隊は聯隊本部、観測隊および第一、第二、第三大隊からなり、聯隊本部には指揮機関、通信隊、気象隊が、観測隊には試射隊、標定隊が、第一大隊には三中隊と一段列、第二、第三大隊には二中隊と一段列があった。

中隊は二小隊からなり小隊は三個の発射分隊、すなわち三個の発射陣地を持っていた。

第一大隊の段列は水素発生工場の運営と器材の整備を、第二、第三大隊の段列はボンべで追送される水素の補給と器材の整備を担当した。

観測隊の試射隊はゾンデを付けた観測気球を放球する部隊で、標定隊はこのゾンデから発する電波を受信、標定して気球の航跡を追尾する部隊であった。

大本営は九月二十五日、気球聯隊を動員完結とともに参謀総長の隷下に入れることにした。特殊な作戦実施部隊であるため直轄とした。

気球聯隊基幹要員は聯隊編成前後一ヵ月にわたり第九陸軍技術研究所における教育を終了していたが、聯隊は編成直後全力を以て千葉市から千葉県一宮海岸に移動し、約三週間綜合訓練を実施した。

一宮における綜合訓練終了後、聯隊は予め準備した陣地に展開した。千葉市には気球聯隊補充隊が残置された。

聯隊本部および第一大隊　茨城県大津
試射隊および第二大隊　千葉県一宮
第三大隊　福島県勿来
観測隊本部、標定隊指揮所、第二標定所　宮城県岩沼
第一標定所　青森県古間木
第三標定所　千葉県茂原

当時部外に対し完全な秘密が要求され、附近を通過する常磐線の列車も窓のブラインドを下ろす等の処置がとられた。しかし付近の住民には否応なしに目に入ったという。

風船爆弾への外部協力

昭和十九年九月二十一日、陸軍登戸研究所が作成した㋫号関係嘱託者名簿を見ると各界から広く協力があったことが窺える。

研究項目　勤務先および身分　氏名
全般顧問　東京工業大学学長　八木秀次

〃	中央気象台長	藤原咲平
〃	東京帝国大学工学部教授	佐々木達次郎
〃	〃	真島正市
投下信管	横河電機株式会社工場長	多田　潔
時計	服部時計店技師長	河田源三
水素	藤原工業大学教授	堀　義路
〃	東北帝国大学工学部教授	神田英蔵
〃	北海道帝国大学理学部教授	岡本　剛
気象	中央気象台技師	荒川秀俊
〃	〃	淵　秀雄
文献	航空研究所技師	豊田堅三郎
蒟蒻	小樽経済専門学校講師	西田彰三
〃	東京都衛生技師	大倉東一
〃	東京女子高等師範教授	大槻虎男

攻撃準備

参謀総長は九月三十日、気球聯隊長に対し次のごとく攻撃準備を命じた。

一、気球聯隊は主力を以て大津、勿来付近に、一部を以て一宮、岩沼、茂原および古間木に陣地を占領し、十月末までに攻撃準備を完了すべし。
二、陸軍中央気象部長は密に気球聯隊に協力すべし。
三、企図秘匿に関しては厳に注意すべし。

「ふ」号関係者は十月十六日、「ふ」号に関する技術運用委員会を開催し、「ふ」号攻撃実施に備えた。

気球聯隊は鋭意陣地の構築と訓練に努力した。

軍務局軍事課主務者国武輝人少佐は十月十八、十九の両日、大津および勿来附近の主力部隊陣地を視察した。

大津付近

敷地二七万坪

南谷　陣地九、水素発生装置、冷却水―海水より

中谷　同右

北谷　同右、目下ガスタンクを除き完了、電力―関東配電

地域内民家なし（ほとんど立ち退き）

兵器費（製造用）九〇〇万円（大津五五〇万円、勿来一七〇万円、一宮一八〇万円）

鋼材　一五〇〇トン

懇談

一、運転用、修理用の人員、工具を残され度

二、綜合試運転

三、夜間照明設備

四、防諜

五、危害予防

六、迷彩偽装

七、工事十一月上旬完了

八、放球　一〇〇～一五〇／日

勿来陣地

立派なり

呉羽化学工業綿町工場

水素発生能力　二四三〇立方メートル×二

一九四〇立方メートル×一

コンプレッサー　一〇〇立方メートル／二四時間＝二四〇〇立方メートル×二

海軍陣地

タンク　一〇〇立方メートル

気球一　一六〇立方メートル

気球聯隊の「ふ」号陣地構築はほぼ完了見込みがたち、利用すべきジェット気流到来の時期は近づいた。

攻撃実施命令

十月二十五日、気球聯隊長は参謀総長から攻撃実施命令を受領した。命令の要旨は次のとおり。

一、米国内部撹乱の目的を以て、米国本土に対し特殊攻撃を実施せんとす。

二、気球連隊長は左記に準拠し特殊攻撃を準備すべし。

1、実施時期は十一月初頭より明春三月頃までと予定するも状況により之が終了を更に延長することあり。

攻撃開始は概ね十一月一日とする。ただし十一月以前においても気象観測の目的を以て試射を実施することを得。

試射に方りては実弾を装着することを得。

2、投下物料は爆弾および焼夷弾とし、その概数左の如し。

九二式十五瓩爆弾　約七五〇〇個

五瓩焼夷弾　　約三万個
九七式十二瓩焼夷弾　約七五〇〇個
3、放球数は約一万五〇〇〇個とし、月別放球標準概ね左の如し。
十一月　約五〇〇個とし、五日頃までの放球数を努めて大ならしむ
十二月　約三五〇〇個
一月　約四五〇〇個
二月　約四五〇〇個
三月　約二〇〇〇個
放球数は更に一〇〇〇個増加することあり
4、放球実施に方りては気象判断を適正ならしめ、以て帝国領土並びに「ソ」領への落下を防止するとともに、米国本土到達率を大ならしむるに勉む。
三、機密保護に関しては特に左記事項に留意すべし。
1、機密保持の主眼は特殊攻撃に関する企図を軍の内外に対し秘匿するにあり。
2、陣地の諸施設は上空並びに海上に対し極力遮蔽する。
3、放球は気象状況許す限り黎明、薄暮および夜間等に実施するに勉む。
四、今次特殊攻撃を「富号試験」と呼称す。

放球開始

聯隊は展開後諸準備を進め、必要な資材の集積を終わり、上記攻撃命令に基づき十一月三日を期して各大隊一斉に攻撃を開始することになった。

十一月三日、大津、一宮、勿来の各陣地四二の発射台から放球を開始した。

この日午前三時各大隊は一斉に陣地につき、参謀本部等中央からの派遣員注視のもとに午前五時先ず大津陣地から放球が開始された。

ところが放球開始直後気球が地上爆発を起こし、その原因究明および改修のため放球を一時停止したが、七日に再開後、昭和二十年三月までの作戦を順調に終了した。

聯隊の練度も時の経過とともに向上し、作戦期間の末期においては一発射台からおおむね二〇分ごとに一回放球することが可能となり、三月には聯隊一日の放球数が一五〇を超える日があった。

投下弾を付けた気球は重量の関係でラジオゾンデを付けることができないので、投下弾を付けた一群の気球の代表として、同時にラジオゾンデを付けた気球一個を放球した。ゾンデは気球の高度によって周波数を変えるようになっていて、前日のゾンデと混同しないように周波数帯を変えてあった。

高度一万メートルの成層圏を時速約二五〇キロで飛翔するからアメリカへは大体二日半で到着する。

昭和二十年一月までは発射された気球の日付変更線超越後の航跡は鋭角三角形の関係から推定する以外なかったが、同年2月樺太の上敷香《しくか》の無線標定隊が偶然にラジオゾンデの発振電波を受信して報告したことから、この無線標定所も気球の標定に加わることになり、気球位置決定をアメリカ本土西岸まで延伸できるようになった。その結果相当数の気球がアメリカ本土に落達していることが確信されるに至った。またアメリカ連邦検事局発表の上海電等によりアメリカの山岳において気球が発見され、死傷者が出ている等の情報を得た。

聯隊は連日放球を継続したが四月には高層の風向が西向きに変化したので攻撃を中止した。

このように昭和十九年十一月から同二十年三月に至る概ね五ヵ月間にアメリカ本土に向かって約九〇〇〇個を放球した後、聯隊は作戦を終了した。

作戦期間中は交会法でアメリカの地図上に落下地点を赤丸で示し、毎日侍従武官府に戦果を報告した。

攻撃の効果

アメリカの資料では何月何日にどこに落ちたという記録が二八五件ある。大部分はアラスカからメキシコにおよぶ広範囲の山中に落下して行方不明になっただろうからアメリカに届いた数はさらに多いと考えられる。

アメリカでは風船爆弾の研究をするとともに秘密保全対策を講じた。ワシントン海軍研究所やカリフォルニア工科大学で詳細な調査が行われ、様々な資料も作成されたがその一つから結言を引用すると、「六人のアメリカ人の生命を奪ったが、潜在的破壊や火事は恐ろしい。この件が一般に知られていたならばアメリカ人の心理的ショックは他の物質的被害より大きかったであろう。今日のミサイルに発展した風船爆弾で細菌やガスが使用されたならば、結果はアメリカ人に悲惨なものであったろう」。

実際に一時細菌を乗せたらという研究もあったが、東条首相が「それをやると仕返しの方が恐ろしい。わが国は島国であるから……」ということで取り止めになったという。

風船爆弾といえば原始的な作戦と見られがちで費用対効果を云々する向きもあるが、学問的に非常な英知を結集し、開発から実行まで一年に満たない期間で実行されたことは特筆に価する。

判明している風船爆弾到達地二八五箇所の一覧表

到達地	十一～一月	二月	三月	四月	五月	六月	七月	計
アラスカ	五	二	六	九		二		二四
カナダ								
アルバータ		二	一一		三	一		一七
ブリティッシュコロンビア		二	二〇	六	三	四	三	三八
マッケンジー	一	一	一	一				四
マニトバ			五	一				六
サスカチュワン	二	二	三		一			八
ユーコン			一	一		二	一	五

アメリカ								
アリゾナ	一						一	二
カリフォルニア	一〇	四	六	一	一			二二
コロラド			二			一		三
アイダホ		三	二	一		二		八
アイオワ		二	一					三
カンサス		一						一
ミシガン		一	一					二
モンタナ	二	一〇	一三	三		二	二	三二
ネブラスカ		三	二					五
ネバダ			二	二			二	六
ノースダコタ		一	一					二
オレゴン	三	四	一三	七	六	三	四	四〇
サウスダコタ		一	五	一	一			八
テキサス			三					三
ウタ		一	二	二				五
ワシントン		一〇	九	五	一			二五
ワイオミング	二	四	二					八

メキシコ		二			二
ハワイ	一				一
海上	一	一	二	一	五

合計　十一月〜一月・二八、二月・五四、三月・一一四、四月・四二、五月・一六、六月・一七、七月・一四、計二八五

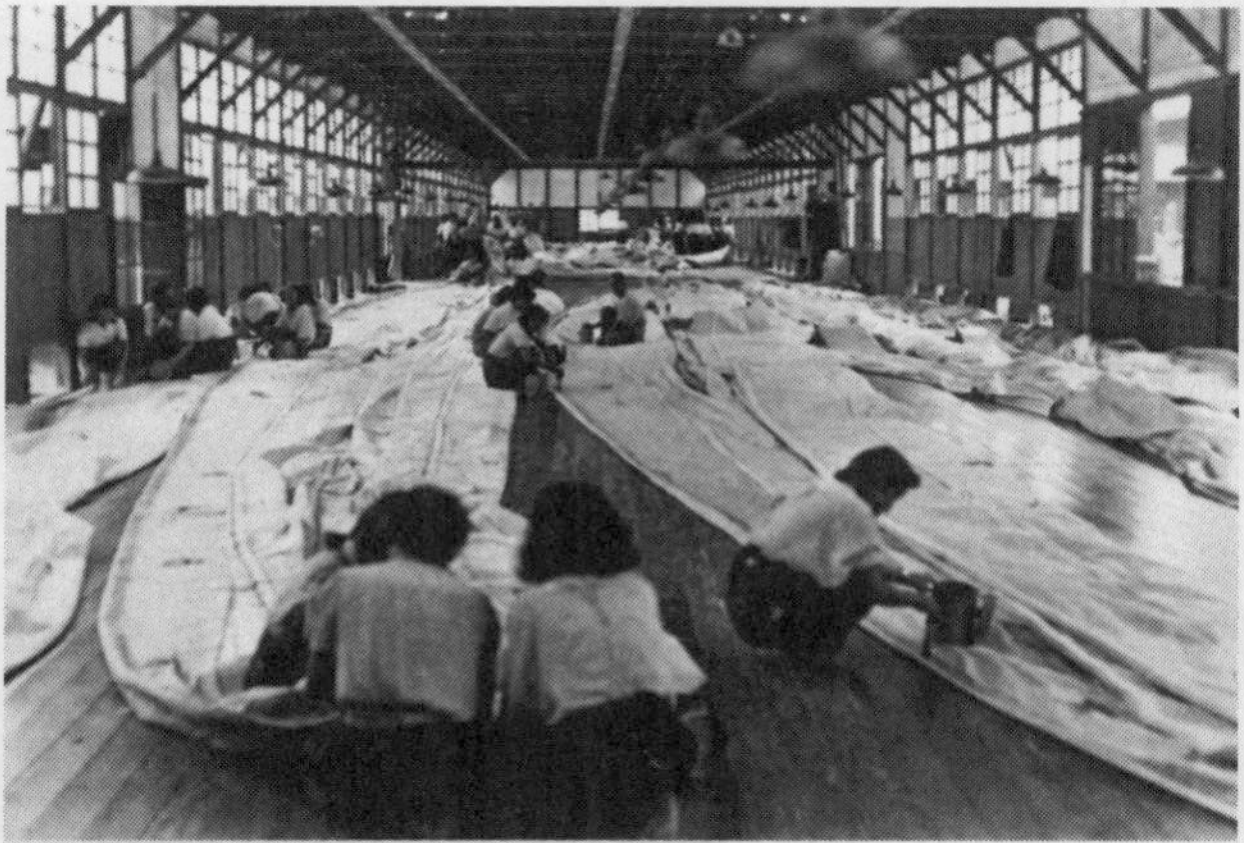

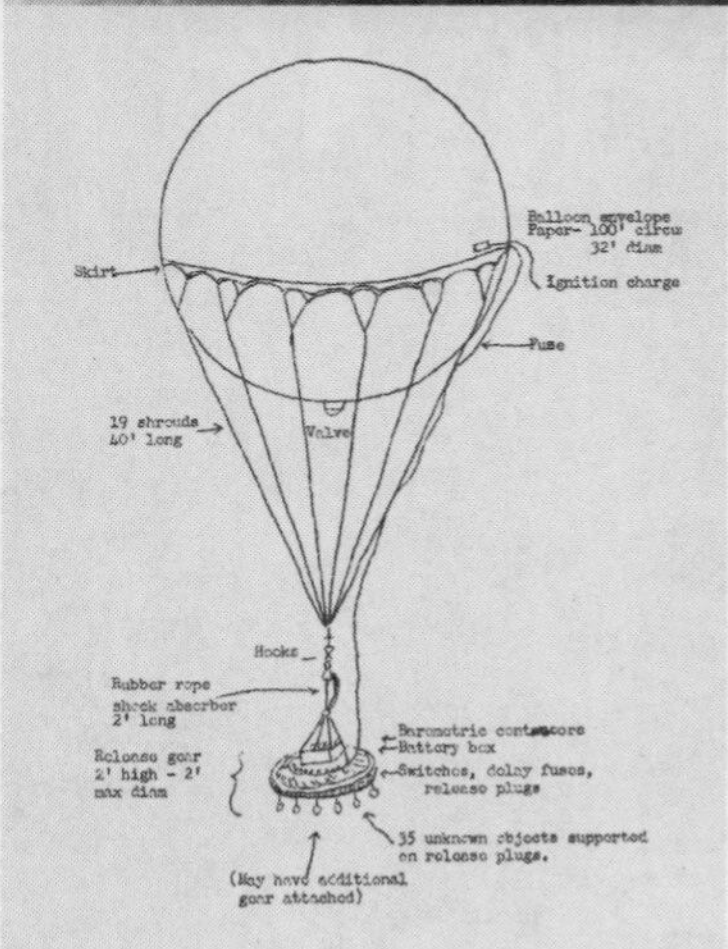

〈上〉学校の講堂で風船爆弾の球皮を貼る女生徒
〈下〉到達初期に作成された風船爆弾の見取図

風船爆弾の高度保持装置。爆弾、焼夷弾、バラストを懸吊する（見開き）

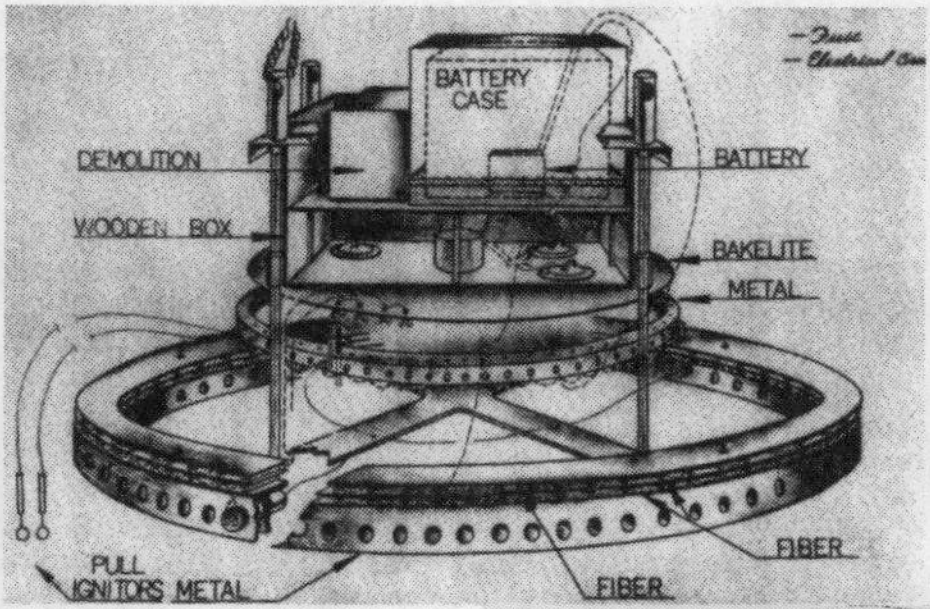
BATTERY
CASE
DEMOLITION
BATTERY
WOODEN BOX
BAKELITE
METAL
PULL
IGNITORS METAL
FIBER
FIBER

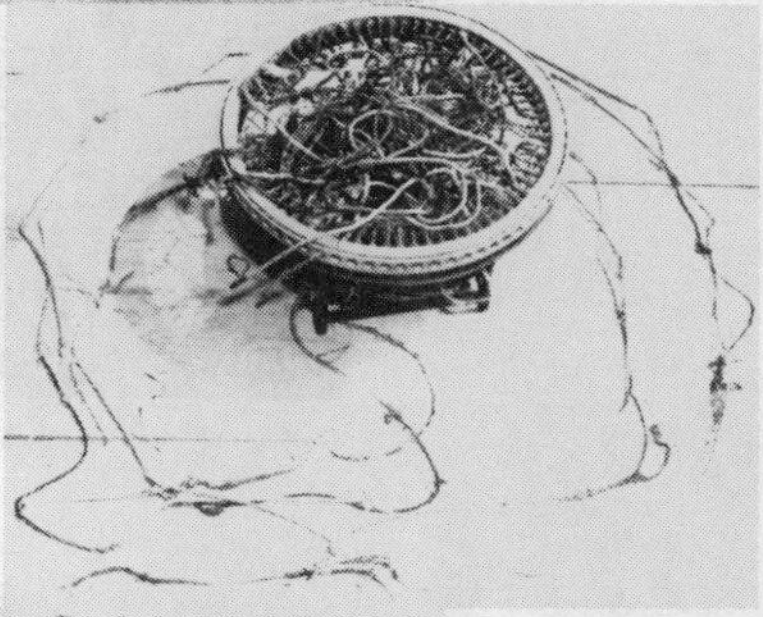

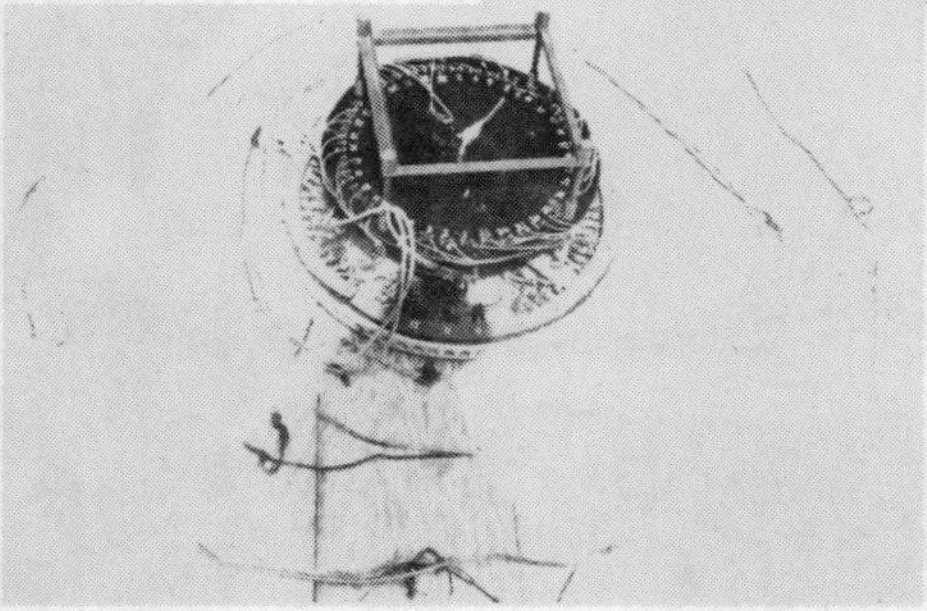

米国本土に落達した風船爆弾

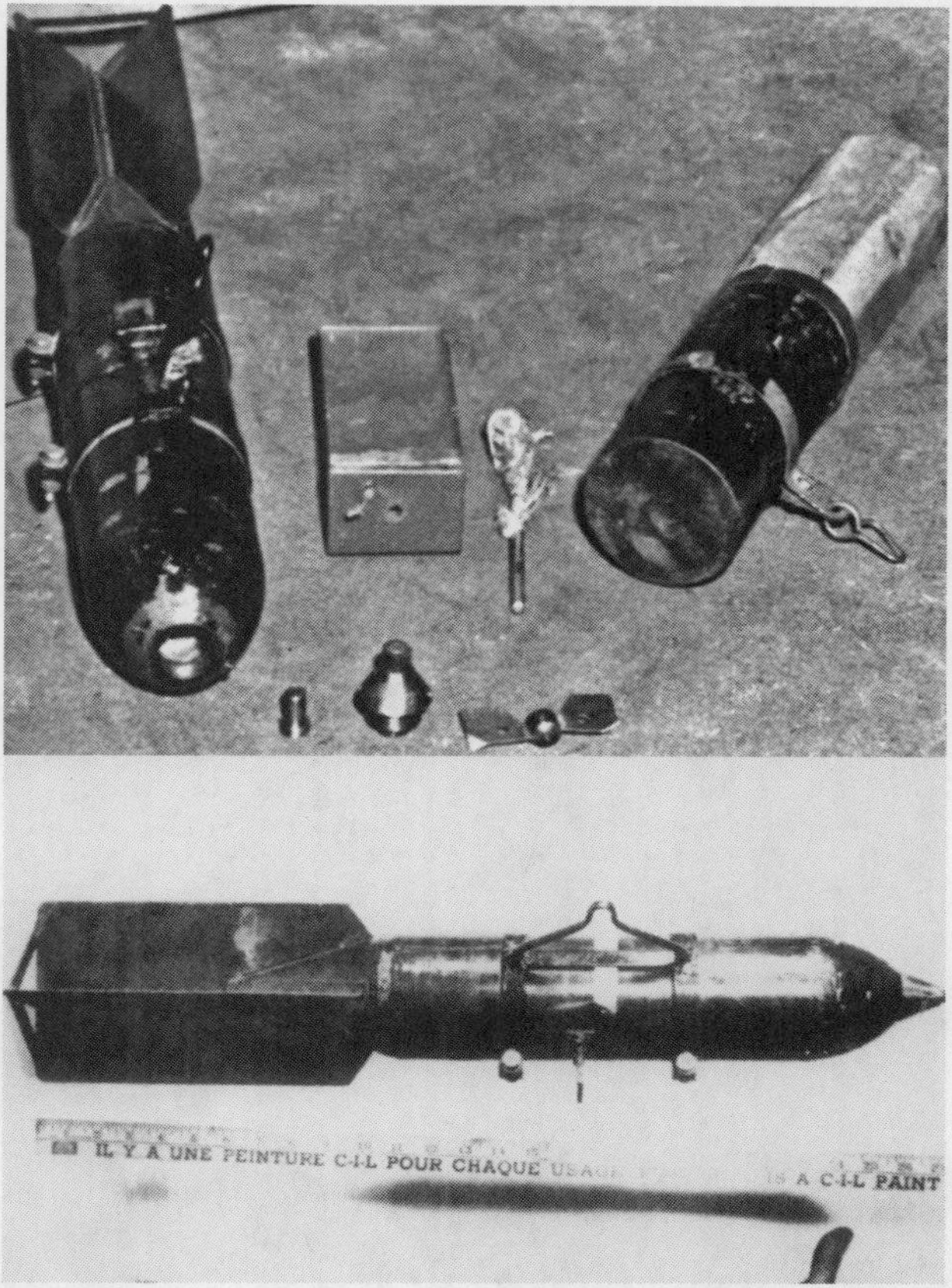

〈上〉左に九二式十五瓩爆弾、右に五瓩焼夷弾、中央に爆破缶。〈下〉九七式十二瓩焼夷弾。十五瓩爆弾か十二瓩焼夷弾のどちらかを高度保持装置の中央に懸吊する

〈上〉五瓩焼夷弾は信管を内臓している
〈下〉ネバダ州に落下した不発の五瓩焼夷弾と重量2キロの砂嚢

〈上〉左に爆破缶の缶体、右に内包する1キロの黄色薬
〈下〉1945年1月10日、カリフォルニア州アルトラス近傍に落ちた風船爆弾

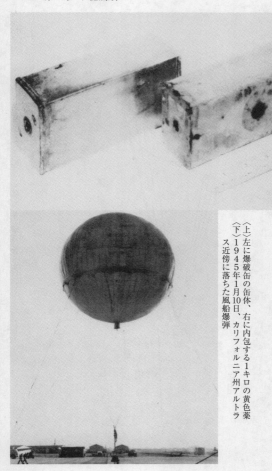

風船爆弾　開発担当者が戦後記憶に基づき描いた見取図
（砲兵沿革史所載）

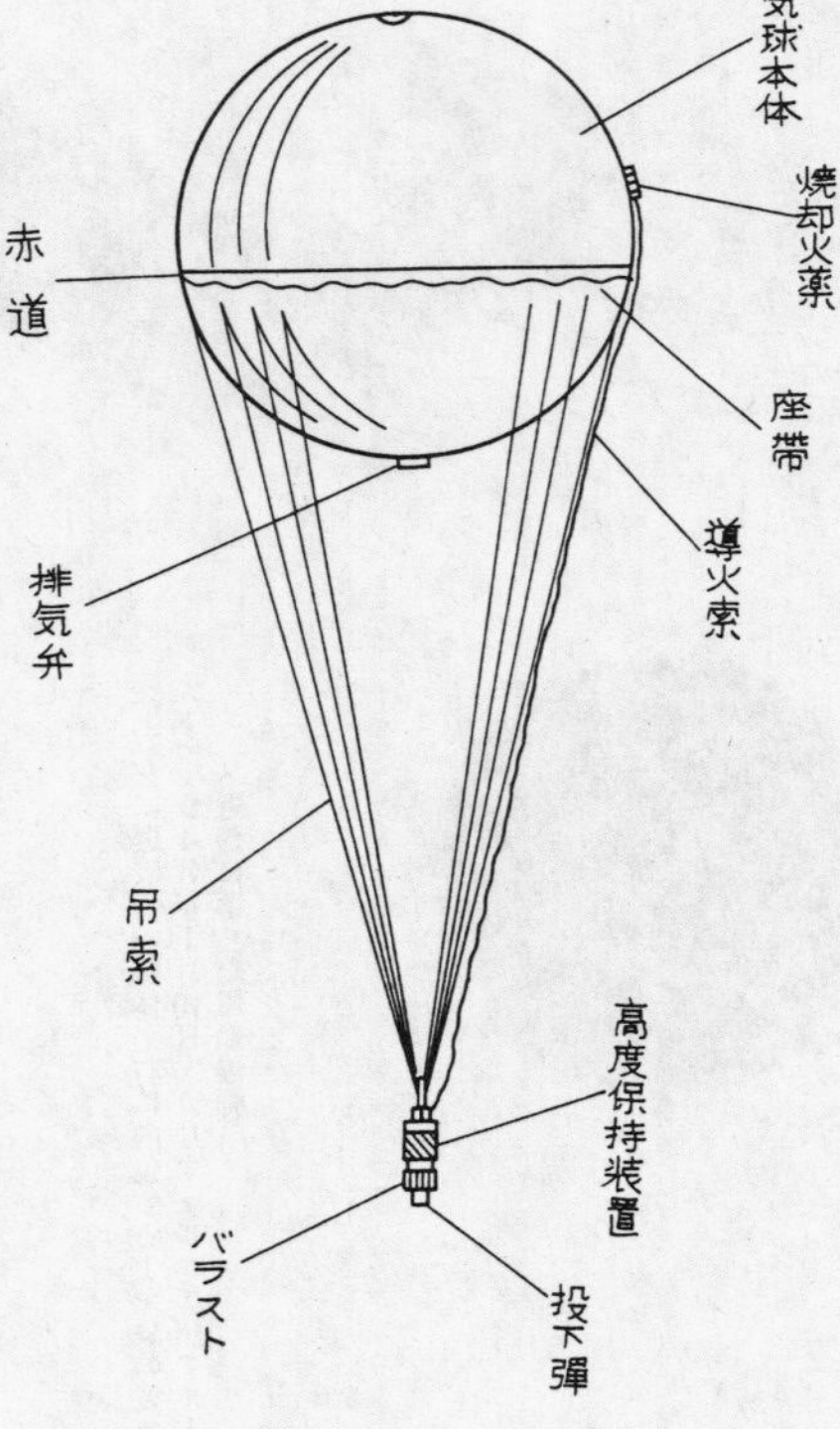

風船爆弾　米国で押収した気球を基に描いた見取図
(SMITHSONIAN ANNALS OF FLIGHT Number 9)

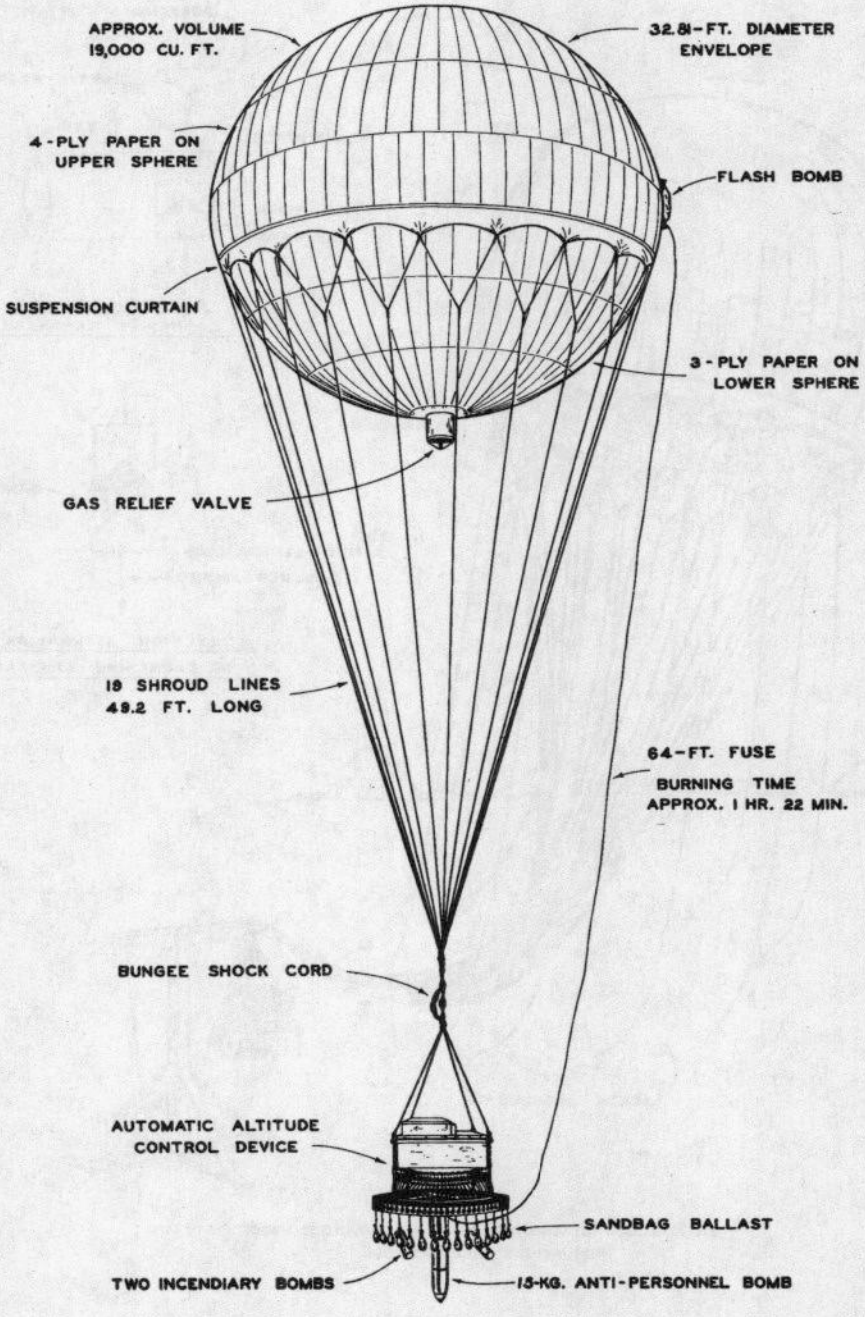

General arrangement of Japanese paper bombing balloon.

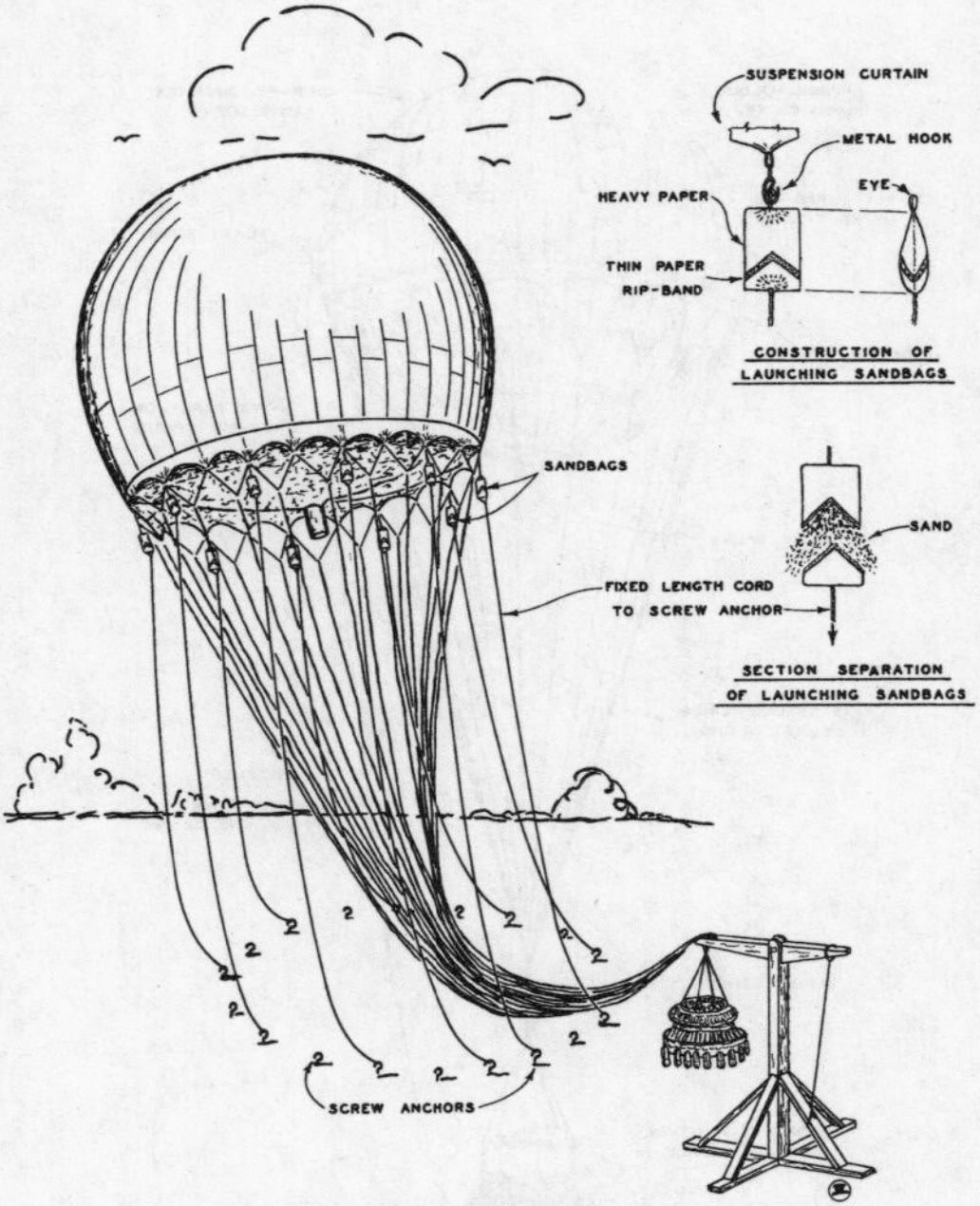

Method used for launching bombing balloons in winds above two and one-half miles per hour.

風船爆弾　放球姿勢と砂嚢の仕組み
（SMITHSONIAN ANNALS OF FLIGHT Number 9）

1個小隊に3個の発射台があった
（SMITHSONIAN ANNALS OF FLIGHT Number 9）

第三章　軍用気球の構造と機能

気球の種類

兵器は野戦武器、要塞武器、戦車・輜重兵器、弾薬および器材に区分される。すなわち器材といえども兵器の一分野である。器材は坑道、爆破、近接戦闘、化学戦闘、渡河、鉄道等二二種に区分されるが、その二二番目にあたるのが気球器材である。昭和十三年陸軍工科学校の兵器概説教程（器材）を見ると第十一章気球器材と標題にあるが、本文には「細目未決定のため省略す」とあるだけで何も記されていない。すでに制式気球器材が制定され、支那事変で実用されていたはずである。一方、昭和十七年陸軍兵器学校の兵器概説教程第二巻を見ると、同じように「気球器材の細部に関しては口述す」とある。気球を実用する機会は殆どなくなっていたことを示唆している。

気球はガスの浮力を利用して空中に昇騰するもので、その構造機能により繋留気球または自由気球に分かれ、繋留気球は用途により偵察気球または防空気球に分かれる。

自由気球とは風力を利用して空中を遊弋するもので、一般に球状気球を使用し、構造、機能は繋留気球と似ているが昇騰、降下は搭載する砂嚢の投棄およびガスの排出により適宜浮力を調節して行う。繋留気球の繋留索が切断した場合における着陸操作の練習等に用いる。偵察気球は所要の人員、器材を空中に昇騰し敵情捜索、射弾観測を行う。

気嚢の構造

気球は気嚢、吊桿《ちょうかん》、吊籠《つりかご》、繋留索および繋留車よりなる。

気嚢は気球の主体で数多くの球皮帯を貼付縫合し、内部に隔壁はなく、空気抵抗を減らすため紡錘形（流線形）とし水素ガスを充填する。

球皮には通常ゴム引木綿布を用いる。球皮には木綿が一重のもの、二重のもの、二重にも平行二重と斜交二重のものがある。平行二重の球皮が一番強いが一重の二倍重い。気嚢は二重、舵嚢は一重である。

気嚢用球皮はガスの放散を防ぐため最も精巧なゴム引加工を要する。

気嚢本体は気圧および気温等の変化に伴って生じる気嚢内ガス容積の変化をある程度まで可能にするため変容積装置を必要とする。そのため皺襞球皮帯を設けることにより変容積範囲内なら高度が変化しても水素総浮力は一定となる。

皺襞球皮帯は本体の両側腹の縦長にわたり紡錘形に貼付縫着するゴム紐座帯《ざたい》に弾性ゴム紐を装着し、縦に長い皺襞を成形するもので、嚢内ガスの膨張収縮に伴って伸縮し本体の容積を変化させる。

水素ガスの性質と製造

偵察気球に用いるガスは水素またはヘリウムの二種がある。ヘリウムは燃焼または爆発を惹起する恐れがない利点があるが水素に比べて浮力がやや小さくその産出が僅少で補充に困難がある。アメリカはヘリウムを使用した。

水素はガス中最も軽く製造も比較的容易だが空気と混合して不純になると燃焼、爆発する危険がある。混合ガスの爆発危険範囲は通常水素八〇パーセント、空気二〇パーセントから水素八パーセント、空気九二パーセントまでと幅が広い。これに多くの安全率を見込んで八七パーセントになればそのガスの使用を禁じていた。

水素を全く良好な純度に保つということは困難で、既に製造の段階から微量の不純物を含んでいる。

水素が気嚢内に放出され気球を膨張すると若干の空気が混入することは避けられず、空気の中には約五分の一くらいの酸素を含んでいる。

気嚢は使用年月を経るにしたがって空気の浸透作用が増大する。

わが国の気球用水素は平時主として水または塩水の電気分解により製造した。

野戦において水素を補給するにはカセイソーダおよび硅素鉄を材料とし水素発生車により発生し、これを水素圧搾車により水素缶に充塡したものを使用する。

水素発生車は化学作用を応用し水素を発生するもので移動性を有し、作業場を適宜推進することができるが多量の水を要する欠点がある。

水素缶は通常内容積四〇リットル、重量約六三キロの一号水素缶を使用する。一本を二人で担送する。

鉄屑に希硫酸を注ぐ方法は、一時間約七〇立方メートル製造するが純度が不良のため気球にのみ使用した。

航空船には電気分解による方法をとり、三〇〇馬力のディーゼルエンジンによって発電機を運転し水を分解していたが一時間わずかに八立方メートルの発生でこれを一八馬力のウォルフ蒸気機関によって鉄管に圧搾し貯蔵していた。

この他野外用には独逸のシリシーム（薬品）に水を注いで水素を発生させる軽便な方法もあった。

鉄屑に硫酸を混ぜて作業する兵の服装は、劇薬を使用する関係上ゴムの被服に身を固めゴム靴、ゴム手袋を装着する。この作業が始まればこれに当たる兵は昼夜連続で臭気を嗅ぎ、毒ガスと戦い、睡魔を駆逐して任務に精進した。気球隊ガス発生作業用被服は大正二年七月に制定されたもので、ゴム引頭巾、ゴム引衣、ゴム引袴、ゴム引手套、ゴム引靴からなる。

発生した水素ガスは色々な濾過装置を潜って不純物を除去し、小気嚢の中に収容して保管した後、水素缶に填実する圧搾作業を実施する。圧搾作業は一八馬力の蒸気機関または一二〇馬力の重油発動機で行なった。

欧米諸国では気球を軍用以外にも高層気象研究や娯楽用に用いたが、わが国では昭和十年頃の民間における水素の価格は一立方メートル五〇銭以上もしたので、到底娯楽用等には利用できなかった。

純粋水素の浮力は一立方メートルにつき一・二〇三キロだが、気嚢内の水素浮力は通常低下し平均一・一〇〇キロを標準とする。

水素浮力は気圧に正比例して増減し、高度が一メートル上昇するごとに浮力は八〇〇〇分の一ずつ減少する。

気球の理論

気嚢、吊籠、落下傘、砂嚢、偵察者等の総重量を気球の全備重量という。気球が有する水素の総浮力から全備重量を減じたものを有効浮力といい、さらに繋留索の重量を減じたものを実浮力という。

気球は上昇するにしたがい気圧の低下、温度の変化および延伸した繋留索の重量により実浮力を減じるもので、昇騰高度には一定の限度がある。昇騰する気球の実浮力が〇となる高度を上昇限度という。

気球は浮力と気球全重量が釣り合うときおおむね六度の仰角をとる。良好な安定を得るためには吊籠の負荷重量を砂嚢により調節する。砂嚢の重量は通常一〇キロである。

浮力の作用点と索の付着点とは必ず同一鉛直線上にある。もし浮力が減少するときはその作用点は漸次前方へ移動し、気球はその仰角を増大して安定不良となる。吊籠の負荷量を増大するときも同様である。

気球を上昇限度まで昇騰するときは気象の突発的変化のため急に浮力を減少し、気球が降下して繋留索が弛緩することがある。故に気象により上昇限度を考慮し、浮力に余裕を持って昇騰しなければならない。

気嚢内水素は常に球皮を浸透して外部に漏れ、外部からは空気が浸入して逐次純度が低下する。全膨張気球は一〇〇〇メートル昇騰すると約一二五立方メートルのガスをガス弁から逸出する。また内容積四〇リットルの一号水素缶に一五〇気圧に填実したガスを放出するときは約六立方メートルの容積となる。

気嚢内ガスが周囲の空気と同じ温度のときは温度が摂氏一度上昇すると気球は大体四キロずつ浮力を減少する。故に気球は夏より冬の方が浮力は大きい。

気嚢内ガスはその拡散を妨げる球皮に張力を及ぼす。気嚢球皮の最大張力は約五八キロ以下である。

気球は電位（空中電気の量）が大きい雲層内にある場合または高層の電位を帯びて降下するとき地面に激突して火花を発することがあるので特に危険である。

気球の構造

舵嚢は本体の後部に位置し、約三三度の上反角を有する左右各一個の水平舵嚢と一個の方向舵嚢からなる。各水平舵嚢は別々に通風路で方向舵嚢に連絡し、相互に空気を流通する。風は方向舵嚢の風受から入り方向舵嚢を膨張させて左右の通風路を経てそれぞれ水平舵嚢に入り、形状を保って気球の安定を保つ。

昇騰した気球が突風のため安定を失ったときはピッチングあるいはヨーイングを起こすが舵嚢の作用により漸次回復して再び安定位置に復する。

本体に貼付縫着する各座帯に装着する各種鋼索を綱具と総称し、繋留索接続装置、吊籠懸吊装置、砂嚢懸綱、運用綱、繋止綱および吊籠振止装置等を構成する。

本体にはガスを急速に放出するための引裂弁、内圧が高まったとき自動的にガスを放出する安全弁および気嚢に帯電する静電気を放電するための放電線が安全弁から垂れ下がっている。吊桿は吊籠の装脱および落下傘並びに写真機の取り付けに用いる。

吊籠は吊桿に懸吊し人員および高度計、風速計、寒暖計、羅針盤、気嚢内圧計、警報機、電話機、通信筒、測秒時計、小刀、砂嚢、無線機その他所要の偵察用器材等を装備する。

繋留索は全長にわたり接続点のない素線により製作された複撚特種鋼索（側線という）の中心に特殊の絶縁被覆を施した電話線（心線という）を挿入し、側線と心線により往復線の電話一回線を構成するもので、九五式偵察気球用のものは径約六・四ミリ、重量はメートルあたり一四〇グラムで、切断荷重は三〇〇〇キロ以上である。

繋留索の一端は索鼓《さくこ》に、他端は索頭環《さくとうかん》を鑞着する。繋留索の電話線は索頭環側を吊籠用電話接続器に、索鼓側を電話配電盤に接続し、繋留車用接続線を経て外部の通信線に接続する。

一メートルあたり一六〇グラムの繋留索を使って昇騰するとき気球は一メートル上昇する毎に約三〇〇グラムずつ（気圧の降下に伴う減少約一四〇グラム、索の重量一六〇グラム）実浮力を減少するので、地上における実浮力が三五〇キロのときは約一二〇〇メートル昇騰できることになる。

繋留車は偵察気球の昇騰、降下並びに昇騰した気球の運搬に用いるもので、各別の発動機を装備する運行装置と捲索装置からなる。

車台は九四式六輪自動貨車車台で総重量は繋留索一三〇〇メートルを含め約四・六トンになる。

気球を繋留していない場合は最大毎時五五キロの速度で運行できるが、昇騰行進の場合は毎時一八キロを基準として適宜伸縮する。繋留車は制式若しくは製作年次等によりその機能に若干の差異がある。

射撃観測

飛行機による観測は飛行機の航続時間、気象および搭乗者の疲労、敵の行動等により時間が制限されあるいは観測に間断を生じるが、気球による観測は高い位置にある地上観測所と同じ利点を有し、連続長時間任務に服することができるだけでなく、通信連絡が容易で随時その任務を変更することができる。

しかし敵飛行機および砲兵の目標となり、観測に制限を受ける害がある。

気球と地上部隊との空地連絡の方法は有線電話を基本とし、布板《ふばん》信号、旗、回光通信等を用いることもある。

砲兵の試射は空中偵察者の射弾観測に基づき射弾を修正する。試射は原則として着発弾で行なうが観測が困難な場合または曳火効力射を行う場合には曳火弾を用いることがある。

曳火弾による試射では空中偵察者は平均破裂点の方向および射距離の偏差等を一〇メートル単位で観測する。射撃修正は方向、遠近、破裂高について行なう。

試射において空中偵察者が行なう観測通信の一例をあげる。

射線観測のとき「右五〇メートル」「遠シ一〇〇メートル」「左」「近シ二〇メートル」「方向良シ」「夾叉」

方位観測のとき「西二〇メートル」「北二〇メートル」「東二〇メートル」「夾叉」

海上射撃では「左」「右」「前」「後」

気球観測では時として射撃指揮官もしくは代理者が自ら気球に搭乗し直接射撃を指揮することがある。

一気球上の二人の空中偵察者により同時に二個の射弾を観測し、あるいは一人の空中偵察者により数中隊の射撃を一括して指揮することがある。

第四章　軍用気球の操法と運用

操作班の区分と任務

気球の任務は偵察、観測および連絡にある。具体的内容はおおむね次のとおりとなる。

一、戦場付近における敵情、敵陣地の偵察並びに監視。

二、戦場付近における友軍部隊の行動監視。

三、砲兵特に重砲兵の射撃観測および射撃効果の監視。

四、高級指揮官と各部隊との連絡。

五、歩砲兵協同動作の仲介。

六、各部隊間連絡の援助。

気球はこの目的を達成するため各種の特殊器材を使用し、他の兵種には見られない特別な訓練を行なう必要があった。
気球操作教練のため操作班は通常次のように区分する。（昭和9年、航空兵操典）

第一組、第二組　各四ないし六綱伍
組長　操作掛下士官各一
兵　各綱伍につき気球操作兵二ないし四
摘要　奇数綱伍の一番には通常上等兵を充てる
　膨張、放気および撤収の場合には第二組は三綱伍とする

気球組
組長　気球掛下士官一
兵　気球操作兵四ないし八
適用　なるべく気球工手を充てる

繋留車組
組長　繋留車掛下士官一
兵　繋留車手四

「伍」とは前後二列で横隊を作った際の前後に立つ2人をいう。

気球操法は気球隊における作業教練であって、おおむね次の内容からなる。

一、気球を陣地へ侵入させるための車両を運搬整頓する動作。
二、器材を車両から卸下《しやか》する動作。
三、気嚢を敷布上に展開してガス充填の準備作業。
四、ガス缶を接続したバルブを開いてガスを気嚢へ送る操作。
五、気嚢の膨張につれて砂嚢を吊り下げ浮力を制する動作。
六、糸目と繋留索を接続し吊籠を装着する動作。
七、気嚢を昇騰するための繋留車の操作。

その他細部の動作としては安全弁の装着、引裂弁索の接続等がある。

気球の操作

気球の操作には膨張、放気および撤収、昇騰、降下、運動、繋止等がある。
気球を膨張するには気嚢を展張しその口管に布管を装着して多数の水素缶から水素を充填する。

膨張に伴い両側の前後にわたり繋止綱《けいしつな》を漸次緊張して保持するとともに砂嚢の懸吊により気球を保持する。

繋止綱には補助綱を付け地面に螺入した螺旋杭の円環に通して保持する。

座帯は気球前方から左右ともに前方繋留糸目座帯、前方吊籠糸目座帯、後方繋留糸目座帯、中央吊籠糸目座帯、後方吊籠糸目座帯の順に並んでいる。糸目綱を保持するには号令「糸目ヲ持テ」を下し、前方繋留糸目綱を第一、第二綱伍の八人で、後方繋留糸目綱を第三、第四綱伍の八人で、中央吊籠糸目綱を第五、第六綱伍の八人で保持し、綱伍は両足を側方に開いて糸目綱を持ち、これを地上に圧下する。気球の片側で二四人、左右合計四八人となる。

気球の昇騰、降下に関しては繋留車組長が号令を下す。気球を昇騰するには班長は通常繋留車組長に昇騰高度を示して昇騰を命じるとともに、第一、第二組および気球組に気球を上げさせ、その昇騰力を繋留索に移し、繋留車組はこれに連繋して気球を所命の高度に昇騰する。

昇騰には「(予令) 昇騰、(動令) 始メ」の号令を下し、逆転により気球を昇騰する場合は「逆転昇騰　始メ」と号令する。動令にて繋留車手3番は気球の状態に注意しつつ昇騰操作を行う。この時二番、四番は繋留索の延伸にともないこれを点検し、必要があれば繋留索を拭浄する。

号音を以て号令に代えるとき予令は小笛の長声一回、動令はその短声一回とする。気球を降下するには班長は通常繋留車組長に降下速度を示して降下を命じる。繋留車組は気球を降下し、高度一〇〇メートルになると班長は第一、第二組および気球組に定位に就かせ、繋留車組の操作に連繋して運用綱により気球を地上に降下させる。繋留車組長は適時降下を停止する。

気球を降下する号令は「高速（低速）降下　始メ」だが、速度を増減するには「モットハヤク」または「モットオソク」の注意を与える。

気球の昇騰（降下）を停止するには「トメル用意、トメ」と号令する。

運用綱で気球を上げるには号令「上ゲル用意、上ゲ」を下し、予令にて各綱伍の一番および二番は気球に注目し、四番は綱の繰捲を側方に投げる。動令で綱伍は綱を掌中に滑らすことなく、交互に手を移しつつ、徐に綱を伸ばして気球を上げその昇騰力を繋留索に移し終わったらこれを放す。気球組は気球が上がるに従い繋留中間索、中空鐶および吊籠を放す。その後は繋留索の延伸により昇騰する。

降下の操作はこの逆になる。

気球の運動

運動には昇騰行進と臂力行進がある。昇騰行進は繋留車により昇騰したまま行進するもので、その速度は概ね車両の速度と同じである。

臂力行進は多数の兵員により糸目《いとめ》綱《つな》または運用綱もしくは蜘蛛《くも》手綱《たづな》を保持して行うもので、砂嚢の懸吊または吊籠内収容により昇騰力を抑制する。どの保持法によるかは行進の目的、地形、天候および距離の長短により決める。

糸目綱行進は比較的敵眼から遮蔽できるが行進が困難を伴うので通常短距離の行進に用い、運用綱行進は行進が容易でじ後の昇騰準備を最も迅速に行なうことができる利がある。また蜘蛛手綱行進は高さおよび幅が比較的大きい障害の超越に便利で、行進のため地形の制限を受けることが少ないが、風の影響が甚だしくかつ昇騰準備に時間を要する不利がある
気球の行進速度は天候の状態が良好で行進に支障のない地形の場合は毎時三キロを標準とした。

気球を地上に繋止するには頭部を風上に向け、両側の前後にわたり地面に螺入した螺旋杭に繋止補助綱を介して繋止綱を結びつけ、糸目綱を通常砂嚢により纏結して気嚢の動揺転位を防止し、砂嚢を懸吊して浮力に対応する。

気球中隊は自動車編成で全人員も自動車に搭載する。諸種の自動車を編合していて各車の速度は斉一ではない。編隊して移動する場合平均一時間の速度は最高速度で一八キロ程度である。

最も重い車両は繋留車で曲半径は八メートル以上を必要とする。

気球中隊は路幅約三メートル以上、曲半径八メートル以上、傾斜一〇分の一以下の道路は通過できるが、路面が堅硬平坦であることが必要であった。

気球中隊が膨張地に到着後気球を展開膨張し吊籠を装し昇騰するまでには約一時間を要する。この間に所要の電話網の設置および偵察者の諸準備、昇騰地の設備、進入、進出路の補

修等を実施する。

一五〇〇メートルを昇騰するのに約四分、降下に約五分を要する。

陣地を撤収する際繋留したまま移動するときも即時に行動を開始できる。

長距離を移動する場合は運搬鋼索を装置するため約一五分を要する。

ガスを放出して陣地を撤収する場合は気球の折畳および積載に約三〇分を要する。

気球の能力

九一式偵察気球は吊籠に偵察者二人および所要の諸材料を搭載して最高度一五〇〇メートルまで昇騰できる。一〇〇〇メートルまで昇騰し敵陣地より六キロ以上離れていれば当時の野戦砲の大部分に対し安全であった。また一〇〇〇メートル以上の高度で六キロ以内に進入するときは高射砲、十糎半加農以外の野戦砲では仰角の関係上射撃困難であった。

気球上からの視界は飛行機のように敵の真上に行くことができないので地物のため視線に死角地を生じる。この関係上昇騰高の一〇倍以内を最良の視界とする。気球は前方六キロ付近にある敵に対して正面幅六キロは最良好に監視でき、その他は眼鏡の届く範囲で視察できる。

雨、雪、霧、低雲は気球の視察を妨げ、また太陽を背にするときは目視良好だがその反対の場合は甚だしく目標を不明にする。

風は秒速二〇メートル以上になれば繋留索を切断する恐れがあるので昇騰は危険となり、

一五メートル以上でも動揺のため視察に困難を感じる。地上で風が弱くても空中では強烈な風が吹くこともあり、また空中電気は極めて危険であるから昇騰できないことがある。突風と雷は気球の大敵であった。

気球の通信

気球隊の通信手段は電話を主とする。気球の特徴はその視察を永続して時々刻々電話により報告するとともに、指揮官の意図要求等を偵察者に直接伝達できることにある。電話設備に故障を生じあるいはまだ電話を設備する時間がない場合においても繋留策が電話線を構成しているから吊籠と地上とは常に電話の連絡ができる。

その他補助通信として無線電信機を持ち、また吊籠の近くに懸吊している伸縮信号筒、昼間用垂球または夜間火光用白熱信号灯あるいは吊籠用回光通信器を用いてモールス符号により簡単な規約信号を伝え、また煙火によりある種の規約信号を伝えることができる。煙火信号は簡単な事項を通達するときに特に便利である。

これらの信号に対して地上各隊は昼間隊号布板および信号布板により、夜間は回光通信器を用いて応答する。

気球隊には電話線一〇キロ、電話機八個、四回線交換器一を装備するが、通信手は下士以下一四人に過ぎないので所要の各方面に電話設備を実施することができない。したがって気球隊は隊内および直属司令部との電話設備を担任し、気球隊と協力すべき諸隊はその隊から気球隊に向けて電話を架設する必要がある。

気球隊の通信班は人員の一部と器材を通信車に積載し、道路が良好であれば車上から行なう延線の速度は一時間八キロに達する。

気球隊の武装

気球隊の下士官は各人三八式騎銃を携帯し、中隊には対空および対地上防御のため高射機関銃を装備しているが、気球防護のためには威力不十分であった。

敵飛行機の襲撃に対しては気球を急速に上昇または降下しながら繋留車を疾走し、機関銃で射撃する。

敵砲兵の射撃に対しても高度および位置を変更して射撃を困難にする。

自動車手および繋留車手の携帯兵器は二十六年式拳銃から十四年式拳銃になった。

気球の昇騰と移動

気球を昇騰するにはその高度に応じてガスの膨張を来し、余分となったガスは球外に排除される。また気温の上昇特に直射日光を受けるときはガスが膨張し、余分となったガスは球外に放散される。したがって昼間気球を使用し、あるいは使用しなくとも直射日光を受けた後夕刻の冷気にあい、あるいは上空より降下するときガスは再び収縮し、先に放散した量だけ不足することになる。翌日のためにはこれを補充しておかなければならない。これを補充しないと空気の浸透量が多くなり翌日の活動に支障を来たす。毎夜の補充量は一五〇〇メートルを昇騰すれば通常一〇分の一ないし八分の一になる。

気球を膨張するには幅一五メートル、長三五メートルの平坦な地を必要とする。膨張地でそのまま昇騰できればよいが、過度に敵に接近すると気球が高く上がらないうちに敵砲兵の射撃を受けるおそれがある。したがって適宜後方で膨張し諸準備が終われば高速度で昇騰地に進入する場合が多い。

昇騰するには直径六〇メートルの地を必要とする。繋留車を中心に置き風向が急変しても昇騰降下を支障なく行なうためである。

昇騰地は敵が野戦平射重砲以上の砲を持つときはその砲兵から六キロ以上離れることを要する。これは十糎半加農においても架尾下を七〇センチ以上掘り下げなければ六キロにおける一〇〇〇メートルの高度にある気球を射撃できず、それ以下の火砲ではその高度および距離では射撃できないからである。

一旦昇騰した気球は止むを得ない場合を除き常に昇騰して敵情を偵察または監視しつつ行動することが必要であり、敵を偵察する必要がない場合においてもガス節約並びにその後の偵察準備を速やかに行なうため昇騰したまま移動することが得策である。しかしこの昇騰移動は天候、地形、敵情等により相当に妨害を受けるものであり、したがって移動法も各種の方法があった。

第一は繋留車に接続して偵察を続行しつつ移動するもの、または運搬鋼索という繋留索の三倍以上の効力を有するものに繋ぎ換え（長さ約五〇メートル）途中小さな樹枝等はこの索で切り払いつつ前進するもの、或いは超越綱という丈夫な2本の麻綱に気球を繋ぎ換えて、約四〇～五〇人の人員でその綱を保持しながら前進し、途中電線等障害に遭遇したらその綱を一本ずつ越させて前進するもの、気球についている約一二本の運用綱を持ちつつ運ぶ方法等がある。ただしこの昇騰移動については繋留索により高度に昇騰しつつ移動する場合の他は敵砲兵の射撃を被り易いから必ずしも有利ではなかった。

超越綱の操作は通常第一、第二組の第一ないし第五綱伍および気球組を以て行なうが、要すれば第六綱伍を適宜操作に加えることがあった。

臂力行進のためには通常超越綱一條を二つ折りし、これに蜘蛛手綱を併用するが、時として超越綱を二條用いることがあった。

敵の気球が一度昇騰したときは総てを見られている気がして士気上に及ぼす影響は大きい。殊に追撃退却の状況においてはますますその度合いは大きくなる。昇騰した気球は高い山が近くに見えるように比較的近く見えるものであるから、特に退却中の敵がもし迅速に追撃した気球を後方に見ると、恐怖心を起こすことは必定である。この意味からも追撃中の気球はなるべく早く昇騰し、敵に及ぼすこの精神上の効果を得ることが重要である。すなわち支那事変における追撃等の場合において昇騰前進が要求された意味の一部はここにあったと言うことができる。

自由気球の目的と操作

自由気球の目的とするところは繋留気球を昇騰し敵情を偵察していたものが敵砲弾または天候の影響により繋留索を切断され、気球が放流の状態になった場合において搭乗者がこれを操縦し、安全な地帯に着陸するための技能を演練するものであり、冒険的ではあるが偵察者のための救命作業の一つであった。

自由気球の操作は放流飛行中にある気球の水素ガスを吊籠内から索を引き、ガスを若干放出し、平衡を破り降下の形にして、降下速度過大となれば吊籠内に積載してある砂嚢を放棄して平衡しつつ、次第に上昇降下の操作を行う。この自由気球の操作は難しいものがあり、頭や手を巧妙に使って制限のある砂嚢を捨て、大高度から無事着陸するよう操作するのであるから、熟練のためには回数を重ねることが重要であった。

この自由気球の操縦を習得したものでなければ単独で繋留気球に搭乗させることはできないので、少なくとも各人四回以上自由気球の操縦を教育する必要があった。

イタリアにおいて索が高圧線に触れて気球も人も黒焦げになって惨死した例があるが、わが国においても大正十三年、府中付近における夜間飛行中、払暁時府中北方地区において危うく高圧線に触れようとしたことがあった。その他東京湾に着水し辛うじて助かったもの、荒川河岸に着陸し、同時に風に浚われ地面を引き摺られ大きな打撲傷を受けたもの、箱根山中に着陸して樹木に衝突し、一時失神状態に陥ったもの等の実例がある。

このように自由気球は決して安全なものではなく、さらに大きな問題は敵線内に墜落しないように各種の方法を講じなければならないことにある。すなわちある状況のもとに制限地着陸を行なう必要があり、これが平時より演練を行なう目的であった。

敵線内に放流することなく友軍線内に着陸することが風向きによりできるかという問題だが、風向きは高度により変化することが多いから、今索が切断して自由気球に移った場合においては高度を変えれば概ね所望の方向に飛行できるもので、この風向風速は飛行中に知ることができる。

この風向きを巧みに利用した例をあげれば、大正十四年代々木において三個の自由気球を同時に放流したが、最高度（二〇〇〇メートル付近）を飛行したものは千葉の大網に着陸し、中高度（一〇〇〇メートル付近）を飛行したものは多摩川二子渡付近、低高度（約六〇〇～七〇〇メートル）を飛行したものは所沢付近に着陸した。千葉県大網に着陸したものと所沢に着陸したものとその方向が全く正反対であったのである。

このように高度による風向きを巧みに利用すれば友軍線内に着陸することも不可能ではないが、強風襲来の場合等は着陸操作は不可能となる。この場合は吊籠用落下傘または一人用落下傘によって降下する。

所沢上空に飛行する黄色で赤い日の丸がついた丸い気球がよく見受けられたというが、これが自由気球による自由飛行の演練であった。

気球の航空事故

大正十四年八月五日、所沢における航空兵科独立記念祭において驀進してきた飛行機の翼が気球の繋留索に激突し、繋留索を切断、飛行機は一翼を折損して墜落、操縦手が死亡する事故があった。気球は幸いにも搭乗者の適切な操縦により自由気球に移り、川越北方地区に着陸することができた。

この場合最も困ったことは切断された繋留索の残部約四〇〇メートルを垂下しつつ放流したことであった。この索を吊籠内に引き上げることは重量の関係とこれを手に取り上げることのできない位置にある関係上不可能であった。

高圧線が四方に行き交う地方を約四〇〇メートルの鋼索を垂下しつつ飛行する自由気球の危険は想像に難くない。また気球の飛行は大きな力を持っているから索が家屋等に引っ掛かると大事故になりかねない。

気球事故に対する根本的予防策というものはなく、ただ注意を欠かさないという以外には考える余地はなかったのが実情である。

昭和六年度から十年度までの気球による航空事故を次表に示す。

気球種別	事故年月日	場所	器材	損傷人員	原因
九一式偵察気球	六年九月三十一日	朝鮮会寧	中破	ナシ	器材
	七年三月二十六日	支那南翔	大破	ナシ	不注意

自由気球	七年九月二十四日	千葉県君津郡	大破	ナシ	不注意
九三式防空気球	九年二月二十日	千葉	中破	ナシ	未熟
	九年三月二十二日	宇都宮	放流	ナシ	未熟
	九年七月二十日	大阪	大破	地方人三死傷	不注意
	十年九月二十三日	気球隊	中破	ナシ	不注意

事故の原因の大部分は取扱上の不注意に起因するもので、この点に関し特に注意して指導することとした。

戦闘において気球が爆発したことはなく、ただ二、三個の穴が開いていたことはある。

防空気球に関しては器材の性能上欠点が認められたのでさらに研究改善を進めることになった。

気球の標識

気球の標識および番号等の標示の仕方は昭和二年七月、陸普第三三一九号「陸軍軍用航空機標識規定」および同年十月、陸軍航空本部発技第七六号「陸軍軍用航空機標識標示ニ関スル細部規定」により改正された。

気球の標識は日章（赤色）とし気嚢の側面に対照に標示、名称は気嚢の下面に標示、番号は日章の側方に標示、名称の下方に製造年月を標示する。ただし気球の名称および製造年月

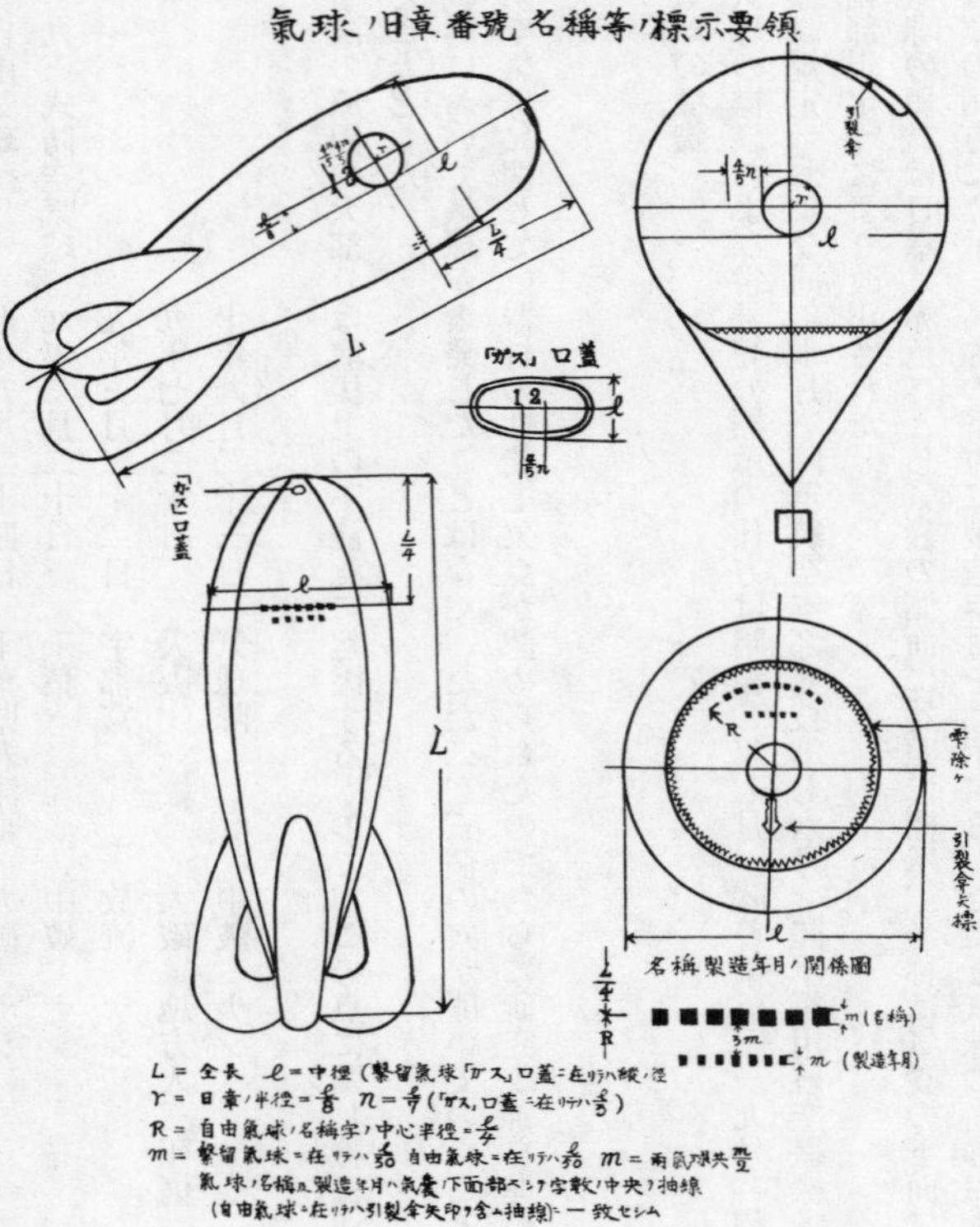

気球の標示要領
（昭和9年10月・所沢陸軍飛行学校・塗粧法教程所載）

の標示はその部位を修理する際に実施し、気球の日章および番号の書替えは命数の限りそのまま使用すればよいとなった。大正十年に決められた規定は廃止された。

気球の製造会社

気球および関連する主要器材は主に次の諸会社が製造した。

種別	会社名
気球および操作用器材	藤倉工業株式会社
	東京ＥＣ工業株式会社
水素ガス	理研アルマイト株式会社
	保土ヶ谷曹達株式会社
繋留車および特種車両類	三菱重工業株式会社
	協同国産株式会社
	犬塚特種自動車商会
繋留索	藤倉電線株式会社
気球用木綿布	大阪住江織布合資会社

第五章　海軍の気球

イギリス製SS式飛行船の導入

飛行船の型式には軟式と硬式があり、それぞれ長短があった。すなわち軟式は分解運搬には便利で移動には適していたが、固定した基地においては硬式の方が有利であった。

大正の初頭頃、臨時軍用気球研究会では陸軍が主になってパルセバールや雄飛号飛行船を飛ばし、海軍側委員の山下機関大尉も陸軍側委員と一緒になってドイツに出張し、飛行船に関する協同研究をしたこともあったが、その後陸軍では飛行船の研究を中止してしまった。

当時飛行船はドイツのツェッペリン式が極めて優秀で卓越していた。各国の中で飛行船を利用しているのはドイツが首位で軍用、民間ともに盛んであり、硬式の大型のものではツェッペリン式は第二一号まで製作中であった。新型にはシュッテランツ式もあった。半硬式は陸軍が自ら製作使用するエム式と、民間で試作中のフェー式があり、軟式ではパルセバール式が用いられていた。

フランスは専ら軟式の中型を製作し、ゾディヤック、アストラ、クレマン・バヤール式等があり、ゾディヤック社は海軍のためにスピース式の硬式を製作中であった。

イギリスでは海軍がドイツのパルセバールとフランスのアストラ・トウレを購入し、さらにイタリアから半硬式のフォールニニー式を購入し、また大型の硬軟各式を民間の有力会社に注文していた。

これらの硬式飛行船は何れも大型のもので、容積は一万五〇〇〇立方メートルから二万立方メートルもあり、軟式の方は当時フランス陸軍で計画中のものを除く他は総て一万立方メートル以内であった。したがって搭載力は硬式の方が優れていた。

各国とも飛行船による航空は実施されており、海軍の軍用としては昼間用として利用していた。これは海上では容易に敵を発見して、その襲撃を避けることができるからであり、その反面陸上においては敵砲火の所在を発見することは殆ど不可能で、昼間の陸上での活動は危険が多いとされていたからであった。

国によって硬式、軟式または半硬式等区々であったが、それは国内における用兵上の意見が一致しないためであった。イギリスの陸軍においては遠征に適するものを主用するため、運搬に便利な小型の軟式に固執し、海軍では大型の速力の大きいものを必要とし、硬式、軟式ともに建造して実地にその優劣を判定しようとしていた。フランスもまた多数の大型飛行船の建造を民間の工場に命じていた。イタリアは半硬式を採用していた。

わが海軍においては硬式、軟式とも各々利害があって容易に結論には至らず、当時イギリス、フランスにおいて製作中の大型軟式飛行船の成績が分からない以上、迷うばかりであった。故に将来飛行船を採用するためには、研究員を派遣する必要があった。ドイツでは軍とツェッペリン気球会社は外国に対して絶対に秘密を守っていたが、フランスの民間製造会社は広く公開していたから、研究には便利であった。またイギリス海軍の飛行船に対する将来性にも見逃せないものがあった。

海軍では欧州大戦におけるドイツのツェッペリン飛行船、シュッテランツ飛行船がその威力を発揮し、殊にツェッペリン飛行船は海軍用として、また長距離空襲用として威力を発揮し、連合国側でもイギリス、フランスの軟式小型飛行船が主としてUボートに対する商船隊の護衛に駆逐艦ではできない意外な効果を挙げて、空中哨戒用として重要視されていたのを見て、大正七年十一月、第一次世界大戦の休戦協定締結後直ちにこの研究に着手し、大正九年一月、潜水艦の哨戒用として殊勲を挙げたイギリスの「SS式飛行船」を購入することになった。

SS式飛行船は当時イギリスに監督官として出張中の大西瀧治郎大尉と中村龍輔造兵大尉がヴィッカース航空機会社に注文して製作させたものであった。

大正十年四月二十七日、SS式飛行船は気嚢のガス膨張試験と組み立てを終わって試験飛行を完了し、六月七日発送、八月初め横浜に到着、九月二十一日横須賀航空隊に到着した。

横須賀海軍航空隊には当時、気球隊と水上飛行機隊があっただけで、飛行船の格納庫というものがなかったため、折角急いで送られてきた飛行船も梱包のまま半年以上も気球隊格納庫の中で眠っていたが、漸く翌十一年三月になって付近の埋立地に木骨帆布張り仮格納庫の建設に着手し、それが四月に竣工した。そこで四月十日、気嚢のガス膨張試験を行ない、組立が五月半ばに完成したので、大西大尉が船長となって処女飛行を試みたところ、四〇分以上の滞空で至極好調のように見えた。

引き続き試験飛行を行ない、横浜や東京を周って雄飛号以来六年ぶりに銀色の姿を見せたが、七月十日午前十一時五十二分、図らずも仮格納庫の中で原因不明の自然爆発を起こし、全焼してしまった。直ちに原因の調査をしたが、何ら得るところがなかった。

フランス製アストラ・トウレ飛行船の導入

これより先、この小型飛行船と同時に大型軟式飛行船の研究も必要とあって、大正十年十一月二十三日、フランスのニューポール・アストラ飛行船会社にアストラ・トウレ型の飛行船を注文し、操縦と整備の研究のために高原昌平中佐、荒木保大尉、向坂六郎機関大尉、塚原盛造兵大尉以下准士官一六人が派遣された。

大正十一年三月、一行はフランスに到着した。高原中佐、荒木大尉、向坂機関大尉はロッシュホール中央飛行船学校に入学、塚原造兵大尉等一六人はパリ近郊のピアンクールにあるニューポール・アストラ飛行船会社に通ってわが国が注文した飛行船の製作を監督しながら、その製作技術と操縦法を修得し、七ヵ月の後、小型を含む三種の飛行船操縦術の卒業証書を授与された。

また一行中の塚原造兵大尉組は飛行船の材料の蒐集や組み立てに従事し、七月下旬、その製作が終わったので、ロッシュホール中央飛行船学校に発送した。新造アストラ・トウレ飛行船は八月九日、同学校で組み立てに着手し、九月九日にはガス膨張試験を終わって完成した。九月二十五日から六日間、フランス海軍大尉デモジュウが船長となり同校上空で試験飛行が行なわれ、五時間の連続飛行を実施、七五ミリ備砲の発射試験も行なって極めて良好な成績を得た。

このようにして新鋭大型飛行船アストラ・トウレは十月早々、ベルギーのアントワープ港から日本郵船の熱田丸、諏訪丸の両船に分載されて日本に向かった。

一号型飛行船の製作

この時横須賀では先のSS式飛行船の代わりとして、同型の飛行船が製作された。「一号型飛行船」と称し、その要目はほとんど同じである。この一号型飛行船はアストラ・トウレが日本で処女飛行をするまで銀色に輝く気嚢をきらめかしつつ日本の空を快翔していた。

大正十一年十月二十五日、高橋道夫大尉が船長で乗員五人とともに横須賀―所沢―霞ヶ関の三角コースを飛行して二四時間の滞空記録を作り、また翌十二年六月六日には大西大尉が船長となり乗員五人とともに横須賀、大阪間の往復飛行を行ない、往航路二八〇浬（五〇四キロ）は六時間四五分、復航路二四五浬（四四一キロ）は六時間二九分で飛行した。七年前の大正五年、雄飛号が一万立方メートルの大気嚢と一五〇馬力の発動機二基を駆使してもなお十分な成績を上げられなかった東京、大阪間の飛行を三〇〇〇立方メートルそこそこの一号型飛行船は十分なし得る性能を示した。

一号型飛行船主要諸元

全長　五三・〇メートル
最大中径　一一・〇メートル
全高　一六・〇メートル
全備重量　二三〇〇キロ
気嚢容積　三三八〇立方メートル
搭乗員　五人
発動機　サンビーム・ダイアリー一〇〇馬力二基
最大速度　八八キロ／時
巡航速度　六六キロ／時
航続距離　二〇〇〇キロ
航続時間　三〇時間
武装　ルイス機関銃二、四五キロ爆弾二個

フランスに出張中だった高原中佐、荒木大尉、向坂機関大尉の一行は大正十二年一月帰朝し、それから一足遅れて五月初めに「アストラ・トウレ飛行船」が着いたが、当時霞ヶ浦に建設中のドイツから押収した飛行船格納庫は大正十一年九月に起工したが未だ完成していなかったため、所沢陸軍飛行学校の飛行船格納庫を借りて組立てることになった。

高原中佐以下二二〇人の将兵が所沢に派遣され、第二号飛行船となったアストラ・トウレ飛行船の部品梱包を解いて組立に従事した。それが七月十日に完成したので、荒木大尉が船長となって処女飛行を行ない、橙色の大気嚢とがっしりしたゴンドラの勇姿を示して良好な成績を挙げた。

ところが間もなく、大正十二年九月一日の関東大震災に遭って水素ガスの供給ができなくなった。それにいつまでも所沢に邪魔をしている訳にもいかないので、まだ工事半ばの霞ヶ浦格納庫に移すことになり、所沢から霞ヶ関へ荒木大尉以下により空中輸送した。まだ鉄骨も所々露出した大飛行船格納庫の中でアストラ・トウレ飛行船の一万七〇〇立方メートルの水素ガスは徒に大気中へ放出され、気嚢は折畳まれて大格納庫の片隅に放置された。

アストラ・トウレ飛行船は従来横須賀海軍航空隊所属であったが、この空中輸送後、霞ヶ浦航空隊の所属となった。

アストラ・トウレ飛行船の所沢における作業経過を以下にまとめる。

月日　　作業内容

二月八日　横須賀航空隊より所沢陸軍気球隊および同出張所へ兵器需品の輸送を開始
三月一日　所沢出張所設営作業を開始、設営員仕官一、下士官兵一二出発
三月十二日　隊員来着、艦政本部および横須賀工廠より飛行船組立補助員（造兵大尉一、技手一、工手一、職工五）来着
三月二十日　気球仮格納庫二棟、飛行機仮格納庫二棟建設着手
四月十一日　隊員に対する飛行船、発動機、ガスの学理、構造、取扱等基礎教育開始
四月十六日　飛行船着陸および地上運搬設備に着手
四月二十六日　大格納庫扉修理
五月十二日　自由気球を整備し、第一回飛行を始める
六月十五日　これまでに五回自由気球の飛行を実施
六月十七日　前記各種準備作業完成、水素ガス（一万三〇〇〇立方メートル）整備
六月二十日　飛行船組立開始
七月八日　飛行船ガス膨張開始
七月十日　飛行船組立完成、発動機庫内にて試運転を行なう
七月二十七日　飛行船試験飛行、以後飛行を続行する
八月十六日　飛行船運搬中、庫扉にヒレが触れ破損する、直ちに修理に着手
九月一日　飛行船修理完成、再び飛行を続行する
　大地震発生、人員、飛行船、格納庫等無事故障なし、所沢衛戍司令と協力

九月二十七日　して所沢陸軍官衙および同町附近地方警戒にあたる
十月一日　航空船隊霞ヶ浦移転のため所沢撤去作業開始
十月二十一日　第二飛行船を霞ヶ浦航空隊に空中輸送
十一月七日　霞ヶ浦および横須賀へ荷物輸送を開始
　　　　所沢諸設備全部撤去、隊員霞ヶ浦航空隊へ移転

アストラ・トウレ飛行船の飛行実績を以下にまとめる。

月日	飛行時間	飛行距離	記事
七月十日	一時間一九分	一〇四キロ	試験飛行、東京他
七月十六日	二時間五五分	二三二キロ	東京、横浜、横須賀他
七月十八日	一時間二五分	一一二キロ	川越他
七月二十日	一時間四五分	一四四キロ	大宮、浦和他
七月二十一日	四二分	五六キロ	所沢
七月二十三日	四八分	六四キロ	八王子他
七月二十六日	一時間二四分	一一二キロ	東京他
八月十六日	一時間三〇分	一二〇キロ	東京他
八月十七日	一時間四五分	一三六キロ	川越他

八月十八日　一時間一〇分　九六キロ　川越、大宮
八月二十一日　二時間四五分　二二四キロ　東京、横浜、横須賀、厨子、鎌倉
八月二十二日　一時間五分　八八キロ　川越、大宮他
八月二十三日　五〇分　六四キロ　飯能、青梅他
八月二十四日　一時間一〇分　九六キロ　三線繋留試験
九月二十日　一時間四二分　一三六キロ　東京他
十月一日　三時間四五分　二九六キロ　空中輸送、水戸他、霞ヶ浦航空隊入庫
計二六日、二六時間、約二〇八〇キロ

大正十二年三月一日から十一月七日までに要した費用は家屋借料三八一七円を始め、水道、電灯、薪炭、通信、電話、出張旅費を含め約六五三九円となった。

アストラ・トウレ飛行船に関する所見は以下のとおりであった。

一、組み立て
本飛行船の組み立てに要する人員および日数は約三〇人で約三週間、熟練すれば約二週間で完成できる。ただしそのうちガス膨張の二日および吊舟取付の三日間は約一〇〇人の助手を要する。

二、操縦

ＳＳ式飛行船に比べて容積が大きいだけ風圧が大きく、操縦は困難であるが訓練を積めばそれほどでもない。ＳＳ式飛行船を修得した後、本船において一〇回、一五時間程高度の操舵練習を積めば船長の資格を持つことができる。

三、旋回俯仰

飛行中における舵の利きは比較的良好で旋回俯仰度は大きい。

四、通風装置

空気房に対する通風装置はやや複雑過ぎる嫌いがある。軍用飛行船としてさらに簡単に改造する余地がある。

五、吊舟

吊舟の容積が徒に大き過ぎて乗員の居心地が良くない。また水槽、油槽の位置、構造が不適当で操縦席の外界通視に不便である。また後部機銃座席は不備がある等、改造の余地が十分にある。

六、発動機

発動機は具合良好、相当長時間の飛行に対し信頼できる。

七、ひれ

ひれの面積に対しその各部の強度がやや小さい嫌いがある。ことにその取付装置および横舵の取付部の構造は薄弱の感がある。

八、操縦索

操縦索の導き方とその角度に無理がある。改良の余地が大きい。

九、地上操作員

地上の操作運搬には最小限一〇〇人を要する。

一〇、繋留装置

繋留柱および繋留装置がないのは大きな短所である。

一一、速力

速力が比較的小さいのも不利とする点である。

一二、重量の軽減

各部とも重量の軽減には極めて工夫しており、気嚢、ひれ、吊舟、吊索等いずれも軽量であるのは見るべきである。

一三、大砲

大砲は考えものである。このために不断に三八二キロの死重を携行するのは不利で、むしろ爆弾、燃料、水バラスト等を搭載する方が有利である。

一四、吊索

吊索の調整装置は比較的簡単、容易、確実で具合は良い。

アストラ・トウレ（AT）軟式飛行船主要諸元

全長　八〇・〇メートル

最大中径　一八・〇メートル
全高　二三・〇メートル
気嚢容積　一万七〇〇〇立方メートル
搭乗員　七人
重量　七五六〇キロ
有効浮力　三九七〇キロ
発動機　サンビーム・コーターレーン三〇〇馬力二基
最大速度　七八キロ／時
巡航速度　六一キロ／時
航続距離　八五〇キロ
航続時間　一四時間
武装　七五ミリ砲一、ルイス機関銃一、爆弾六五キロ四個または九〇キロ二個
製作所　ニューポール・アストラ会社

同年十二月十五日、ようやく格納庫の外郭が完成したので、十八日には横須賀航空隊から一号型飛行船も空中輸送し、これも同様に霞ヶ浦航空隊の所属となった。同じ飛行船格納庫にイギリス系の小型飛行船とフランス系の大型軟式飛行船が揃って格納され、かつ従来イギリスで飛行船を研究した大西少佐以下とフランスで飛行船研究に従事した所沢組の高原中佐

とが分かれ分かれになっていたのが、十八日には同じ霞ヶ浦で落ち合って、事実上の航空船隊が出来上がったのである。

この格納庫はドイツから戦利品として押収したもので、ユーデンドルフから三井物産の手によって輸送され、鉄材だけでも三万トン、この運賃五〇万円を要し、ドイツ人技師クレッチマンを組立技師として招聘し、大正十一年九月十一日起工、延人員六万三〇〇〇人、総日数四六〇余日、三人の犠牲者を出して、大正十三年四月に完成した。

建坪四七五六坪の鉄骨平屋建、桁行《けたゆき》一三二間、梁間三六間、地上から軒樋上端までが七八尺、棟の上端までが129尺という厖大なもので、これが霞ヶ浦飛行場の一隅に建てられたのである。東京駅が二つこの格納庫の中にすっぽり入ってしまうという東洋一の大きさである。建築学会では度々見学に来た。その後、ツェッペリン飛行船が飛来したとき、ここに格納したら長さも高さも一杯で際どいところであった。

第三航空船横須賀大阪間往復飛行演習

大正十二年六月六日、横須賀海軍航空隊は第三航空船の横須賀大阪間往復飛行演習を実施した。

一、演習の目的

1、燃料消費率試験

2、空中航法訓練
3、無線通信訓練
二、乗員
1、指揮官　大尉　大西瀧治郎
2、操縦者　大尉　高橋道夫
3、操舵手　二曹　鈴木國太郎（復航　兵曹長　常石博好）
4、機関員　三機曹　小野澤喜典（復航　一機曹　鈴木小市）
5、電信員　一曹　本田駒吉（復航　二水　松本喜雄）
三、往航実施経過
午前零時四十五分　第三航空船を格納庫より出す　乗員搭乗
零時五十五分　離陸　風南西二メートル
零時五十六分　発動機回転を両舷一一〇〇とする
零時五十七分　高度三〇〇メートル　南六五度西に定針
一時四分　逗子　風南西二メートル
一時四十五分　南三〇度西に変針
二時二十二分　神子元島の北東三浬　西に変針
二時三十二分　石室崎
三時十五分　御前崎　北八〇度西に変針

三時五十分　天竜川河口
四時三十分　渥美湾　姫島の北二浬
五時三十分　亀山　南八〇度西に変針　高度八〇〇メートル
五時五十分　伊賀上野の北二浬
六時二十分　奈良
六時三十分　生駒山　高度三〇〇メートル
六時四十分　大阪城東練兵場　時刻過早につき神戸に向かう
七時十分　神戸上空にて反転大阪に向かう　風東七メートル
七時五十二分　大阪城東練兵場着陸　風東北東二メートル
四、大阪基地における作業
水素ガス補給量　九三立方メートル（五〇〇立方メートル準備）
揮発油補給量　三五〇リットル（五〇〇リットル準備）
潤滑油補給量　五リットル（三六リットル準備）
補給作業並びに各操縦索の検査に要した時間　約二時間
作業員　六九人（海軍派遣員七人、陸軍兵六〇人、人夫二人）
五、復航実施経過

午前十時七分　城東練兵場離陸　北三〇度東に定針　風北東三メートル
十時四十五分　京都　ガスを排出することなく高度六〇〇メートルとなる
　京都上空一周　東に変針
十一時　大津　高度七五〇メートル
十一時十三分　石部駅　南六〇度東に変針
十一時四十五分　鈴鹿峠　高度九〇〇メートル　気流悪し
十一時五十五分　亀山　南八〇度東に変針
午後零時五分　高度を四〇〇メートルに下げる　伊勢湾における風南南西二メートル
零時三十五分　知多半島
一時三十分　浜名湖口　南七〇度東に変針
二時二十分　御前崎通過　風東北東五メートル
三時十分　石室崎　北六〇度東に変針
三時三十分　稲取崎の東二浬　北東に変針　相模灘風南西五メートル
四時二十分　葉山
四時二十五分　横須賀
四時三十六分　追浜着陸
飛行時間　六時間二九分

飛行実航程　二四五浬
平均速力　三七・七ノット（発動機全速回転の九〇パーセント）

六、所見

1、本飛行演習が順調に行なわれたのは天候が良好で特に風が弱かったことに負うところが大きい。この種低速航空機の遠距離飛行に際し風が強ければその実施は極めて困難である。

2、対潜水艦沿岸哨戒を唯一の用途とする軟式航空船の遠距離飛行訓練は戦時実用上の見地より大きな意義は認められない。遠距離飛行は戦時において航空船の大根拠地においで膨張、組立てたものを前進根拠地に空中輸送する場合の訓練として始めて意義を有する。ただし長時間飛行は有意義である。

3、航空船は冬季においては浮力が大きく、夏季は浮力が小さい。両季節において大気温度に摂氏三〇度の差があれば軟式SS航空船においては約三九〇キロ（燃料全速約九時間分）の浮力差がある。なお冬季は大気圧が一般に大きいのでこの差は一層大きくなる。

4、本飛行において大西、高橋両大尉は往復とも搭乗し、大阪における二時間の他は空中にあったが、空中においては大きな疲労を覚えることはなかった。ただし飛行終了後多少疲労があった。

5、軟式SS航空船用発動機のサンビーム・ダイアック一〇〇馬力発動機は元来航空船用として計画されたものであるが、当隊における約一七〇時間の実地飛行の成績およびイギリスにおける声価に鑑み、現用途に対し適当と認める。すなわち機構簡単で分解組立容易、堅牢で故障が少なく、かつ燃料、潤滑油の消費率が小さい。

6、無線通信は出発時より絶えず混信があり、度々通信を制限されたが、混信の絶え間を見て短時間ずつ通信した。神子島通過後は本隊の電信は全く感度がなくなったので、横須賀電信所と交信した。

以下に発信記録の一部を抜粋する。

発信時刻
一時三分
信文　タナ一、ホンセン　ゼン〇ジ五五フン　オウサカニムケハツ
受信および傍受　横航、八雲、磐手
一時二十五分
信文　タナ三、サガミワン　モヤフカク　シカイ　スクナシ
受信および傍受　横航、十五駆、鳳翔、八雲、磐手
二時
信文　タナ五、二ジ　イナトリノホクトウ　七マイル
受信および傍受　横航、十五駆、鳳翔、八雲、磐手
三時五十二分

信文　タナ一〇、三ジ五〇フン　テンリユー　ガワ　ツウカ
受信および傍受　横航、十五駆、鳳翔
五時三分
信文　タナ一五、五ジ　チタハントウ　ツウカ
受信および傍受　十五駆
六時二十六分
信文　タナ二〇、六ジ二〇フン　ナラツウカ
六時四十分
信文　タナ二一、六ジ三〇フン　イコマヤマツウカ　七ジ　オウサカ
十時二十二分
信文　タナ二三、一〇ジ七フン　オウサカ　ハツ
十一時五十分
信文　タナ二六、一一ジ四五フン　スズカトウゲ　ツウカ
受信および傍受　横航、横電
十四時三十五分
信文　タナ三〇、二ジ　オマエザキ　ノ　ニシ　一二マイル
受信および傍受　横航、横電、十五駆
十六時

信文　タナ三四、四ジ二五フン　ヨコスカ　イマヨリタダチニチヤクリクス

七、関係各部との交渉打ち合わせ事項

1、日本酸水素株式会社
　水素ガス五〇〇立方メートルを四日正午までに城東練兵場にて納入すること。

2、日本石油株式会社
　揮発油（一号A）五〇〇リットルを四日正午までに陸軍糧秣倉庫において納入すること。

3、吉原定次郎（大坂東区大川町一〇一番屋敷）
　カストル三六リットルを四日正午までに陸軍糧秣倉庫において納入すること。

4、入江組渡辺運送店（玉造駅前）
　横須賀より発送の航空船用荷物未着につき横須賀大塚運送店に照会のうえ至急これを取り寄せること。

5、陸軍第四師団司令部
　池田参謀および歩兵第三十七聯隊副官と次の事項を協定した。
　①兵員六〇人（第三十七聯隊神代歩兵中尉指揮）を五日午前七時までに城東練兵場予定着陸地附近に送ること。
　②第三十七聯隊より消防用梯子一、普通梯子一、鶴嘴三、円匙三、水桶二、綱五〇〇メートル、杭二〇本を借用のこと。

6、その他の関係先
測候所、中央電信局、大坂府庁警察部、大坂市鶴橋警察署、海軍監督官事務所、陸軍糧秣倉庫、玉造駅。
7、所要経費
総額七〇七円七五銭。

第三航空船特殊飛行演習

大正十二年十月二十日、横須賀海軍航空隊司令古川四郎は第三航空船の特殊飛行演習を実施した。
一、演習の目的は次の六点にあった。
1、昼夜連続長時間飛行訓練
2、空中航法実習
3、無線電信訓練
4、乗員体力試験
5、燃料消費率試験
6、航空衣、航空糧食に関する研究
二、乗員は次の六人に決まった。
1、指揮官兼操縦者　大尉　高橋道夫

2、予備操縦者　　少尉　片桐雄司
3、操舵手　　　　二曹　鈴木國太郎
4、機関員　　　　三機曹　伊奈仲二
5、電信員　　　　一曹　本田駒吉
6、空中航法実習員　大尉　蒲瀬和足

出発は十月二十五日午後四時五十二分、着陸は翌二十六日午後四時五十六分、飛行時間は二四時間四分であった。

三、飛行の経過を以下に示す。

午後四時四十分　第三航空船を格納庫から搬出
四時五十二分　追浜飛行場離陸、南東の風七メートル
四時五十五分　高度二〇〇メートル、無線電信・電話試験を行なう、結果良好
五時二分　高度二七〇メートル、夏島上空より予定航路に就く、発動機回転両舷九〇〇
五時四十五分　東京海軍省上空、高度四〇〇メートル、月出づ
七時二分　短時間右舷機を停止し右舷燃料ポンプの躍動を固縛する、回転適宜
七時五十分　霞ヶ浦航空隊上空、東行南の風七メートル
八時四十五分　東京九段上空、細雨至る

九時二十分　所沢飛行場上空、両舷機一〇〇〇回転
九時五十八分　東京飯田橋上空、北行東の風四メートル
十時三十分　横須賀航空隊上空第一回
十一時二十五分　東京海軍省上空、回転適宜、通信のため東京上空を旋回飛翔
午前零時　東京池袋上空、所沢に向かう
零時四十三分　川越の南東二浬上空
一時　東京淀橋上空
二時四十分　霞ヶ浦航空隊上空、細雨あり
三時十四分　東京新宿上空、低雲のため視界漸次小となる
四時　横須賀航空隊第二回通過、北北西の風一三メートル、雨やや強し
四時十一分　雲霧中に入る
四時三十一分　金沢上空、西方の展望次第に良くなる
五時十二分　横浜桟橋上空、気温摂氏九度
六時二十分　品川上空、発動機回転漸減につき両舷機を交互停止し揮発器の溜水を排除す、雨止む
七時十分　横須賀航空隊第三回通過、北の風八メートル
七時三十分　夏島上空、発動機回転左舷一〇〇〇
九時二十分　東京海軍省上空

九時五十分　津田沼上空、雲霧中に入り視界悪しきを以て千葉に向かう、昼間
　予定航路を取り止め所沢に向かう
十時三十分　東京築地上空、発動機回転右舷一〇五〇
十一時十分　所沢飛行場上空、放鳩、漸次晴れ
午後一時　横須賀航空隊第四回通過、高度五〇〇メートル
一時三十分　夏島上空、発動機回転左舷九〇〇
二時三十五分　東京芝浦上空、東京を一周す
四時　横須賀航空隊第五回通過、両舷機回転適宜
四時五十六分　追浜飛行場着陸、南西の風三メートル

四、無線通信の経過

二十五日午後四時五十二分、離陸後直ちに無線電信の通信試験を行ない、送受信ともに良好であったので午後五時より予定の行動に移り、以後毎偶数時の終わり三〇分間の受信および三時間毎の三〇分間ずつの通信時間に電信当直を行ない、それ以外は無線当直を行なわなかった。

二十五日午後八時頃より空電および混信が強烈になり航空船電信機のような微弱な送信能力では到底交信不可能と認められたので、午後八時半迄に番号一および二の電報を発信した以外は翌朝まで発信を停止した。

翌二十六日朝に至り発信を試みたが地電流さらに現われず、送信不能となり、二十六

日午後着陸するまで故障が復旧せず、送信不可能に終わった。

故障は夜半より翌朝に至る降雨のため、雨露に曝露した発電機内電路の短絡に起因するもので、演習終了後日時を経過し発電機が乾燥して湿気が去るとともに故障は復旧した。

これに反し受信機は飛行当初より着陸時まで状態は良好で本隊並びに霞ヶ浦航空隊よりの通信は総て受信することができた。

五、搭乗者の身体的影響

1、体重

六人の平均体重は飛行前一四貫七九二匁、飛行後一四貫四三七匁で飛行後三五五匁減少した。蒲瀬、高橋両大尉は各六〇〇匁、片桐少尉三〇〇匁、本田一曹、鈴木二曹は各二〇〇匁、伊奈三機曹は一〇〇匁の減少と個人的に著しい相違があったが、本飛行においては勤務中責任の軽重、作業の難易による精神的緊張に差異があることによると考えられた。

2、肉体的および精神的疲労

座席は狭隘で常に爆音に曝露され、かつ勤務の性質上殆ど睡眠をとれず、第二日目にわずかに居眠りをした者がいたに過ぎない。また座席に座ったまま身体の自由が利かないので臀部および膝関節に疲労を来たす者があったが、肉体的疲労よりも精神的疲労が大きいと認められた。

3、便尿

飛行中に排便した者はいないが、尿意は頻繁となり、飛行中に十数回に及ぶ者があった。

4、その他身体的影響

搭乗者はネルもしくはメリヤスのシャツ、冬軍服および飛行服を着用したが、夜間ことに夜半過ぎには相当の寒冷を覚えたという。なお常に強風に曝されたため咽頭に異常感を覚え、鼻腔、口腔および咽頭粘膜に多少の充血があった。

六、所見

1、対潜水艦沿岸哨戒を本務とする本式航空船において長時間連続飛行訓練は最も意義のある作業であるが、戦時実用上の見地から一哨戒飛行時間は約六時間を最適とする。

2、夜間飛行に対する現用点灯装置は実用上差し支えないが、所要電力をより小さくし、効率のよい方法に改良する。

3、航空糧食は食物そのものよりも容器および保存法の改善を要する。地上で美味なる食物は空中においてもまた然り。ただこれの保温を確実にし、乾燥を防ぐ容器に保持することが極めて緊要である。

4、口渇、寒気および精神的疲労に対する予防および慰安方法として温飲料、ことに茶、コーヒー類、菓子、果実等は必ず準備すべきもので、その他万一の場合に用いるため酒精飲料を供える必要がある。

5、夜半飛行において正規飛行服のみでは寒気を覚えるので研究を要する。眼鏡は必ず着用する必要がある。

6、排尿が頻繁となり、排尿時には身体の保持に努力を要し、むしろやや困難を感じるという。尿壷を準備する要がある。

7、試験中、発動機の運転状態は良好で故障はなかった。

燃料消費実績

発動機回転数	速力	燃料消費
両舷九〇〇	三五ノット	七〇リットル
両舷一〇〇〇	四〇ノット	七五リットル
左舷一〇〇〇	二九ノット	六〇リットル
右舷一〇五〇	三二ノット	七〇リットル
左舷九〇〇	二五ノット	六〇リットル

8、空中航法について天文航法は気候のため実施できなかったが、地文航法および推測航法は昼夜とも実施した。地文航法は昼間は地形判断容易だが夜間は月明にもかかわらず地形判断を誤り、位置決定の困難を感じたことがある。推測航法は時々低い層雲および雨雲のために視界を遮られたので実施したが、最長五分程度に終わり得るところはなかった。

SS三号飛行船一号型の爆発事故

大正十三年三月十九日、一号型飛行船の空中爆発というわが国最初の惨事が突発した。この日、霞ヶ浦海軍航空飛行船隊、高橋道夫大尉が船長で、片桐雄司中尉、介川與四郎二等兵曹、高橋善四郎一等水兵、伊奈伸二一等機関兵とともにSS三号飛行船一号型に搭乗して霞ヶ浦を出発、横須賀に繋留柱の野外繋留訓練のため向かい、この訓練を終わって午前十一時横須賀を出発霞ヶ浦へ帰航の途についた。その途中午後零時五十五分、茨城県北相馬郡戸井村の上空にさしかかったとき突然空中爆発した。

実は千葉県船橋付近からすでに操縦に変調を来たしていたらしく、遭難地の上空に来た時は全く操縦の自由を失い、その瞬間、轟然たる爆音とともに、巨大な火の玉となって松林の中に墜落し、吊舟は地中深く埋没、吊舟上部に装備された二基の発動機のみは地上に投げ出され、気嚢の球皮は黒く焼けただれ、操縦索や吊索は四方に散乱して、五人の搭乗員は見るも無残な殉職を遂げたのであった。船体は二時間以上も燃え続け、午後三時過ぎにかけつけた人々によって消し止められた。

そこでこの原因の調査に海軍当局は特に慎重を期して調査委員会を設け、海軍技術研究所員、飛行船隊員、また帝国大学から物理学者田丸卓郎理学博士等を網羅して、科学的に精密な原因探求を進める一方、その結論を得るまでは一号型飛行船の新造を中止した。

遭難後、同日午後四時、横須賀航空隊のF1号飛行艇に松永嘉雄少佐、永峯少佐、横須賀の繋留訓練に基地指揮官として出張中の荒木大尉が同乗して空中視察を行なった。これによると次のような事実が分かった。

遭難地点上空の気流はかなり悪かった。この地方は利根川上流地方に生じる上昇気流と印旛沼等の湖沼地帯に起こる下降気流が交錯して悪気流が起こっている場所である。荒木大尉もかつて同地上空を飛行中に相当ひどくがぶって三〇度くらいに傾斜した経験があった。

SS三号飛行船の気球球皮の塗料はアルミニューム粉を混入した金属製塗料で、そのためあるいは空中電気を招いて空中爆発を起こしたのではないか。また船橋の強電力な無線電信の発信が原因していないか、などと言われた。

しかし結局、この遭難の原因は搭乗者が全員殉職したので的確なことをつかむことができず、遂に永久に謎とされてしまった。しかしその気嚢の球皮に使用していたアルミニューム粉末混入の金属性塗料は電気的に危険であり得る場合もあるという理由から、これに代わるべき塗料として植物性のものを採用する方針に決定した。

その後このSS式三号を原型とし、これにわが海軍独特の改良を加えて、航空力学的により優秀なものを新たに作ることになり、やがて純国産の海軍型軟式飛行船一号型の設計が出来上がった。この新設計に基づいて気嚢は藤倉工業株式会社へ、吊舟は三菱内燃機株式会社へ、発動機は東京瓦斯電気工業株式会社へ製作を分担させて、ここに純日本式軟式飛行船が完成したのであった。

SS式三号軟式飛行船主要諸元

全長　五二・〇メートル
最大中径　一一・〇メートル
全高　一五・二メートル
気嚢容積　二八三〇立方メートル
搭乗員　五人
発動機　ロールス・ロイス九〇馬力二基
巡航速度　九六キロ／時
航続距離　一二七八キロ
武装　軽砲一または機関銃二、一二ポンド爆弾数個
製作所　ヴィッカース会社

霞ヶ浦へ来てからは鳴かず飛ばずであったアストラ・トウレ第二号飛行船はその夏七月二十九日、あらためて永峰航空船隊長指揮の下に荒木大尉が船長となって進空式を挙行した。その秋十月の海軍特別大演習に参加、八日には横須賀鎮守府対抗演習に参加して五時間の連続飛行を行ない、十三日、東京湾八丈島洋上哨戒の重任を帯びて八時間半の連続飛行、翌十四日は同様に六時間半の連続飛行、十六日は八時間四五分の連続飛行を行ない、その行動距離は四〇〇浬に及んだ。十七日には約二時間の洋上飛行で大演習参加の重大任務を果たした。その後同飛行船は一二回の昼間飛行、三回の夜間飛行を行ない、成績は見るべきものがあっ

た。

一五式飛行船の誕生

ＳＳ型に原型をとった一号型飛行船遭難後二年、大正十五年の二月八日、同型の第四号船が完成したので、霞ヶ浦海軍航空隊飛行船隊で進空することになった。飛行船隊長寺田幸吉少佐が総指揮、荒木大尉が船長となって処女飛行を行ない、予期以上の成績を挙げた。ＳＳ三号船の気嚢は銀色だったが、四号船は橙色の極く落ちついた色で、電気的にも絶縁されており、気嚢内部の浮揚ガスを空電から遮蔽していた他、さらに細部にも改良が施されて、後に「一五式飛行船」と正式に命名されたのである。

欧州大戦の戦訓から、わが海軍が対潜水艦戦や沿岸哨戒に軟式小型飛行船の必要性を痛感して、初めてイギリスから飛行船を購入して以来、一号の自然爆発、ＳＳ三号の空中爆発と相次いで尊い経験を積む一方、一万立方メートル級のアストラ・トウレ大型飛行船の実験研究を重ねて、遺憾なく飛行船の軍用価値を調査したのであるが、その結論としては、軟式は五、六〇〇〇立方メートル以下のものが最も効果的であり、一万立方メートル級は軟式としては大型過ぎて、その取扱いや保存上に不便であるだけでなく、その飛行性能も敏速を欠く憾みがあるというので、アストラ・トウレはこの二号船を以て中止することになった。

イタリア製Ｎ３号飛行船の導入

海軍当局は軟式より一歩進めて、半硬式飛行船への飛躍を志し、当時名声のあったイタリアのウンベルト・ノビレ少将の設計になる「N3号半硬式飛行船」を購入することになった。このN3号は一九二六年（大正十五年）五月二十九日、ノルウエーのアムンゼン大佐がノビレ少将とともに北極探検に使用したノルゲ号の姉妹船として、イタリアのミラノ空軍工廠で建造されたものである。

その注文と同時に、時の航空船隊長寺田幸吉中佐がイタリアに派遣され、製作の監督とともに取扱法や操縦術を研究していたが、やがて大正十五年十二月末、N3号の全ての部分品が横浜に到着し、直ちに霞ヶ浦飛行船隊の大格納庫に輸送された。

この半硬式飛行船はミラノ港で積み出しのとき、大正十五年六月十六日午後四時頃、ガス排出作業中に残気三〇〇〇立方メートルにて自然発火し、気嚢の大部分を焼失した。金属部分等はすでに取り外してあったため損害はなかった。船便および竣工期日等を考慮し、気嚢のみを新造させ後送することとし、その他は予定通り積み出した。

飛行船と一緒にノビレ飛行団の主任技師、技師、技手、職工二人の一行五人が組み立てにやってきた。昭和二年一月十二日、霞ヶ浦航空隊に到着、翌日から組立準備に着手した。当時アメリカを講演旅行中だったノビレ少将も一月二十七日来朝した。

寺田飛行船隊長も二月四日に帰朝し、大格納庫内では最初の半硬式飛行船N3号がようやく完成した。

進空日の四月六日は春雨に煙っていたが、霞ヶ浦航空隊司令安東昌喬少将を始め、荒木少佐、大谷少佐、藤吉直四郎大尉、長島久之介機関大尉とノビレ少将、トロヤニー主任技師、チェチオニ技師、ヴェイーロ技手、マッシミニ職工、デラロッカ職工の計一一人が搭乗して、午前十時三十五分から一時間三五分間処女飛行を行なった。

このN3号飛行船は一号がノルゲ号、二号はアメリカに売られて既に破壊し、日本へ来たものは細部に多くの改良が施されていたが、イタリアのような軟微風の国と、烈風の多い日本とでは大分様子が違うので、強度が多少不足ではないかということが組み立て前から懸念されており、処女飛行の時にも垂直安定板の骨組が少し曲がったので、補強修理をしたことがあった。

四月二十八日にはN3号六号飛行船はノビレ少将以下イタリア技師、職工、寺田中佐、荒木少佐、藤吉大尉等が搭乗して午前七時十分、霞ヶ浦航空隊を離陸、同五〇分には淡灰色のスマートな巨姿を帝都上空に現し、浅草、上野、丸の内、赤坂、目黒、海軍省上空を経て池袋に出るコースをとって一周した後、午前九時五十分、霞ヶ浦航空隊に帰還した。

N3号六号飛行船の補強工事も終わり、イタリア技師等五人は五月九日帰国の途についたが、ノビレ将軍は霞ヶ浦海軍航空隊に一人残って、飛行船隊の操縦士官並びに下士官に半硬式飛行船の設計や操縦術を講義していた。

ところがノビレ少将は、ヨーロッパで度々飛行機と飛行船の空中衝突を見ているので、霞ヶ浦でもN3号の実験飛行中は飛行機の練習飛行は危険だから止めて欲しいと言い出した。しかし航空隊としては一飛行船の実験のために、隊の使命たる練習飛行を全体的に休止するなどということは思いもよらない。その頃航空隊では午前七時四十五分総員集合、八時から教務飛行を開始し、十一時三十分にひとまずこれを終わり、午後は一時から三時まで、機数は少ないが教務や研究飛行が続けられていた。飛行船の飛行は大体午前中が適当だが、飛行機の飛ばない時間といえば午前八時までか、午後三時以後であった。ところが早朝飛行はノビレ少将自身にとって好ましくないらしく、午後は午後でまた気流の変化が多いので不適当だということから、航空隊幹部との間で意見が一致せず、その間N3号六号飛行船は一回も飛ばずに終わった。

それやこれやで六月半ばまで在隊する予定だったノビレ少将は予定より一ヵ月も早く五月十四日、突然退隊して霞ヶ浦を引き上げ、東京の帝国ホテルに投宿して、十六日横須賀鎮守府、十七日海軍省に出頭して勅任待遇を正式辞退し、十八日帝国飛行協会総裁久邇元帥宮殿下邸に伺候して有功章を賜わった。またノビレ飛行団の功績に対し、ノビレ少将に勲二等瑞宝章、トロヤニー、チエチオニ両技師には勲四等瑞宝章が贈られた。

ノビレ少将はその後観光旅行を続けて六月十一日、門司出帆の大阪商船長城丸で天津に向かい、帰国の途についた。その時インタビューした新聞記者にも少将はかなり不機嫌な態度だったといわれている。

ノビレ少将はノルウエーの探検家アムンゼン大佐とともにノルゲ号で北極横断飛行に成功を収め、世界を風靡したものだが、黒シャツ宰相ムッソリーニはノビレ少将がN3号飛行船に対する信頼を世界に高めた功により、中佐の彼を一躍少将に進級させて、大いにその信任を厚くした。

N3号飛行船の爆発事故

霞ヶ浦のN3号六号飛行船は彼等が去った後は実験委員によって研究や実験が続行されたが、骨組等に故障が生じることは一再ならず、強度補強等にも意を用いたが、わが国には部品がないものばかりで、ナット一つにしても型を合わせて新しく作るという始末で、余計な時日を費やすことが多かった。こうするうちに、この半硬式飛行船の軍用価値を決定すべき海軍大演習が目前に迫ったので、それまで格納庫の中で修理に努めていたN3号六号飛行船はようやく演習開始の昭和二年十月十六日夜に至ってこの試練に参加することになった。

初めのうちは荒木少佐が指揮官となって、夜間連続一〇時間飛行を始め、昼夜を分かたず洋上哨戒に任じていたが、二十二日の夜、藤吉直四郎大尉が船長となり粟野原仁志中尉、熊澤豊作二等兵曹、遠藤福松三等兵曹、草刈四郎三等兵曹、小野澤喜與一等機関兵曹、石原林之助一等機関兵曹の計七人が搭乗して二四時間分の燃料を満載し、太平洋の夜間哨戒任務に就くべく午後八時四十分、霞ヶ浦の飛行場を出発した。

月のない星明かりをたよりに終夜洋上を飛び続けたが、ようやく東が白みがかる頃から北西の風が吹きつのり、風速二三メートルから三〇メートルに及ぶ暴風が荒れ狂った。横須賀から一三〇浬離れすでにおよそ一〇時間を飛んでいたN3号は、その時横須賀演習基地に帰航すべく針路を変えた。まさに強行飛行である。五時間の全速回転を行なってもわずかに航程三〇浬、平均時速六浬であった。ことに悪気流の翻弄で八〇ないし四〇〇メートルの激しいエアポケットに突き落とされ、伊豆七島の神津島付近にたどり着いた時は時速一浬という難航だった。

こうした緊張の五時間の後、ようやくたどり着いたのは伊豆七島のうち神津島だった。同島は東京から隔たること一〇〇浬、全島山で覆われ、海岸は切り立った断崖であるが、船長藤吉大尉は暴風中の不時着強行を決意し、全員を指揮して船体とゴンドラを切り破り、同島の釜の下という崖のところの狭い平地を目がけて飛び降りた。地上に飛び降りた搭乗員は錨や繋留索でN3号の地上繋留を試みたが、烈風はこれを許さず、巨体はふらふらと上昇して錨の綱を切り、見る間に三つに折れ曲がって一回転した瞬間、急激に墜落して爆発、船体は四方に飛散した。一五時間三七分の長時間飛行の後の壮絶な最期であった。

N3号飛行船爆発の報は世界に伝わり、イタリアにあったノビレ少将はこの報に驚愕したが藤吉大尉等搭乗員の勇敢な行動を聞いて感服した。藤吉船長の臨機の処置は乗員の生命を救うことができた。ただ熊澤二曹が飛び降りる際に誤って崖に頭を打ち付けて負傷しただけだった。

N3号半硬式飛行船主要諸元

全長　八二・三メートル

最大中径　一五・〇メートル

全高　一七・一メートル
重量　固定重量四七〇〇キロ
　　　燃料二九七六リットル
　　　水バラスト三四八リットル
気嚢容積　七五〇〇立方メートル
搭乗員　七人
発動機　マイバッハ二四五馬力二基
最大速度　一一〇キロ／時
航続距離　二〇〇〇キロ
航続時間　二六時間
武装は無線電信以外の装備なし。ただし船首上部の気嚢上と吊舟に各機関銃一梃ずつを装備することができる。

事故から一ヵ月もたたないうちに海軍当局は二〇万円の予算でその代船を建造することになり、半硬式飛行船の実験研究を継続する一方、国産半硬式飛行船の試験に着手することになった。N3号半硬式飛行船のスケールによって直ちに藤倉工業株式会社、三菱航空機株式会社、東京瓦斯電気工業株式会社に製作を発注した。

N3号の事故以後の霞ヶ浦海軍飛行船隊にはただ一五式飛行船のみが飛んでいるだけであ

った。

当時霞ヶ浦に出張所を設けていた海軍技術研究所航空部では、かつてイギリスに注文したSS飛行船の監督官だった飛行船の権威中村龍輔造兵少佐が主となって飛行船の研究をしていたが、同少佐はわが国のような気象では半硬式は不適当であって、軍用にはすべからく硬式でなければならないとの持論を堅持し、あの大格納庫内に大きな黒幕を張りめぐらし、極秘裡にツェッペリンD1号（LZ120号）の骨組の一部を実物大に模造し、ガス房を装備してその強度や内圧等の精密な実験を行っていた。すなわちこれによって硬式飛行船建造の基礎的実験が試みられたもので、将来における硬式時代の実現に備えたのであった。

国産三式飛行船の誕生

従来の公式名称である航空船隊が昭和三年三月から飛行船隊と改められ、かねて製作中の「三式八号半硬式飛行船」の工程も着々と進捗していた。これは大体N3号の設計を基礎にして建造したもので、翌四年七月二十三日午後六時二十五分、飛行船隊長荒木少佐指揮の下に進空した。

三式八号半硬式飛行船はN3号飛行船の実験飛行によって得た実験報告によって日本的に改良され、気嚢も従来一五式飛行船に使用された橙色の植物性塗料を使用し、発動機もN3号がマイバッハ二四五馬力二基を装備しているのに対し実験の結果同馬力全開をなすには船体の強度が脆弱であり、その馬力は不必要として三式八号半硬式飛行船には三式水冷式直列

六気筒発動機（ベンツ一三〇馬力を改良した一五〇馬力）二基を装備した。放熱器は三菱ラ
ンブラン式を採用し、発動機ゴンドラ直前に装備したが、冷却効率不良のため後に冷却面を
増設し改修した。また龍骨等骨組はN3号よりも強度を増し、方向舵の骨組等も強度を増し
たが、それでもなお強度不足で実験飛行後度々方向舵、骨組の故障を生じた。こうした幾多
の改良を加えて純日本製半硬式飛行船が完成した。

ただし三式八号半硬式飛行船はN3号に比較すれば製作技術において劣っていたことは事
実であり、その龍骨の強度も少し風のある日の旋回時にはしなるほどであったという。

わが国最初の国産半硬式飛行船が進空した翌月、すなわち昭和四年八月十九日、世界一周
飛行の途にあったツェッペリン号（LZ127号）飛行船が世界一周の第二航路としてドイ
ツのフリードリヒス・ハーフェン出発後九九時間四〇分で一万一〇〇〇キロを一気に翔破し
て同日午後四時十五分、霞ヶ浦上空に到着した。そのまま東京、横浜を訪問して引き返し、
午後六時三十分、霞ヶ浦に着陸した。これにはそれに搭乗する目的でわざわざドイツに渡っ
た藤吉直四郎少佐、円地大阪毎日新聞、北野大阪朝日新聞記者ら三人の日本人の他、設計者
のエッケナー博士、レーマン第一船長以下四〇名の乗員とドイツ、アメリカ、ソ連等の武官、
気象学者、通信記者等二〇人の乗客が搭乗していた。

ツェッペリン飛行船（LZ127）主要諸元

全長　二八五メートル、他に繋留装置一・五メートル

最大中径　三〇・五メートル
全高　三三・七メートル
気嚢容積　一〇万五〇〇〇立方メートル（内浮揚ガス七万五〇〇〇立方メートル、燃料ガス三万立方メートル）
重量　固定重量五万五〇〇〇キロ
　搭載量三万キロ
発動機　マイバッハ五五〇馬力五基
最大速度　一二八キロ／時
巡航速度　一一七キロ／時
航続距離　一万二〇〇〇キロ（二〇人の旅客を乗せて）
燃料　ブラウガス、パイロファックス、水素混合ガスまたはプロパンガス

ツェッペリン号はかつてドイツから渡来した大格納庫に収容されることになり、国産一五式軟式飛行船、三式半硬式飛行船と対比された。滞在五日間の後、七月二十三日午後三時十三分霞ヶ浦を出発、第三コースの太平洋を六八時間五一分で横断してシアトルに到着した。

その後五・一五事件の遠因となったロンドン海軍軍縮会議等で軍縮の声が高まり、海軍部内に飛行船無用論を口にする者が台頭して、相当共鳴する者も多かったが、当時アメリカにおいては超巨大飛行船アクロン号や全金属製ＺＭＣＩ２号等が出現したことから、わが海軍

においてもせめて現有勢力の飛行船隊だけは存続したいというのが関係者の希望であった。

そこで首脳部との折衝の結果、飛行船隊は存続することになったが、一方ツェッペリン号のあの逞しい巨体を目の当たりに見た人達は「一五式や三式で何ができる。いざという時にはものの役にも立ちはせぬ」と真っ向から非難する人もあった。しかし海軍大演習や小演習または横鎮基本演習において一五式軟式飛行船は沿岸洋上哨戒に良く働いたという。

昭和六年二月十二日、粟野原仁志大尉を指揮官とし、一五式第九号軟式飛行船に中込由正大尉船長以下六人が搭乗し、三〇時間以上の滞空、耐寒記録を目指して午前八時に霞ヶ浦を離陸、寒気と闘い、ことに夜は零下二度ないし三度の酷寒を開放された吊船の中でよく耐え、一昼夜を飛んで十三日午後になったところで、にわかに天候が急変して吹雪になったので、二時五十二分所期の目的を達して着陸した。吹雪さえなければまだ十分五時間の飛行ができる余力を残していた。

一五式飛行船主要諸元

製造	大正十五年
機種	軟式飛行船
全長	五三・〇メートル
最大中径	一一・五メートル
全高	一七・四メートル

気嚢容積　三六七〇立方メートル
搭乗員　五人
重量　固定重量二五〇〇キロ
　全備重量四〇〇〇キロ
　総浮力四〇六四キロ
発動機　ベンツ水冷式一三〇馬力二基
最大速度　八二・八キロ／時
巡航速度　七二キロ／時
航続距離　九〇〇キロ
航続時間　一二時間
武装　ルイス機関銃二、四五キロ爆弾二個
通信　無線電信通信距離四八〇キロ、電信通信距離七二キロ
製作所　三菱航空機、東京瓦斯電気工業会社、藤倉工業会社

この大記録に力を得て、翌三月十四日には再び大飛行を目指して決行することとなり、今度は半硬式の国産三式八号飛行船に藤吉少佐、中込大尉以下八人が搭乗し、午後十一時二十七分から完全に中二日おいて十七日午前十一時二十八分まで、六〇時間の滞空飛行に成功した。飛行場に出て着陸を迎えた霞ヶ浦航空隊司令小林省三郎少将、副長松永壽雄大佐等は歓

声と拍手で乗員を迎えた。

三式半硬式飛行船主要諸元
全長　八二・〇メートル
最大中径　一五・〇メートル
全高　一七・一メートル
気嚢容積　七五〇〇立方メートル
搭乗員　六人
発動機　三式水冷一五〇馬力二基
航続距離　一八〇〇キロ
航続時間　二〇時間
製造所　三菱航空機、東京瓦斯電気工業会社、藤倉工業会社

わが国における飛行船の滞空記録といえば、明治四十四年九月二十日、山田式第三号飛行気球が市外大崎から日比谷、品川一周帝都訪問飛行に一時間の記録を残したのを始めとして、同年十月二十八日、山田式イ号飛行船が一時間四二分、大正元年十一月十二日、横浜沖の観艦式にドイツから購入したパルセバール飛行船が二時間、大正五年一月二十一日雄飛号が大阪訪問飛行で八時間五分、大正十一年十月には海軍のSS飛行船が初めて二四時間の記録を

作り、さらに一五式が三〇時間を飛翔し、最期に半硬式三式八号船が六〇時間の記録を樹立したことは、海軍飛行船隊の有終の美をなしたもので、これを名残にロンドン軍縮会議による第二次補充計画の遂行に当たり、軍費節約の犠牲として昭和八年二月、霞ヶ浦海軍飛行船隊は解隊の止む無きに至ったのである。

それに先立ち、気球隊は昭和六年六月一日を以て廃止され、実験兵器としてこれまで幾多の実験飛行に活躍した三式八号飛行船も、昭和七年一月十五日、健全のまま解体されて格納庫から姿を消し、気球、飛行船とも海軍航空から抹消された。

昭和七年十月十九日、飛行船訓練の中止が決まった。これは予科練習生教程を繰り上げ卒業し本年十一月初頭より霞ヶ浦航空隊に入隊する飛行練習生七二人の教育に要する整備作業の要員を得ることが困難なので、本年十一月一日より霞ヶ浦航空隊飛行船（常用一、補用一）の訓練を一時中止する、というもので、飛行船は収納し、関係兵器とともに霞ヶ浦航空隊に保管させることになった。

ツェッペリンの破片からジュラルミンを開発

大正六年春、山下機関少佐が金子少佐と欧州大戦視察のため出張してイギリス海軍省を訪問したとき、その前年の秋、来襲したツェッペリン飛行船Z32号をエセックスでイギリスの戦闘機が撃墜した、その船体の破片を二キロほど貰ったので、帰朝してから報告書と一緒に海軍省に提出したことがある。

〈上〉SS式三号軟式一号型航空船
〈下〉SS式三号軟式一号型航空船から落下傘降下

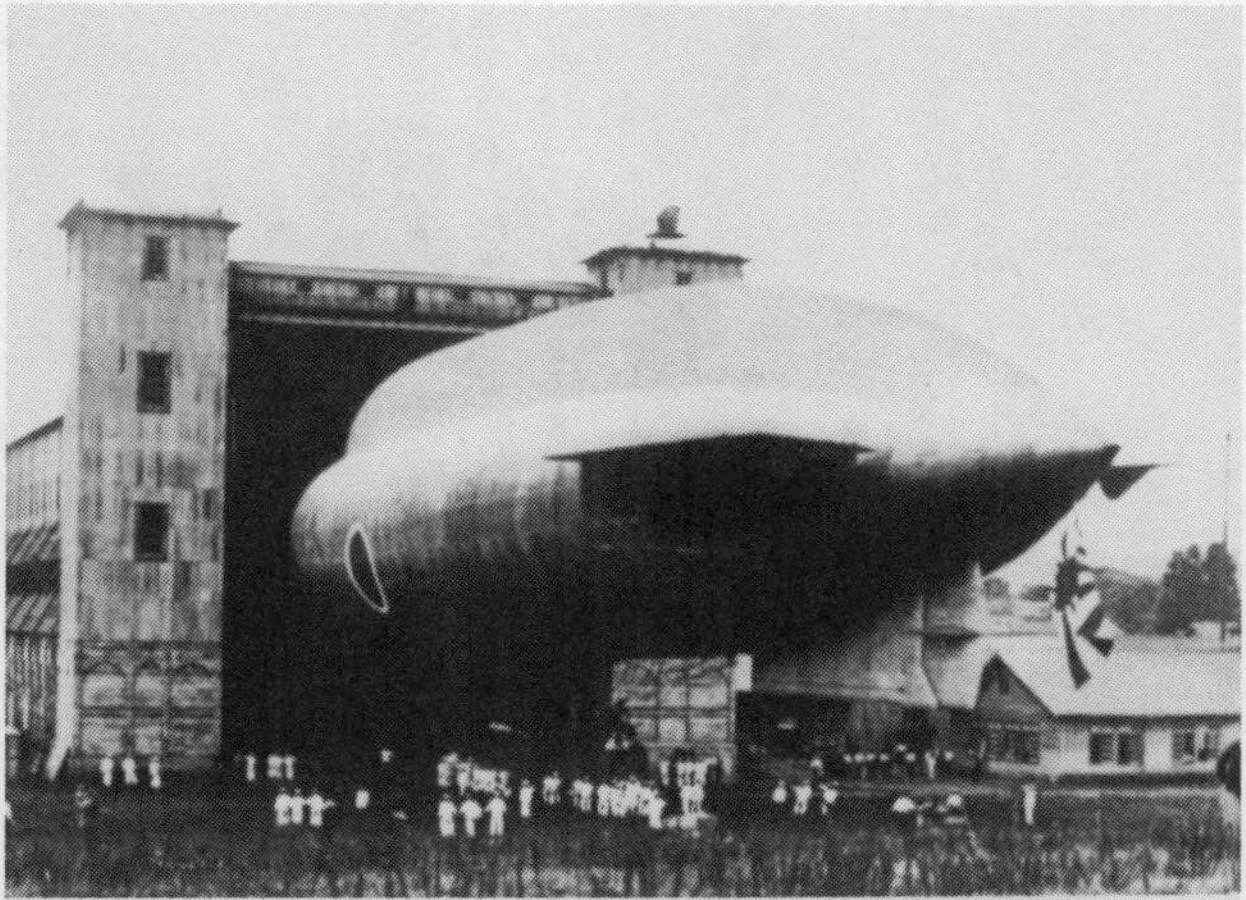

〈上〉アストラ・トウレ第二航空船と格納庫
〈下〉飛行するアストラ・トウレ第二航空船

第四航空船
（一号型航空船、大正13年製造）

第五航空船と第九飛行船
（一五式飛行船、昭和４年製造）

第五航空船
（一号型航空船、大正15年製造）

格納庫内に収納された航空船

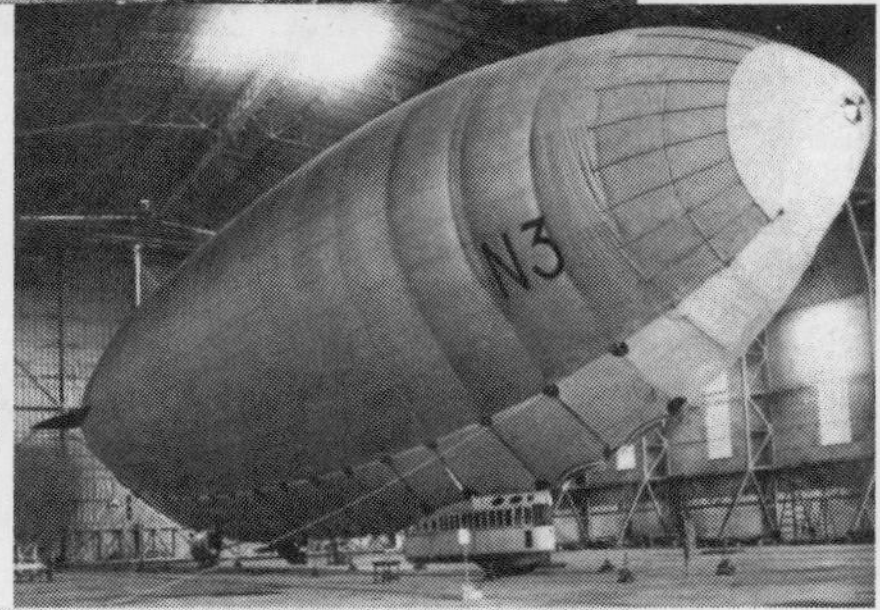

N３号半硬式第六航空船
（大正15年イタリアから購入）

三式半硬式第八航空船（国産）

その年の秋、山下機関少佐が海軍艦政本部の航空関係勤務になって赴任すると、さきのZ32号の破片がまだそのままになっていたので、それを見本としてジュラルミンを試作してみたいと考えた。

ちょうどその時、そこへ住友伸銅所所長の小田切延壽機関大佐が来たので、山下機関少佐は早速ジュラルミン試作の相談をしたところ、小田切所長は快諾し、その破片を持って帰った。

そして伸銅所であらゆる角度から研究し、翌八年の夏になってジュラルミンの試作が完成したので、見本を添えて海軍に報告した。これがわが国におけるジュラルミン製作の始めであった。

海軍の飛行船

名称	種別	摘要
第一航空船	小型軟式航空船	大正八年度航空隊設備費を以て製造
第二航空船	大型軟式航空船	大正十年度軍事費を以て製造
第三航空船	小型軟式航空船	大正十一年度水陸整備費を以て製造
第四航空船	一号型航空船	大正十三年度製造
第五航空船	一号型航空船	大正十五年度製造
第六航空船	N3航空船	大正十五年イタリアから購入

第七飛行船　一五式飛行船　　昭和三年度軍事費を以て製造
第九飛行船　一五式飛行船　昭和四年度軍事費を以て製造
（一九四〇年　海軍制度沿革　巻九）

海軍の繋留気球および自由気球

名称および種別　摘要
第一号　繋留気球　大正十年度藤倉工業株式会社より購入の一〇式繋留気球
第二号　繋留気球　〃
第三号　繋留気球　〃
第四号　繋留気球　〃
第五号　繋留気球　〃
第六号　繋留気球　〃
第七号　繋留気球　大正十年度イタリアより購入のA・P型繋留気球
第九号　繋留気球　〃
第一号　自由気球　大正十年度藤倉工業株式会社より購入の一〇式自由気球
第二号　自由気球　〃
（一九四〇年　海軍制度沿革　巻九）

海軍の自由気球

海軍の「一号型自由気球」は容積八一六立方メートル、直径一一・六メートル、有効搭載量五二八キロ、固定重量二八八キロ、昇騰限度は乗員一人として七二五〇メートルで、一回の飛行に浮揚ガス代のみでも四〇〇〇円以上かかった。

気嚢は球形、ゴム引、綿布製で下に吊籠があり、気嚢にかけられた麻索製覆綱の下端を集合し、十数条の中間索に吊籠が懸吊してある。吊籠は藤製で数人の搭乗者が入れる容積があり、その内外側には降陸索、錨索、計測装置、地図等の他、自由気球操作に最も必要なバラスト（砂）を搭載する。

気嚢上部に引裂弁があり、弁索は気嚢内部を通って吊籠に導かれてこれを引けば、気嚢上部が引き裂けてガスを放出し、着陸時の操作の役目をする。

気嚢頂部には手動弁が装置されており、この弁索もまた気嚢内部を通って吊籠に導かれ、空中で降下しまたは浮力を調節する際、この弁によって操作する。

気嚢下部には直径一フィート半の送気口があり、膨張の時ここからガスを供給し、飛行中は常に開口にし、ガスまたは空気を随時出入に任せておく。バラストは総浮力の二〇パーセントを携行し、全重量の一〇〇分の一のバラストを放棄することによって、約八〇メートル上昇することができる。ガスの排出、バラストの廃棄によって垂直方向の操縦を行なうが、水平方向は風による他なく、各高度によって異なる風向を選び水平方向の操縦を行なう。

着陸用としては総浮力の五パーセントのバラストを残すことが必要で、着陸には一〇〇メートルの高度で大体着陸場を選び、漸次高度を下げ、約五〇メートルの高度から降陸索を投下し、さらに五メートル辺りで引裂弁を引いてガスを放出する。

大正十二年十二月海軍自由気球演習

一、基地準備

横須賀海軍航空隊から発送した気球付属具および霞ヶ浦海軍航空隊より転送した水素ガスが基地に到着したとの報を得て、十二月二日基地指揮官を先発させ関係官衙を歴訪、演習実施につき便宜を依頼し、かつ基地諸設備に当たらせた。十二月七日自由気球気嚢が藤倉工業会社より到着し、その他の準備も完了したので演習員を出発させた。膨張場所は熊谷中学校運動場東端に選定し、気球修理場として同校撃剣道場を借り受けた。

二、気球膨張

膨張予定位置に帆布製敷布を敷き、気嚢を展張し、周囲に繋止杭を設けて索具により覆網を繋止した。おおむね午前五時頃膨張準備に着手し、天候が飛行に適することを確かめた後膨張を開始し、午前八時頃膨張を終了した。整備員一二人を以て行なう野外膨張・繋止は風速一〇メートル以内においては安全且つ迅速に行なうことができた。平均膨張所要時間一時間八分。

三、飛行

膨張終了後観測用気球を飛揚し、上層気流を観測して飛行準備を完成し、運動場風上側端より離陸した。平均飛行時間五時間一分、平均飛行距離八九キロ、平均速度一八・〇キロ、平均最高高度一四七メートル。

四、着陸

第一、第二回飛行は次回飛行に遅延を来たさないため輸送に便利な近距離に着陸した。第一回飛行は離陸時刻が遅れたため着陸時刻が日没時に近く、作業が日没後にわたった。それ以外着陸後の気球収納作業は日没前に完了した。着陸後の気球荷造りに要した時間は平均三七分、作業人員は在郷軍人、青年団、軍人からなり平均二一人であった。

五、気球輸送

鉄道幹線に沿う便利な地点に着陸し、できるだけ迅速な方法により輸送した。一回目は普通鉄道輸送により熊谷まで三日かかったが、二回目は馬車輸送により一日で帰還した。

六、使用ガス量

使用ガス量は平均九一四・六立方メートル、浮力平均五六四キロ、使用ガス容器数は平均二〇三本であった。

七、舎営

将校は旅館に、下士官兵は中学校内に宿泊し、下士官兵の糧食は中学校生徒のものを支給した。

八、演習費

決算金額合計一六三八円の内訳は隊員旅費一一〇四円、隊員外旅費一七二円、運搬費一八七円、通信費一四円、人夫賃八六円（着陸地点で傭入）、報償金三五円（着陸地に弁償）、車馬賃九円、筆墨代三〇円。

九、所見

第一回、第二回飛行においては高度変換法並びにこれに要する手動弁および砂嚢の使用法、水平飛行法、高度の変換による風向の変化、着陸並びに気球収納法についておおむね修得することができたものと認める。

第三回、第四回飛行においては主として実習者の操縦により時々高度を変換する水平飛行を実施し、持久飛行法を修得することができたものと認める。

着陸地の選定および着陸法は適良に行なわれ、好成績で所期の目的を達成したものと認める。

一〇、通信

飛行に関する発着の通信は電報による他軍鳩を併用し、飛行中の発信は軍鳩によった。

自由気球演習に使用した軍鳩のうち第一回（十二月九日、曇、五メートルの順風）の成績を以下に示す。

鳩番号	用途	放鳩地	追浜への直距離	放鳩時刻	入舎時刻	経過時間
七〇一	基地より	熊谷	九六キロ	〇九：三〇	一一：〇〇	一時間三〇分

二二四二	基地より	熊谷	九六キロ	〇九：三〇	一一：〇〇	一時間三〇分
四三六	基地より	熊谷	九六キロ	一三：三五	翌日帰舎	
一八九	基地より	熊谷	九六キロ	一三：三五	四日目帰舎	
八五	基地より	熊谷	九六キロ	一三：四五	一五：四五	二時間
一六〇	基地より	熊谷	九六キロ	一三：四五	一五：四五	二時間
三四九	気球より	岩槻	七一キロ	一五：〇五	一六：二五	一時間二〇分
二七二	気球より	岩槻	七一キロ	一五：〇五	一六：二五	一時間二〇分
一五四	気球より	大宮	六五キロ	〇八：四五	翌日帰舎	
四六三	気球より	大宮	六五キロロ	〇八：四五	翌日帰舎	

第一回飛行

一、膨張・飛行期日　大正十二年十二月九日

二、膨張所要時間　一時間二四分

三、搭乗者　海軍中尉田中義雄、同岡田茂、同飯田麒十郎

四、出発時刻　午後一時十分

五、出発時の状況

　天候　　雲量八

　地上気温　一六度

気圧　七六三・五ミリ
風向風力　西北西六メートル
浮力　五五〇キロ
搭載砂量　二六〇キロ
六、着陸地および時刻　埼玉県北足立郡片柳村大字御蔵（麦畑）　午後四時三分
七、着陸時の残砂量　一〇八キロ
八、飛行時間　二時間五三分
九、飛行距離　四七キロ
一〇、平均速度　時速一六・〇キロ
一一、最高高度　一〇八〇メートル

第二回飛行
一、膨張・飛行期日　大正十二年十二月十二日
二、膨張所要時間　五六分
三、搭乗者　海軍大尉横山義雄、海軍中尉岡田茂、同飯田麒十郎
四、出発時刻　午前八時五十分
五、出発時の状況
天候　雲量九

地上気温　一一度
気圧　七七五・二ミリ
風向風力　北西二メートル
浮力　五三五キロ
搭載砂量　二四五キロ
六、着陸地および時刻　埼玉県北埼玉郡桶遣川村町屋新田（田）午後三時十七分
七、着陸時の残砂量　六〇キロ
八、飛行時間　六時間二七分
九、飛行距離　七五キロ
一〇、平均速度　時速一一・六キロ
一一、最高高度　二〇〇〇メートル

第三回飛行

一、膨張・飛行期日　大正十二年十二月十六日
二、膨張所要時間　一時間一四分
三、搭乗者　海軍中尉田中義雄、同岡田茂、同飯田麒十郎
四、出発時刻　午前八時
五、出発時の状況

天候　雲量一
風向風力　北西一メートル
浮力　五七〇キロ
搭載砂量　二八〇キロ
六、着陸地および時刻　東京府下中野陸軍電信隊　午後三時一分
七、着陸時の残砂量　九〇キロ
八、飛行時間　七時間一分
九、飛行距離　一四六キロ
一〇、平均速度　時速二一・〇キロ
一一、最高高度　一六〇〇メートル

第四回飛行
一、膨張・飛行期日　大正十二年十二月十八日
二、膨張所要時間　一時間
三、搭乗者　海軍大尉竹中龍造、海軍中尉岡田茂、同飯田麒十郎
四、出発時刻　午前七時三十二分
五、出発時の状況
天候　雲量一

風向風力　西北西二メートル
浮力　四九二キロ
搭載砂量　三一三キロ
六、着陸地および時刻　栃木県塩谷郡阿久津村大字石末　午前十一時十四分
七、飛行時間　三時間四二分
八、飛行距離　八七キロ
九、平均速度　時速二三・五キロ
一〇、最高高度　一二〇〇メートル

大正十四年自由気球術演習

第一回飛行
一、膨張年月日　大正十四年三月十八日
二、飛行年月日　大正十四年三月二十日
三、搭乗者　海軍中尉岡田茂、海軍少尉内堀與四郎、海軍三等兵曹加藤和一
四、出発地および時刻　埼玉県所沢陸軍飛行場　午前八時三十分
五、出発時の状況
天候　雲量一
地上気温　三・三度

気圧　　七五三・五ミリ
風向風力　N一・五メートル／秒
浮力　五五〇キロ
搭載砂量　一九〇キロ
六、着陸地および時刻　神奈川県橘樹郡住吉村北加瀬　午前九時三十分
七、着陸時の残砂量　一〇〇キロ
八、飛行時間　一時間
九、飛行距離　四〇キロ
一〇、平均飛行速度　時速四〇キロ

第二回飛行
一、膨張年月日　大正十四年三月二十日
二、飛行年月日　大正十四年三月二十一日
三、搭乗者　海軍中尉岡田茂、海軍少尉内堀與四郎、海軍一等水兵秋山義秋
四、出発地および時刻　埼玉県所沢陸軍飛行場　午前八時三十五分
五、出発時の状況
天候　　雲量一
地上気温　二・四度

気圧　七六〇・四ミリ
風向風力　NE一・〇メートル／秒
浮力　五七〇キロ
搭載砂量　二一五キロ
六、着陸地および時刻　東京都北多摩郡狛江村字和泉　午前九時十分
七、着陸時の残砂量　一八五キロ
八、飛行時間　四五分
九、飛行距離　二一キロ
一〇、平均飛行速度　時速二八キロ

第三回飛行
一、膨張年月日　大正十四年三月二十一日
二、飛行年月日　大正十四年三月二十二日
三、搭乗者　海軍中尉岡田茂、海軍少尉内堀與四郎、海軍一等水兵勝村康三
四、出発地および時刻　埼玉県所沢陸軍飛行場　午前八時五分
五、出発時の状況
天候　雲量〇
地上気温　四・七度

気圧　七六二ミリ
風向風力　N〇・五メートル／秒
浮力　六〇五キロ
搭載砂量　二四五キロ
六、着陸地および時刻　東京府北豊島郡赤塚村大字上赤塚　午前十一時五十分
七、着陸時の残砂量　六五キロ
八、飛行時間　三時間四五分
九、飛行距離　二五キロ
一〇、平均飛行速度　時速六・五キロ

第五回飛行
一、膨張年月日　大正十四年三月二十四日
二、飛行年月日　大正十四年三月二十八日
三、搭乗者　海軍中尉岡田茂、海軍少尉林田如虎、海軍二等水兵遠藤庄作
四、出発地および時刻　埼玉県所沢陸軍飛行場　午前八時二十分
五、出発時の状況
天候　雲量二
地上気温　五・一度

気圧　七六一・一ミリ
風向風力　北北東五・〇メートル／秒
浮力　五四〇キロ
搭載砂量　一九〇キロ
六、着陸地および時刻　東京府南多摩郡日野町東端多摩河原　午前八時五十五分
七、着陸時の残砂量　一三〇キロ
八、飛行時間　三五分
九、飛行距離　一五キロ
一〇、平均飛行速度　時速二六キロ

第一〇回飛行

一、膨張年月日　大正十四年四月四日
二、飛行年月日　正十四年四月七日
三、搭乗者　海軍少尉林田如虎、海軍少尉粟野原仁志、海軍三等兵曹加藤和一
四、出発地および時刻　埼玉県所沢陸軍飛行場　午前八時三十五分
五、出発時の状況
天候　雲量五
地上気温　三・九度

気圧　七六〇・二ミリ
風向風力　北三・〇メートル／秒
浮力　三六〇キロ
搭載砂量　一八〇キロ
六、着陸地および時刻　埼玉県比企郡東吉見村大字古名新田　午後零時十分
七、着陸時の残砂量　七〇キロ
八、飛行時間　三時間三五分
九、飛行距離　五八キロ
一〇、平均飛行速度　時速一七キロ

第一五回飛行
一、膨張年月日　大正十四年四月十五日
二、飛行年月日　大正十四年四月十六日
三、搭乗者　海軍少尉粟野原仁志、海軍一等水兵秋山義秋、同勝村康三
四、出発地および時刻　埼玉県所沢陸軍飛行場　午前七時四十四分
五、出発時の状況
天候　雲量一
地上気温　六・〇度

気圧　七五八・一ミリ
風向風力　北二・〇メートル／秒
浮力　四〇〇キロ
搭載砂量　二三〇キロ
六、着陸地および時刻　東京府北多摩郡多摩村字是政　午前八時二十五分
七、着陸時の残砂量　一五〇キロ
八、飛行時間　四一分
九、飛行距離　二〇キロ
一〇、平均飛行速度　時速三〇キロ

大正十四年横須賀海軍航空隊自由気球演習計画
大正14年5月4日、宇川横須賀鎮守府参謀長は小林軍務局長に対し、横須賀海軍航空隊における自由気球の演習計画を通報した。
一、目的
繋留気球が事故のため繋留索が切断した場合における着陸法の練習
二、期日および場所
大正14年5月10日より5月30日まで　横須賀海軍航空隊において
三、使用気球および数

一号型自由気球　二個（五号、六号）

四、参加人員

指揮官および指揮官付

竹中龍造少佐、岡田茂中尉

五号気球搭乗員

清水環大尉、加藤秀吉中尉、山中長寿郎三曹

六号気球乗員

田中義雄大尉、飯田麒十郎中尉、大谷利郎二曹

整備員

気球隊員全部

五、実地要領

五月十日以後偏南風で風向、風力が飛行に適する日を選び、気球二個を順次出発させる

六、救助艇

第十一汽艇を救助艇とする

七、演習費明細

費途	金額	摘要
運搬費	四〇円	着陸地と横須賀間の気球汽車輸送費

通信費　　五円　　着電報料他
人夫賃　　二〇円　　着陸地における人夫賃
損害賠償費　三〇円　　着陸地農作物に対する賠償金
旅費　　七九・七円　　汽車賃、日当、宿泊料
計　　一七四・七円

昭和三年霞ヶ浦海軍航空隊自由気球演習計画

昭和三年四月十四日、横須賀鎮守府参謀長は海軍省軍務局長に対し、霞ヶ浦海軍航空隊における自由気球の演習計画を通報した。

一、目的
自由気球による飛行船指揮操縦法の研究並びに訓練（飛行船指揮操縦の配置にある将校）、同飛行船操縦法の教育並びに訓練（飛行船操縦者たる准士官）、故障飛行船操縦法に関する教育並びに訓練（飛行船操縦員および同機上作業員たる下士官兵）、高層気象研究（主として飛行将校）

二、研究項目
一時着陸の反復実施による飛行船着陸法の研究
使用砂量を節約する飛行法および気流利用法の研究
やや強風時における着陸法の研究

三、期日
昭和三年四月下旬より同年十一月中旬に至る期間において飛行に適する日を選び延回数三〇回

四、場所
飛行基地　霞ヶ浦海軍航空隊
飛行区域　関東平野

五、使用気球および数
一〇式自由気球　四個

六、搭乗員
毎回一気球四人宛（ただし夏季は三人宛）搭乗の予定、内一人は将校、他は准士官および下士官兵

搭乗員官職　氏名
少佐　荒木保
大尉　藤吉直四郎、田中義雄、園山齊、内堀與四郎、林田如虎、粟野原仁志
機大尉　宮田正巳
特少尉　青木泰次郎
兵曹長　笠原芳雄、脇國太郎、深澤友雄、國友梅男
機曹長　伊藤進、長谷川憲

一曹　池田七
二曹　秋山義秋、能澤豊作
三曹　勝村康三他八人
一水　張替傳十郎他七人
一機曹　小野澤喜與他五人

その他航法および気象関係者並びに飛行科教官中より搭乗を必要と認める者をその都度指名し搭乗させる

七、演習費

費途	金額	摘要
旅費	一二八九円	一〇六人一泊二日
輸送費	三〇〇円	一飛行につき一〇円
通信賃	九〇円	一飛行につき三円
損害賠償費	三〇〇円	一飛行につき一〇円
人夫費	一五〇円	一飛行につき五円
計	二一二九円	

日露戦争における海軍軽気球隊

明治十年十一月、築地操練場における御前飛揚を最後として姿を消した海軍の気球は、日清戦争においても復活の動きはなかったが、日露の風雲ただならぬ明治三十七年二月、さきにイギリスから購入した「スペンサー式軽気球」一個と付属部品一式が舶着したので再びここに気球を見ることとなり、早速東京の海軍造兵廠で試験を行なった。

スペンサー式軽気球は一人乗りで直径約二〇フィート、容積は約四二〇〇立方フィート、繋留索によって飛揚し、高度三〇〇メートルから二〇〇〇メートル近くまで上昇できた。

試験の結果、気球は風速があまり大きくなければ偵察や通信等の用には結構使うことができると実証された。

こうしていよいよ日露開戦に及び、最初はこの気球を海上で使用する予定だった。ところがその後旅順の陸正面で飛揚することになり、細木達枝大尉を隊長とする海軍軽気球隊が編成されて連合艦隊に配属されることになった。

明治三十七年七月、海軍軽気球隊は作戦地に着いた。そこで再三気球を飛揚して観測、偵察を行なったが、予期した成果は得られなかった。それに天候、その他の理由で気嚢が傷んでしまったため、同年九月、海軍軽気球隊は解散することになり、戦利軽気球二個、ガス発生機四個を始めその他の器材全部を、同方面に作戦中の陸軍気球隊に貸与することになった。

海軍は気球を旅順で飛揚していたが、資材に不自由なので雨ざらしにしていたため気嚢がすぐに傷んでしまい、このような結果になったのである。細木大尉は旅順の陸戦隊に参加して名誉の戦死を遂げた。

海軍の水素ガス発生機はビール樽式で清国の八隻船邵家屯において水素ガスの発生を行な

い補助気嚢に水素ガスを充塡して運搬した。

海軍における繫留気球の意義

明治四十三年十一月、ドイツ駐在相原海軍大尉はベルリン市外テーゲルにあるドイツ陸軍気球隊を視察し、詳細な報告書を提出した。見学事項は設備一般の他に次の項目である。

一、自由気球飛揚準備および飛揚

二、繫留気球昇騰準備および昇騰

三、陸軍式（俗称M）飛行気球第三、第四号

四、繫留気球を使用して上層風力測定

このうち繫留気球について報告書にはつぎのように記載されている。

繫留気球は円壔形気嚢の凧式で、昇騰、降下、運搬等取扱い簡便である。小官が試乗の結果、わが陸軍式繫留気球の如きはなお一段の研究改善を要すべきもの多々あるを信ず。気嚢ガス容積六〇〇立方メートル。

この報告に対し軍務局は次のように方針を決定した。

気球は軍用としては陸上において使用されるべきもので、海上においては使用する必要はない。ことに自由気球は自働原力を持たないガス球の繫留索を放ち、風のまにまに吹き流されるものであり、操縦法と称するものも自由意思としては上下動に過ぎない。飛行気球とは

気球に自働原力を備えたものである。

わが海軍は軍用として主として飛行機の研究を必要とする。故に相原大尉の研究、具申に対しては左記二案のうち一つに決定するを適当とする。

一、直ちに駐在地をフランスに変更し、飛行機を研究すること。

飛行機の研究はドイツよりフランスの方が適当であり、十月以降欧州大陸は天候が気球、飛行機の飛揚に適さない季節になるので、今のうちにフランスに移転させ、語学の習得と飛行機の研究をさせ、来春の実地試乗の準備をさせること。

二、上申中の飛行気球の試乗だけは認許する。気球は軍用として余り価値はないが、今日まで研究してきたのであれば、これだけでも試乗させること。

本件試乗費の支払方法として一〇〇〇マルク、約五〇〇円を旅費に増額する方法と、艦政本部へ協議し、造兵監扱いとして新兵器注文のための試験費から支出する方法、機密費から支出する方法があるが、駐在員として学校に入った者は授業料として各自年間三〇〇円ないし五〇〇円を支出している。相原大尉の分も駐在任務の遂行上加俸中より支出させるのが適当である。そうしないと同一理由で駐在員の授業料も別に支出の必要が生じる、という意見もあった。

なかには臨時軍用気球研究会の委員に任命し、同会の予算から支出させればよいという案まで出された。

海軍省軍務局が作成した大正七年度から同十年度に至る航空隊設備費には大正七年度に繋

留気球二個、八年度に繋留気球二個と小型航空船一隻、九年度に繋留気球二個と小型航空船一隻、十年度に繋留気球二個と小型航空船二隻を横須賀航空隊に追加するとしている。小型航空船は四隻で小型航空船隊を編組する予定であった。

大正七年春、イギリスにかねて注文しておいた「ゼーム式気球」一個が追浜に着いた。この気球は最新型の繭型をした容積一万立方フィートの大気球であった。当時海軍では永峯大尉等の研究員二、三人が陸軍の気球隊へ行って研究していたが、その後、この気球が漂流して大騒ぎになった。

ある朝、実験のため永峯大尉と大西、荒木の両中尉がガスを充填した気球を、五〇人余りの兵員を使って格納庫から引き出し、飛行場で飛揚の準備をしていたが、突然一二、三メートルの烈風が起こって繋留索を切断し、気球は地上から離れてしまった。その時一人の勇敢な水兵がいて、気球を離すまいと索の端につかまっていたため、そのまま五、六メートルも吊り上げられてしまった。下から「離せ、離せ」と声をかけるが、離したら落ちてしまうから離すこともできない様子だった。そのうちに気球の揺れにこらえきれず、振り落とされて顔に大怪我をした。

気球はガスを入れたばかりだから非常な勢いで飛んでいった。永峯大尉はすぐ飛行機でこの気球の跡を追っていったが、とうとう見失い、正午頃茨城県鹿島灘の沖に漂流しているのを見つけたが、浪が高くてとても寄り付けないという水戸からの電話があり、翌日、銚子の某発動機船が平磯の沖九浬の海上でやっと引き揚げ、横須賀から派遣した駆逐艦に積んで帰った。

大正七年七月、第二特務艦隊はスリーマン海岸に基地を置くイギリスの繋留気球隊を視察した。この基地は同年起工したばかりで未完成であったが、将卒一七五人が繋留気球の訓練に従事していた。第二特務艦隊の岸井参謀は視察記事を海軍大臣、軍令部長以下に提出し、その中で繋留気球の戦術的価値について次のように述べている。

一、繋留気球を哨戒用補助巡洋艦および駆逐艦に装備し曳航するには普通一〇〇〇フィートの高さにこれを保ち、特種眼鏡を用いて哨戒するときは水面下約一〇〇フィートの深さまで物体を明らかに認めることができ、対潜水艦戦に対し最も有効である。ことに護送艦に使用し有効である。

二、艦隊戦闘等の際弾着観測に使用するには三〇〇〇ないし四〇〇〇フィートを普通とする。この高さから観測すれば駆逐艦等のスモークスクリーンは少しも障碍とはならない。

三、この種繋留気球の特点は球首を常に風と艦速とによるレザルタント（合力）の方向に向かい、ほとんど垂直に上昇し風下に吹き流されることなく極めて安定して、観測上非常に都合がよいことにある。

駆逐艦による繋留気球曳航実験

大正十年六月、駆逐艦による繋留気球曳航実験を実施した。実験の目的は有事の際駆逐艦で繋留気球を曳航し警戒にあたる必要上、その資料を得ることにあった。曳航艦は駆逐艦浦風、期日は六月二十二、二十三日の両日、場所は東京湾および館山沖で実施した。気球作業監督は横須賀航空隊太田常利少佐、気球操縦は同藤吉直四郎中尉および高橋道夫中尉が担当した。駆逐艦監督は浦風の山下兼満少佐が担当した。

駆逐艦上における繋留気球搭載設備

一、後部八糎砲および砲座を取り外し、同位置に繋留機を装備する
二、特設リングボルトを適宜の位置に取り付ける
三、パラペン、同支台および曳索を取り外す
四、後墻を倒す

気球搭載中の艦の運用法並びにこれに及ぼす影響

一、曳航速力は一五ノット、二〇ノットおよび二五ノットとする
二、気球の甲板作業中はなるべく艦首を風上より右あるいは左に約二点開き、微速にて航行する
三、気球の甲板作業中は煙突より煤煙を出さないこと、また使用缶はなるべく前部のものを使用する
四、曳航中転舵に及ぼす影響を観測する、この場合高速力舵角一杯の時をも行なう

大正十二年八月十七日、再び駆逐艦による気球の曳航実験を行なった。ただし実験の目的は将来高速標的として気球式のものを用いることの可否を判定することにあった。七月末、白根連合艦隊参謀長が大角軍務局長、中里軍需局長、安保艦政本部長に照会している。気球は連合艦隊において使用中の気球のうち一個をガス放出前に用い、館山より横須賀へ回航する途次に実施する。

一、曳航速力は二〇ノット、二二ノット、二五ノットとする。

二、曳航設備は艦砲射撃用第二種標的筏に用いる円材を駆逐艦の艦尾から曳航し、この円材に気球を繋留する、気球の下部が水面に触れない高度とする。

三、実験事項は気球が高速力曳航に堪えるか否かを実験するとともに、各距離における視認状況、照準の難易を実験する。

この実験に立ち会うため中村造兵大尉が連合艦隊に出張した。同大尉の報告によれば、この実験に先立つ第一回目の実験で気球を複数の繋留索で円材に繋留し、速力二〇ノットで曳航したところ、前部の繋留糸目が切断し、気球が逆立ちとなったので実験を中止した。今回の実験は繋留索を一本とし、高さ三〇メートルとした。

曳航駆逐艦の速力回転二五ノット、実速力二二ノット。

標的は方向を変えても気球は常に風を受けて立ち、また風力等のため高度約五メートルの上下があったが左右に動揺することはなかった。

以上の結果から高速艦砲射撃の標的に気球を利用することは良い考案で、速力二三、四ノットまでは堪えられる。気球は小型のもの二個を用い、その間に幕を張って標的とする。

大正十三年度気球教育準備

大正十二年十月二十日、軍務局において来教育年度に使用する気球に関し、軍務局原局員の他、教育局、艦本二部、軍需局、横須賀航空隊、軍令部の各担当者が参集して協議した。

一、現在気球隊には四人の士官がいる。

二、もし艦隊教育年度の初めより教育局の希望通り4個の繋留気球を使うとすると一個に一人の士官を要し、横須賀航空隊における練習生の教育は不可能となる、と横須賀航空隊の意見あり。

三、これに対し案として横須賀航空隊に二名の士官を増員し、至急教育を行なえば艦隊に従来のもの二人、速成のもの二人、計四名の士官を派遣することができる。

四、これと同時に気球班が艦隊に付属後は艦隊において講習を行ない、士官の補助員を養成する。

五、必要とする気球数は艦隊、航空隊を合わせると予備を含め二六個が理想だが、現在は在庫品四個、製造中四個、廃品に近いもの二個の計一〇個しかない。本年度内に四個を注文し、明年度新たに発注し六月までに五個、その後さらに五個製造することは可能である。ゆえに艦隊に六個、航空隊に四個、または艦隊に八個、航空隊に四個、あるいは艦隊に八個、航空隊に六個の割合で配分することとすれば可能である。

六、兵器は艦隊司令部に配給し、各艦が供用するものとする。

七、十三年度に使用する繫留機の数は、

第一艦隊　長門、陸奥、日向

第三艦隊　鬼怒、五十鈴、夕張

第四艦隊　金剛、比叡

第五艦隊　由良、名取、長良、筑摩、天竜、北上、平戸

の計一五機で、うち一四機は現在供用中または在庫品、一機は三月頃夕張から平戸に移す予定。

八、膨張回数は二〜三月に気球四個で一回、四〜六月に気球二個で二回、七〜八月に気球四個で一回、九〜一〇月に気球四個で一回とする。

上記の協議を受けて、大正十二年十月二十二日付、横須賀の戦艦長門、白根連合艦隊参謀長から大角海軍省軍務局長に対し、繫留気球に関する次のような要望が出された。

弾着補助観測、魚雷航跡監視および潜水艦の発見等に際し繫留気球は極めて有効であることは本年度に行なった数次の実験により適確に立証されたが、その効果を十全に発揮するにはさらに観測者に気球の取扱法を熟知させるとともに、気球上における観測に慣熟させておくことが必要である。よって来教育年度においては使用予定表のとおり連合艦隊に、連合艦隊を編成しない場合は各艦隊別に、繫留気球および同付属具を配属し、訓練研究を行なうと同時に十分これを利用し得るよう然るべくお取り計らいをお願いする。

一、気球班に要する人員

将校一、水兵員（下士官三、兵七）、機関員（下士官一、兵四）、他に兵器出納係として准士官一人とし、人員は総て司令部付とすること。

二、兵器は総てこれを司令部に供給し、必要な艦船に供用すること。

気球使用期間	個数	膨張回数	使用期間	記事
一月下旬より四月下旬	四	二	約五〇日	主として巡航中の諸訓練、研究、基本教練、発射に使用する
五月下旬より六月下旬	二	一	約二五日	主として応用教練射撃および発射に使用する
七月上旬より八月上旬	二	一	約三〇日	主として各種戦技に使用する
九月上旬より九月下旬	二	一	約二〇日	主として基本演習に使用する。

備考　一、本表には安芸、薩摩特殊射撃用および大（小）演習用を含まず。

二、個数は連合艦隊に一括配属するものとして計上している。連合艦隊を編成しない場合は右個数を二分して各艦隊にこれを配属する。

大正十二年十月二十五日、寺田気球隊長は水素ガス所要見込量について軍務局原少佐に通知した。それによると大正十二年十二月から同十三年十一月までに航空隊の気球に用いる水素ガスは繋留気球用が三万立方メートル、自由気球用が二万立方メートルの計五万立方メートルを見込む。

また艦隊で使用する気球のガス所要量は本年度使用実績によると膨張用一三〇〇立方メートル、毎日の補給量を八〇立方メートルと見込む。

大正十二年十一月、横須賀海軍航空隊は航空船仮格納庫の擬装実験を行なった。同年初頭同隊陸上飛行場の一隅に横須賀海軍工廠製の航空船仮格納庫を建設するに際し、前副長市川中佐指導のもとに迷彩塗装を施した。仮格納庫の大きさは長さ二四四フィート、幅九四フィート、高さ六六フィートで、格納庫覆の材質は木綿帆布一号であった。彩色には藍草、薄墨、淡代赭《たいしゃ》、緑の四色を用いた。最初は鮮明過ぎたが漸次日射および雨露のために原色を識別できなくなった。実験の所見として色彩は一般に黒味がかった不鮮明な色とし、模様は曲線を用いて思い切り大きな形状とする方が効果的擬装となることが分かった。

大正十二年十一月頃、横須賀海軍航空隊は電動機を用いる気球用繋留機の実験を行なった。その結果、起動装置は取扱容易で起動良好、電動機並びに抵抗器の作動良好、歯車装置の作動良好、制動装置は電磁石による自働制動機と人力制動機があるが、これら二個の制動機のみでは繋留索の送り出しを制止できないおそれがある。

繋留索捲込装置は本繋留機の最大欠点で、繋留索の張力が直接貯蔵胴に及ぼされ、途中緩和装置がないため繋留索を傷めるおそれがある。また本繋留機は気球を昇降するに当たって毎回電話線を離脱する必要があり、不便で面倒である。したがって本機はその機構上現用繋留索のように心線を持つものを使用する気球用繋留機として適当と認められない。本機の電動機を現用内火式機関に取替えることが適当と認める。

大正十二年十一月十六日、横須賀長門の田畑連合艦隊参謀から原海軍省軍務局員に対し、繋留気球に精通した技術官を艦隊に配乗するよう照会があった。それによると本年七月初旬、繋留気球の燃焼原因調査のため中村造兵大尉が当隊に派遣されたが、来教育年度においては年度初頭より気球四個を使用する予定で各種の状況における気球および繋留機の相関関係等を徹底的に調査する絶好の機会である。ついては年度初頭（一月下旬艦隊集合の時機でよい）より気球に精通した技術官一人を連合艦隊に配乗し、諸般の調査を行なうのが時宜に適した方策である。この技術官の配乗が可能であるか照会する。

これに対し原局員は十一月二十二日、目下のところ適任者員数不足につき都合できないと回答している。

大正十二年十二月一日、海軍省軍務局は横須賀鎮守府司令長官に対し大正十三教育年度中に連合艦隊において使用するため、気球四個およびその所要物件並びに所要ガスを十二月中旬までに連合艦隊司令部に配給するよう訓令した。

大正十三年二月十五日、連合艦隊参謀長より軍務局長宛、次の電報を発した。

当隊配給の気球六個のうち三個使用中のところ、二月十四日強風のため二個が吹きとばされ大破損、一個は破損墜落、いずれも使用不可能となった。残二個は本年戦闘射撃および発射に使用すべきものにつき、今回の教練発射にはわずかに一個を使用できるのみで、発射作業上非常に不便なので、至急さらに二個配給していただきたい。

この事故についてはさらに翌十六日、連合艦隊司令長官名で海軍大臣宛、親展で報告している。

第二艦隊教練発射の際、三田尻沖碇泊中、金剛に繋揚した気球（第一七号）、長良に繋揚した気球（第二〇号）のいずれも二月十五日強風のため気嚢破損、糸目切断の結果浮流したので、直ちに駆逐艦を派遣し収容したが気嚢は寸断し、使用できなくなった。当時の高度約二〇〇メートル、風速二〇メートル／秒、気嚢は前夜最大容量に膨張してあった。また同日由宇沖にて北上に繋揚した気嚢（第一八号）は同じく荒天のため破損墜落し、使用できなくなった。

いずれも人員は搭乗しておらず、従来の成績に鑑み当日くらいの天候に対して気球は十分安全であるはずにもかかわらず、今回のような事故が起こるのは或いは気嚢製造上何らかの欠点があるのではないかと考え、取り敢えず報告する。

大正十三年五月三日、高原横須賀海軍航空隊副長から原軍務局局員に繋留気球に関する要望書が提出された。

去る一月以来艦隊に付属した気球隊は数ヵ月の艦隊役務を終えてひとまず当港に帰港した。これに関して二、三の要望を左に列記する。

一、来年度艦隊付属の気球班数をなるべく早く予定されたい。

艦隊付属の気球班数の決定により、これに対応して士官兵員の準備、器材の整備等に相当の期間を要するにもかかわらず、連年艦隊の当港出動に際しにわかにその数の増減を見る実情であって、常に人員の教育、器材の整備に多大の欠陥があり、そのために十分な成果を発揮できない状況にある。本年度も大演習、艦隊戦技参加の気球班数も未だに不明である。この点に関し十分の考慮をされたい。

二、気球班の人員

魚雷射場監視のような任務なら一班に対し士官一、下士官兵一五の現状でよいが、大演習のような任務においては各班に対し士官二、下士官兵二五を以て編成しなければその任務に支障を来すおそれがある。

三、器材

各班の気球数は常用一、補用一、計二の標準を必要と認める。

四、目下最も欠乏を告げつつある器材

電話機用電池、聴音器、電線

補修用ゴム液、球皮材料、索具（運用索、糸目索）

繋留機発動機用発火栓、電線

信号用携帯電灯

の類である。このような瑣末の補用品が欠乏しているため、班員は常にその任務に支障を来すのではないかと心配している。本項は艦隊出動までに至急配給されたい。

この要望書は廣瀬艦政部員、大西教育局局員にも送付された。

第一六号繋留気球発火原因と防止策

大正十三年六月十五日、長崎旗艦長門、第一艦隊司令長官鈴木貫太郎から海軍大臣財部彪に対し、「第一六号繋留気球発火原因並びに将来に対する注意および防止策」が提出された。この報告書は連合艦隊司令部付横山大尉の作成になるもので、発火の原因は各種考えられるがどれが直接の原因かは断定できなかった。不慮の発火を防止するため次の方法を講じることとした。

一、気球の収納に当たっては特に天候が静穏で空電が少ない日を選ぶこと。

二、ガス純度を常に良好に保つこと。

三、ガス放出前、外部をワイヤーのような金属で軽く擦る等、適当な方法により球皮内外の電気を放電させること、あるいは荷電量が大きいと認めるときは散水し、内部に蒸気を通すのもよい。

四、球皮にはなるべく摩擦、衝撃を与えないこと。

五、空中に塵芥が多い場所では収納を避けること。

六、収納に適さない場所で収納せざるを得ない場合はできるだけ多くの弁孔および注入口を開き、ガスを短時間に放出すること。

七、後部引裂弁のみでガス放棄は避けること。

発火に対する準備

一、艦上においては昇降口、通風筒、天窓および舷窓を密閉し、繋留機油缶内の揮発油を除去する、また消火栓を準備しこれに配員する。
二、必要以上の作業員を気球に近づけないこと、作業員は直ちに難を避け得るよう進退につき用意すること。
三、作業に十分な広さを持たない艦船の甲板上においてはガス放棄を努めて避けること。
四、艦上においては糸目索等を甲板に固縛することなく、発火の場合直ちに海中に投棄できる準備をしておくこと。
五、指揮官は作業前非常時に作業員がとるべき処置について注意を与えるとともに、全般の指揮監督に便利な位置に立ち、冷静に応急対応できる準備をしておくこと。
六、陸上においては格納庫内においてガス放棄をしないこと。

発火に対する処置

一、爆発の場合
防火部署に従い延焼を防ぐ。

二、燃焼の場合
残留ガスが多い場合
陸上では注水によって消火に努める他ない。
海上では気球を浮上させ海中に投棄する。
残留ガスが少ない場合

陸上では砂を被せて燃焼部に境を作れば延焼を防ぐ効果がある。

海上では消火栓により注水するとともに風上側から気嚢を捲き、状況により海中に投棄する。

大正十三年六月二十日、第二艦隊参謀長より軍務局長宛電報（暗号）

当隊用気球不幸にして流失破壊せるところ、第二潜水戦隊潜水艦何れも訓練日尚浅く、近く第六十二潜水艦に対し金剛事故あり、今後訓練上相当期間被襲撃隊において繋留気球併用するを保安上最も必要と認めるにつき、この際繋留気球一個至急供用方特にご配慮を乞う、右連合艦隊参謀長に電報済。

大正十三年六月二十一日、軍務局長より連合艦隊参謀長宛電報（暗号）

第二艦隊参謀長より繋留気球一個至急供用方電報ありたり、貴隊の気球配分現状承知したし。

同日、連合艦隊参謀長より軍務局長へ電報

現有気球左の如し。昇騰中のもの二個のうち一個は既に命数に達し、他の一個は約二〇日間使用せるものなり。未膨張のもの三個のうち二個は戦技用、一個は安芸、薩摩射撃用のものにして予備一個もなきに付き現有のものを便宜予備として使用し得るようご配慮を乞う。

大正十三年六月二十三日、軍務局長より連合艦隊参謀長宛電報（暗号）

目下供給すべき気球なし。大演習用の一個は八月中旬、三個は九月上旬貴隊に供給し得る見込み。

同日、軍務局長より第二艦隊参謀長宛電報（暗号）

左の通り、連合艦隊参謀長に通報し置けり。目下供給すべき気球なし。大演習用の一個は八月中旬、三個は九月上旬貴隊に供給し得る見込み。

大正十三年十一月二十六日、原連合艦隊参謀長は小林海軍省軍務局長に対し、「平戦時艦隊に於ける繋留気球の使用法並びにこれに対する設備」という提案を出した。この提案は連合艦隊司令部付の海軍大尉横山義雄が作成したもので、平時、戦時に分けて艦隊における気球の使用法について緻密な考証がなされている。その第一項目に気球使用艦が記載されているが、艦種の最後に気球母艦をあげ、横山はこれを「是非とも建造するを要す」とし、気球母艦は第一、第二艦隊に各一隻必要とするが、まず研究のため連合艦隊に一隻配属するよう提案している。

大正十三年九月十二日、十四教育年度に使用する気球について協議するため、軍務局原中佐他、教育局、艦本二部、軍需局、軍令部、第一艦隊、第二艦隊、横須賀航空隊の担当者が参集した。協議内容は以下のとおり。

一、連合艦隊に供給すべき気球数およびその時期

大正十三年十二月末　四個（魚雷発射用）

大正十四年五月初頭　二個（艦砲射撃用、魚雷発射用）

七月初頭　四個（戦技用）
九月初頭　二個（小演習用）
計一二個（補用および補充気球は供給せず）
二、横須賀海軍航空隊に供給すべき気球数およびその時期
大正十四年五月末　一個（教育用）
八月末　一個（教育用）
計二個（補用および補充気球は供給せず）
三、連合艦隊、横須賀海軍航空隊に既供給の気球はそのままとし、厳密な検査を経たものは来教育年度初頭において使用差し支えなし
四、連合艦隊に供給すべき繋留機数
一一個および修理後二個
五、連合艦隊、横須賀海軍航空隊に供給すべきガス量
連合艦隊　約五万立方メートル
横須賀海軍航空隊　三万五〇〇〇立方メートル

本件に関し大正十三年十二月二十三日、海軍大臣は横須賀鎮守府司令長官に訓令するとともに、連合艦隊司令長官にその旨訓令した。

大正十四年一月二十七日、横須賀山城原連合艦隊参謀長から平塚海軍省軍需局長および小

林軍務局長に宛て、繋留気球用水素ガス予算増額に関する願い書が提出された。その内容は、大正十四教育年度中連合艦隊において使用する繋留気球用水素ガスは最小限度に見積って約五万立方メートルで、そのうち本年四月までの使用予定二万七〇〇〇立方メートルに対しては昨年九月十九日、連合艦隊機密第四ノ九五号を以て軍需局へ照会したところ、これに対して先般告達された予算は三万二六八八円で一立方メートル一円二一銭余に相当する。しかし今回横須賀軍需部にて受け入れる水素ガスは一立方メートル一円八四銭となり、大きな差額がある。教育訓練上支障が生じてはいけないので、本年度予算を左記により増額方至急お取り計らいいただきたい。

一、現告達予算額　三万二六八八円

二、所要額　四万九六八八円

三、増額を要する額　一万七〇〇〇円

大正十三年度連合艦隊繋留気球使用法について連合艦隊司令部付の横山義雄海軍大尉の報告によると、

一、繋留機装備艦名

第一戦隊　長門、陸奥、日向（第一期行動中のみ、電動式）

第三戦隊　五十鈴、夕張（第一期行動中のみ）

第四戦隊　　　金剛、比叡
第五戦隊　　　由良、長良、名取
第一水雷戦隊　天龍
第二水雷戦隊　北上
第一潜水戦隊　筑摩（第一期行動中のみ）
第二潜水戦隊　平戸（第一期行動以後）

大正十三年度連合艦隊繋留気球使用経過概要

連合艦隊司令部付海軍大尉横山義雄が作成した大正十三年度連合艦隊繋留気球使用経過の概要を行動別にまとめる。気球使用数は一五個（気球番号一六号より第三〇号）であった。

一、第一期行動
期間　大正十三年一月三十日〜同年四月三十日
用途　基本教練発射
場所　三田尻沖、由宇沖、

気球番号	使用日数	記事
一七	一二	長門にて膨張、金剛にて流失
一八	一七	長門にて膨張、北上にて墜落

二〇　一七　金剛にて膨張、長良にて流失
二一　二三　金剛にて膨張、北上にて収納
二三　一九　日向にて膨張、収納、廃棄
一六　七　比叡にて膨張、収納
一六　二五　陸奥にて膨張、航空隊にて収納の際焼失
二一　一二　山城にて膨張、筑摩にて収納
二二　一三　長門にて膨張、収納

二、第二期行動
期間　大正十三年一月三十日～同年四月三十日
用途　応用教練発射、戦技
場所　長崎離島、奄美大島方面、佐世保より佐伯方面（戦技）
気球番号　使用日数　記事
一九　三一　航空隊にて膨張、五十鈴にて収納、廃棄
二二　二〇　山城にて膨張、長門にて収納、廃棄
二一　八　金剛にて膨張、比叡にて流失
二三　三（戦技）　比叡にて膨張、金剛にて収納
二四　一九（戦技）　佐伯葛港にて膨張、由良にて流失
二五　一五（戦技）　佐伯葛港にて膨張、名取にて流失

二三　七（戦技）　佐伯葛港にて膨張、陸奥にて収納
二三　二（戦技）　呉にて膨張、陸奥にて収納

三、研究射撃
期間　大正十三年八月三十日～同年九月九日
用途　研究射撃
場所　館山沖
気球番号　使用日数　記事
二六　一一　航空隊にて膨張、航空隊にて収納
二八　八　陸奥にて膨張、航空隊にて収納
二七　四　長門にて膨張、長門にて収納

四、大演習
期間　大正十三年十月五日～同年十月十八日
用途　大演習
場所　大演習区域
気球番号　使用日数　記事
二九　四　比叡にて膨張、長良にて流失
三〇　一三　陸奥にて膨張、長良にて収納
二七　一〇　金剛にて膨張、収納

二八　一四　比叡にて膨張、平戸にて収納

使用した気球のうち流失六個、収容の上廃棄二個、焼失一個、墜落一個、収容のうえ使用可能五個であった。

艦隊用として準備した水素ガス量（立方メートル）は以下のとおり。

第一期行動

ガス量（m³）	搭載場所	搭載艦隊	空容器陸揚場所
五〇〇〇	横須賀	第二艦隊	由宇、別府、呉
三三〇〇	横須賀	第一艦隊	長崎、別府
三〇〇〇	三田尻	第一艦隊	徳山、呉
四三〇〇	呉	第二艦隊	呉
二五〇〇	別府	第一艦隊	鹿児島、三田尻
三〇〇〇	鹿児島	第一艦隊	三田尻、呉
二九〇〇	三田尻	第一艦隊	呉、横須賀
小計二万四〇〇〇			

第二期行動

ガス量（m³）	搭載場所	搭載艦隊	空容器陸揚場所

二五〇〇	横須賀	第一艦隊	佐世保
二五〇〇	横須賀	第二艦隊	鹿児島、佐世保
二〇〇〇	佐世保	第一艦隊	佐世保
一〇〇〇	佐世保	第二艦隊	鹿児島、佐世保
三〇〇〇	佐伯	連合艦隊	呉
四五〇〇	佐伯	連合艦隊	佐伯、横須賀
二六〇〇	呉	連合艦隊	佐伯
五九〇〇	横須賀	連合艦隊	横須賀
小計二万四〇〇〇			

大演習

ガス量（㎥）	搭載場所	搭載艦隊	空容器陸揚場所
三〇〇〇	横須賀	連合艦隊	横須賀
四〇〇〇	呉	連合艦隊	徳山、横須賀
合計五万五〇〇〇			

使用した水素ガス量は以下のとおり。

区分	月	使用気球数	所要ガス量（㎥）

第一期行動　一～四月　一一個　二万二七六
第二期行動　六～九月　一二個　二万二七五〇
大演習　十月　四個　七九三四
合計五万九六〇

水素ガスは従来と同じく保土ヶ谷曹達会社並びに宇島酸水素会社より収められたが、保土ヶ谷曹達会社は艦隊作業地より遠いので価格が高く、宇島酸水素会社は作業地に比較的近く、かつ瀬戸内および佐伯には海上の便があるので価格は安いが生産量が少ない。現在両社の一回の供給量は最大限保土ヶ谷約八〇〇〇立方メートル、宇島約四〇〇〇立方メートルと認められる。この購買は軍需部において行なうのが適当であるが、連続的に佐世保等遠距離地方で使用する場合は供給力が半減するであろう。

故に将来はこれらの会社は副とし、主として艦隊配属の気球母艦またはガス供給船（運送船）にガスを供給させる必要がある。殊に霞ヶ浦航空船隊の活動とともに保土ヶ谷の供給量減少が予想される現状において、気球母艦の建造は気球使用上の要求とあいまって極めて緊要である。

横山大尉は持論とする気球母艦の建造をここでも提案しているが、気球母艦という特務艦が具体化することはなかった。

大正十四年一月、横須賀山城の原連合艦隊参謀長は海軍省軍需局長並びに軍務局長に対し、繋留気球用水素ガス予算の増額を申し出た。

大正十四教育年度中連合艦隊において使用すべき繋留気球用水素ガスは最小限度に見積り約五万立方メートルとなり、そのうち本年四月までの使用予定量二万七〇〇〇立方メートルに対し告達された予算額は三万二六八八円で一立方メートルあたり一円二一銭余に相当する。しかし今回横須賀軍当部において受け入れた水素ガスは一立方メートルあたり一円八四銭となり、多大な差額が出ている。教育訓練上支障があってはいけないので、本年度予算の増額を至急お取り計らいいただきたい。

予算増額に要する額、一万七〇〇〇円。

大正十四年二月、軍務局長は連合艦隊および横須賀鎮守府に対し現在使用中の銀色塗料を施した繋留気球の使用停止を暗号電報により命じた。これは第三航空船爆発事故の査問委員会の意見具申によるもので、同会嘱託寺田博士の実験によると、静電気発生装置の両極を先ず空間において約一センチの間隙において漸く火花を発生する程度に置いたものを、SS航空船または現用繋留気球に使用中のアルミニューム塗料を施した布片の上に置き、電気を通じたときは約一一センチくらいの間隙において容易に火花を発生する状態となり、これに水素ガスを吹き付けると容易に引火する。アルミニューム塗料を施していない布片の裏面またはアストラ・トウレ飛行船の球皮で同じ実験を行った場合火花は発生しなかった。学理は判然とせず考究中である。

連合艦隊は現在膨張中のものを使用停止して収納し、五月以降の八個は改良型が供給されることになった。

大正十四年六月十二日、軍務局長は横須賀鎮守府司令長官に対し、来る八月上旬樺太方面行動中の軍艦長門に一号型気球を搭載し、航路保安に関する研究に従事させるよう訓令した。
一、研究項目。
艦船航行中航路保安に対する気球使用法
二、横須賀出港前、横須賀海軍航空隊供用中の気球用繋留機一基を取付け、同一号型気球一個を搭載し、行動終了後横須賀において復旧す。
取付並びに撤去に要する経費は軍事費造船造兵および修理費支弁とし、八〇〇円以内を請求を俟って別途配付す。
三、横須賀海軍航空隊職員中より、尉官一人、兵曹・水兵一〇人、機関兵曹・機関兵五人を臨時乗組とする。
四、所要水素ガス量は二二〇〇立方メートル以内とし、請求を俟って別途配給す。
これに対し同年八月二十三日、長門艦長中島晋より横須賀鎮守府司令長官加藤寛治に宛て、長門気球掛将校海軍中尉園山斉作成になる研究報告書「艦船航行中航路保安に対する気球使用法」を提出した。

この報告書には次の四点について実地に研究した成果が記されている。
一、霧中航行における気球使用法
二、暗礁多き海面における気球使用法

三、一般の航海における気球使用法
四、見張員に就いて
大正十四年九月二十二日、十五教育年度に使用する気球について協議するため、軍務局原中佐他、教育局、艦本二部、軍需局、軍令部、連合艦隊、横須賀航空隊の担当者が参集した。協議内容は以下のとおり。

一、一号型気球配給予定

配給期日	連合艦隊	横空隊	記事
一月二十日	一		艦隊の持越数3個は修理して整備すること
二月二十八日	一		
五月十五日	三	一	
六月三十日	三		
八月十五日	二		戦技後供給すること
九月三十日		一	

二、一号型自由気球配給予定
1、自由気球の定数は来る十二月一日、次のとおり改正する。
霞ヶ浦航空隊に対し定数四（常用二、補用二）を新規設定し、横須賀航空隊定数四（常用二、補用二）を定数二（常用二）に改正する。

2、配給予定

配給期日　　霞空隊　横空隊　記事

十四年十二月一日　二　　　この他に貸与中の二個を定数に組替

十四年十二月一日　　　一

十五年六月一日　　　一

三、すでに供給中の気球に対しては年度初頭に厳密な検査を行なうこと

四、気球用繋留機

現に艦隊に供給中の一三基のうち三基を新品と交換する。すなわち艦隊には十四年度と同様に一三基を供用する。また艦隊より還納の三基を修理し、そのうち二基を横須賀航空隊に供給すること。

五、将来大艦用としては電動機付繋留機を製作供給の予定

六、ガスの配給

配給は艦隊、陸上隊ともにガス量を以て行なう。

連合艦隊　　五万立方メートル

横須賀海軍航空隊　三万四〇〇〇立方メートル

霞ヶ浦航空隊　　二万立方メートル

ただし霞ヶ浦航空隊におけるガス量は航空船用を含まず。

七、気球に関する研究事項

1、昼間および夜間射撃観測用としての繋留気球の価値また捜索、偵察、哨戒用としての価値
2、戦艦、巡洋戦艦および一万トン級巡洋艦の各艦種につき四隻編隊の一隊に必要とする繋留気球の戦時定数如何
3、艦隊気球隊員の編成如何
4、現用繋留気球改善事項の研究
5、繋留機据付場所の研究

本件に関し大正十四年十月二十二日、海軍大臣は横須賀鎮守府司令長官に訓令するとともに、連合艦隊司令長官にその旨訓令した。

飛行機や航空船、自由気球、繋留気球といった危険な特種航空勤務に対しては航空加俸という制度があった。これは航空加俸支給規則に基づく措置で、加算判定は勤務部隊の長が行なうことになっていた。例えば大正十五年三月二十五日付で五十鈴艦長から海軍大臣に提出された上申では二月二十八日から三月二十四日までに砲術長松山光治が計一〇回、臨時気球講習修了者の吉田英三中尉が計六回繋留気球に搭乗している。このことから航空加俸の支給実績を調べればいつ、どの艦船が繋留気球を使用したか分かる。加算金額は日額で決まっておりランクがあった。

大正十五年十月二十九日、十六教育年度に使用する気球について協議するため、軍務局第

一課長、教育局第二課長、艦本二部先任部員、軍需局一、二課長、軍令部二課長が参集した。

協議内容は以下のとおり。

一、配給時期および気球数

大正十六年一月中旬　一個

六月下旬　二個

九月上旬　二個

二、所要ガスは三万立方メートルとしガス体として配給する。

本件に関し大正十五年十二月六日、海軍大臣は横須賀鎮守府司令長官に訓令するとともに、連合艦隊司令長官にその旨通達した。

昭和三年六月、艦政本部は敷設艇江之島に繋留気球昇騰仮設備を新設することとし、横須賀海軍工廠に同年八月十五日までに完成するよう命じた。費用は二〇〇円以内とし、造船造兵修理費支弁とした。

昭和四年十一月二十八日、横須賀山城連合艦隊参謀長は海軍省軍務局長あて、昭和五年度連合艦隊第一次第二回教練発射支援のため、繋留気球他を派遣するよう照会した。

一、項目および数量　繋留気球　常用二個、補用一個

高速内火艇　三隻

潜水工　三組（一組三名）

二、使用期間　二月二十七日より約一五日間

三、使用場所　広島湾南北射場および三田尻沖射場

長門における繋留気球の事故

一、1、大正十二年四月八日の事故

報告者　長門航空長職務執行者竹中龍造

2、気球経歴

大正十一年十月　藤倉工業株式会社製造

十二月六日　検査のため横須賀航空隊にてガス膨張

十二月十一日　検査終了、ガス放出

大正十二年三月四日　三田尻在泊中軍艦長門にてガス膨張を行ない、四月八日まで連続昇騰した。その間魚雷発射基本演習等諸作業に使用した。

四月八日　連続三五日間の昇騰により球皮は相当変質していたと認められるが、甲板における最大風速三二メートルは気球の高度二五〇メートルではさらに強風が吹いたと推測され、内圧が高まり破裂したものと思考される。

二、気球番号一一号

1、報告者　長門艦長高橋節雄

2、場所　鎮海湾縣洞錨地碇泊軍艦長門
3、気球経歴
大正十一年十二月　藤倉工業株式会社製造
大正十二年一月十四日　試験検査のため横須賀海軍航空隊にてガス膨張
二月二十三日　ガス放出収納
五月二十六日　高度二五〇メートル、ガス純度九五・九七パーセントにて昇騰中、午前一時二十分どしゃ降りとなり、艦尾上空に電光を認めると同時に副砲発射の如き爆音を聞く。気球は燃焼しつつ降下し、海中に落下した。

三、気球番号一三号
1、報告者　長門艦長高橋節雄
2、場所　大分県佐伯湾碇泊軍艦長門
3、気球経歴
大正十二年二月　藤倉工業株式会社製造
大正十二年四月六日　受領検査のため横須賀海軍航空隊にてガス膨張
五月一日　ガス廃棄収納
七月一日　長門準戦闘射撃の際弾着観測に使用
七月二日　気球降下作業中、急に豪雨となり電光雷鳴と同時にパッという音を発し気嚢上部は火焔に包まれ、最初は徐々に、やがて急速に海上に墜落した。発火から墜落まで一一秒余りであった。

一号型繋留気球の事故

一、気球番号四五号（製造番号七七号）

1、報告者　第四班気球班長海軍中尉園山斎

2、気球経歴

大正十五年一月十一日　藤倉工業株式会社において製造

一月二十一日　横須賀航空隊において空気膨張他外部検査施行

二月一日　三田尻沖軍艦長門においてガス膨張、同日軍艦北上に昇騰、笠戸島沖において教練発射に使用

三月一日　安下庄において軍艦長鯨に移載、引き続き笠戸島沖射場において教練発射に使用

三月十一日　午前三時四十五分、海中に墜落、大破

3、全使用時間　三八日一五時間九分

4、事故原因　低気圧襲来にともなう突風により吊籠の索が切断し、吊籠が海中に落下したため、気球の安定を失い、海中に墜落した

二、気球番号四四号
1、報告者　気球指揮官海軍大尉岸良幸
2、気球経歴
大正十四年十一月　　　藤倉工業株式会社製作
　　　　十二月八日　連合艦隊司令部に受け入れ
大正十五年二月二日　三田尻沖軍艦山城にてガス膨張、膨張時ガス純度九四・五四パーセント
　　　　同日　夕張に移載、由宇沖一水戦教練発射に使用
　　　　二月二十六日　五十鈴に移載、二水戦教練発射に使用
　　　　三月二十五日　午前五時三十七分、安下庄沖にて電撃を受け、焼損落下
3、全使用時間　五〇日一九時間三〇分
4、事故原因　雷の直撃を受け引火燃焼したもの。気球に火焔が出るまで気球の状態に変化なく、落下したのは後半部が燃焼した後であった
三、気球番号四九号（製造番号八四号）
1、報告者　第四班気球班長
2、気球経歴
大正十五年五月十八日　横須賀海軍軍需部より領収
　　五月二十一日　横須賀海軍航空隊において空気膨張内外部検査施行

六月四日　　橋湾古鷹においてガス膨張、爾後古鷹、比叡、霧島において応用教練発射に使用
六月二十六日　午後零時二十五分軍艦比叡において墜落毀損
3、全使用時間　二二日二時間二五分
4、事故原因　昨夜来の降雨のため浮力が著しく減少し、不安定な状態において、至近の山を越えてくる悪気流のため海面に叩きつけられた
5、最近ガス純度　六月十七日測定　九四・〇四パーセント

四、気球番号五十号（製造番号八五号）
1、報告者　清水大尉
2、気球経歴
大正十五年五月二日　　藤倉工業株式会社において製造
五月十日　　横須賀海軍軍需部より受け入れ
六月二十八日　伊勢湾軍艦山城において初度膨張、爾来第一艦隊の訓練に使用す
七月六日　　午前四時二十五分軍艦長門にて台風のため流失
3、全使用時間　七日二〇時間
4、事故原因　強風と豪雨により気球の安定不良となり、繋留索に弛みを生じ、続いて突風に煽られた衝撃で繋留索を切断し、上空に飛揚した。

戦艦と繋留気球

5、場所　樫野崎灯台七〇度、八浬
6、針路および速力　針路二六三度、速力半速九ノット
五、気球番号五一号（製造番号八六号）
1、報告者　北上艦長古川良一
2、気球経歴
大正十五年五月　藤倉工業株式会社において製作
同月　横須賀軍需部より受領
五月十五日　横須賀航空隊において内外部検査並びに調整
七月三日　伊勢湾軍艦伊勢にて初度膨張
第一艦隊第五回基本演習に使用
七月六日　午前四時二十分潮ノ岬二三三度八浬にて台風のため流失
3、全使用時間　二日一七時間
4、事故原因　突風に煽られたため舵嚢は破裂し、気球は下方に突っ込み、繋留索が弛んだ後再び突風のため吹き上げられ集合環が切断した。

気球・航空船に使用する水素ガスの取扱規定
大正十二年六月二十日、横須賀海軍航空隊は気球・航空船に使用する水素ガスの取り扱いについて、次のように規定した。

一、水素ガスの純度は常に八五パーセント以上、五パーセント以下に保つこと。
二、水素ガスの純度は毎日一回以上これを測定、記録し、艦長（司令）は毎日一回その測定記録を査閲すること。
三、水素ガスの純度如何に拘らず火気熱気に注意し、また電気的引火を引き起こさないよう適当の処置を採ること、ガスを充填した気球・航空船の格納中は殊に注意すること。
四、水素ガスの純度が85％以下に下降するおそれがあるときは速やかに純度の高い水素ガスを補給し、純度の回復を図ること。
五、水素ガスの純度を八五パーセント以上に維持することが困難と認めたときは直ちにこれを放出すること。
六、ガス嚢に送入する水素ガスは十分にこれを冷却、洗浄かつ塵埃を混ぜないようにし、できればこれを乾燥させるよう努めること、特にガス容器から送入するときは鉄錆が混入しないよう注意すること。
七、空気房は房内の空気に五パーセント以上の水素ガスを混ぜないよう時々これに新鮮な空気を送入する等適当の手段を講じること

昭和九年二月七日、大湊要港部司令官は海軍大臣に対し、本年四月中旬頃までに特務艦大泊に繋留気球並びに付属装置を装置するよう上申した。その理由は次のとおりである。

従来当部においては機会ある毎に警備並びに兵要調査の目的で北方海面に艦艇を派遣し、同方面における天象気象等について調査を進めてきたが、まだ十分とはいえず、時局並びに

当地に航空隊を設置された関係上北方における航空路開拓の見地よりこの調査を一層徹底しておくことが必要と認められる。また本年四月中旬より六月下旬に至る期間、当部に潜水隊一隊を臨時付属され、当部艦船部隊航空機とともに各種兵要調査を実施する内議があることを承知しているが、春夏の季節に北方海面に行動する艦艇、航空機が当然遭遇する霧に対して行動艦船の一つに繋留気球を装備しておくことは、霧の状況調査並びに保安上の見地より極めて必要と認められる。今夏当部においてはカムチャッカ警備に駆逐隊を充当する関係上、兵要調査には主として特務艦大泊を使用する予定につき、是非とも同艦に繋留気球並びに付属装置を装備しておきたい。

この要望に対する海軍航空本部の回答は以下のとおりであった。

気球は昭和六年官房機密第二二九号により一時廃止され、当時の気球員は他の部署に転換し、気球は軍需部に還納して現在に至っている。したがって今日気球の配備を求めることは極めて困難なるのみならず、在庫気球が実用に適するや否や確認できない。また気球の使用には装備費等相当の経費を要する状況であるから、本上申は見合わせる他にない。

あとがき

気球を軍用に使用したのは日露戦争における旅順攻略戦が始めであった。その後青島要塞攻略戦、支那事変に功績を挙げたが、制空権がないノモンハンでは敵機により撃墜された。これにより気球の運用にあたっては絶対的に制空権が必要となった。

海軍の気球は艦砲射撃、魚雷発射の観測および捜索、偵察、哨戒用として訓練に用いられたが、昭和六年に事実上廃止された。

大東亜戦争初期のシンガポール、バターン・コレヒドールでの活躍を最後に気球は使命を終了、その後は戦争末期に姿を変え風船爆弾としてアメリカ本土奇襲攻撃兵器として使用された。

気球部隊は当初工兵科に、ついで航空科となり、最後に砲兵科とその所管が変化していった。敵情捜索、射撃の観測・修正、空地連絡に使用した方が有利という判断に基づくものであった。

気球に関しては陸軍と海軍の間で、また陸軍内部でも考え方に温度差があった。西南戦争の時には陸海軍が協調したが、日露戦争ではすでに対応を異にした。

わが国の軍用気球の歩みは煎じ詰めるとこういうことであった。

この認識に至った考証の過程を残し諸賢の参考に供する。

それはほんのちょっとしたことから始まった。長く大砲などの研究を続けている間に軍用気球の写真が何十枚も貯まってしまった。気球が好きで貯めたわけではなく、古いアルバムに貼られている大砲の写真などを複写する際についでに撮っておいただけで、そのまま何十年も放っておいたものが一箱分貯まっていた。全部まとめて見たことは一度もない。なんとなく後ろめたい気がしてきたので、平成最後の年に引っ張り出して並べてみた。

丸い気球は今日でもなじみがあるが、楕円形のもの、三角形に近いもの、ボンレスハムのような形態のものなど、色々変わった種類がある。形が違うということは年代も名前も違うのではないか。これは調べておく必要があるな、と思ったのが事の発端である。

つまり自分が納得するために始めた調査であって、本にまとめるなど思ってもいなかった。それにそのときは調べれば簡単に知りたいことが分かるだろうと思っていたから、こんなあとがきを書くことになるとは全くの想定外であった。

さて、気球を調べるにはどの本を見ればいいか。最初に頭に浮かんだのは自分が少年の時代に発刊された『日本航空機総集』だった。飛行機の写真とデータを満載した良い本だったと覚えている。子供には手が出ない価格だったが、後に公共図書館で全巻ずらりと揃っているのを見た記憶がある。あの本には気球のことも書いてあるはずと思い、地元の図書館の蔵書を探したがなかった。内容だけでも確認するためネットで調べた結果、気球については触れていないことが分かった。

次の手は国会図書館のデジタル資料だ。ここには当然ながら貴重な古書がたくさんある。これはと思われる資料を片っ端から見ていったが、軍用気球の識別に役立つ資料は見当たらなかった。

まだ結論が出ないので、この後しばらく手持ちの資料を調べた。といっても航空関係は多くは所有していないが、陸海軍写真帳の類、日露戦役や大演習の写真帳、兵器関係一般書、航空関係一般書、陸海軍雑誌、航空雑誌、飛行機絵葉書などをつぶさに当たっていくと軍用気球や飛行船の写真はたくさん出てくる。しかしどれも一般的な説明にとどまり、この気球が何式または何年式なのか、具体的な説明がなかった。『軍事と技術』にも参考記事があるかもしれないが、記憶にないので無駄足を恐れて今回は省略した。

ここで立ち止まって考えたが、アプローチの仕方が悪いのではないか。知りたいことは軍用気球の制式名称であるから、古い書物をいくら探しても出てくる可能性はない。それなら軍の兵器資料にあたればよいのではとひらめいた。

それからまたしばらくの間、手持ちの兵器資料に首っ引きとなった。今度は明治年代から昭和十年代後半まで大体揃っている兵器学教程など、陸軍の兵器資料をめくっていった。この作業によって分かったことは陸軍の軍用気球は教育上何式といった名称には触れず、型式が変わっても一貫して繫留気球という名称だけを使っていたようだ。

大砲や小火器に対しては例えば九〇式とか、九五式、一〇〇式と固有の制式名称を教えているが、繫留気球については図面上明らかに変化が見られるものでも、名称については繫留気球のまま変えていない。ということでこの観点からの調査も結果を出せずに終わった。ただ図版から分かる外形上の変化からは示唆が与えられた。軍学校の生徒に現用兵器を教える教程の図面が変化したときにはすでにその換装が進んでいたと解釈している。

次の手段は靖国神社と決めた。靖国偕行文庫には開設当時からせっせと通って勉強させてもらったが、ここ十数年は特に調べ事もないのでご無沙汰していた。今では蔵書の検索もネット上でできるようになって利便性が向上した。

靖国偕行文庫では研究が目に見えて進んだ。その一つはわが国砲兵史の泰斗、田等博氏の草稿「気球聯隊」が収蔵されていることだ。この資料は田等氏が砲兵史の一部として記述したもので、大部分は防衛研究所が所蔵する原史料から丹念に書き写したものである。この田等氏の先行研究があったお陰で、それまでに各種資料から得た知識が正しかったことに安堵したり、誤解が分かったことも一再ならずあった。

靖国偕行文庫では雑誌「航空記事」に臨時軍用気球研究会設立前後の話や気球聯隊が砲兵に移管されるときの内輪話が数編掲載されている。当事者の生々しい意見を知ることができ非常に有益であった。また戦前の「偕行社記事」だけでなく、戦後の「偕行」も参照した。

気球隊関係の教範を古書市場で見たことはないが、靖国偕行文庫では手にとって見ることができる。明治三十一年五月に刊行された『軍用軽気球教程・第一版』もある。その内容はすべて諸外国の気球に関する記述で、軍用気球の研究は実物を試作するより先に、外国の文献資料を翻訳して知識を得ることから始まったことが分かる貴重な資料である。

さて最後にたよるべきはやはり防衛研究所である。久しぶりにアジア歴史資料センターで検索してみるとますます充実したようだ。閲覧もさくさくと効率よくできる。気球で検索すると厖大な史料群が出てくる。この中に課題の解答が見つかるかどうか分からないが、こまめに見ていくしかなかろうと、覚悟を決めて取り掛かった。

やはり原史料にはあたるもので、知らなかった数々の事実を発掘することができ、既知の事項であっても裏づけがとれたことは心強かった。特に海軍の繋留気球および自由気球については他に資料が見当たらないので、この史料群に負うところが大きかった。海軍の航空船については『海軍航空史話』『写真日本航空50年史』他を参考とした。

海軍の繋留気球については写真や図面は持っていないが、アジ歴で見た史料にも諸元すら見当たらなかった。ただ数枚の絵葉書に見られる全体的印象からして陸軍と同様フランス式の繋留気球を採用したものではないだろうか。藤倉工業で製造したことは分かっている。

本題の陸軍気球識別法については残念ながら未解明に終わった。繋留気球は九一式、九五式、九八式と変遷したことは制式制定文書で分かったが、それに図面や写真が添付されていないので、諸元での微妙な数値の変化しか手掛かりはない。この数値の変化を兵器学教程の図面上読み取ることは難しい。それらの図面は製作図ではなく見取図に過ぎないからだ。
これをもって万策尽きた。若干の推測を交えて自分の中で答えを出すしかないとの結論に至り、今回の調査に見切りをつけた。この気球は何という名前なのか、そんな小さな疑問から始まった作業だったが、作業が作業を呼び、結論に到達しないまま軍用気球全体にわたる調査をせざるを得なかった。そもそも日本の軍用気球に関する参考書がないことが発端だったので、調査の成果をこのままにするのはしのびなく、再び潮書房光人新社の手を煩わせて刊行の運びとなった。わが国軍事技術史の知られざる一ページが開かれたとまでは言えないが、さらに研究が進むことを期待する。

その他の参考資料

風船爆弾については『砲兵沿革史』『陸戦兵器の全貌』『SMITHSONIAN ANNALS OF FLIGHT Number 9』他を参照した。

一式防空気球説明書はワシントンの議会図書館に保管されている。

二〇二〇年二月　　佐山二郎

NF文庫書き下ろし作品

NF文庫

日本の軍用気球

二〇二〇年四月二十四日　第一刷発行
著　者　佐山二郎
発行者　皆川豪志
発行所　株式会社　潮書房光人新社
〒100-8077　東京都千代田区大手町一-七-二
電話／〇三-六二八一-九八九一(代)
印刷・製本　凸版印刷株式会社
定価はカバーに表示してあります
乱丁・落丁のものはお取りかえ致します。本文は中性紙を使用
ISBN978-4-7698-3161-7　C0195
http://www.kojinsha.co.jp

NF文庫

刊行のことば

第二次世界大戦の戦火が熄《や》んで五〇年——その間、小社は夥しい数の戦争の記録を渉猟し、発掘し、常に公正なる立場を貫いて書誌とし、大方の絶讃を博して今日に及ぶが、その源は、散華された世代への熱き思い入れであり、同時に、その記録を誌して平和の礎とし、後世に伝えんとするにある。

小社の出版物は、戦記、伝記、文学、エッセイ、写真集、その他、すでに一、〇〇〇点を越え、加えて戦後五〇年になんなんとするを契機として、「光人社NF（ノンフィクション）文庫」を創刊して、読者諸賢の熱烈要望におこたえする次第である。人生のバイブルとして、心弱きときの活性の糧《かて》として、散華の世代からの感動の肉声に、あなたもぜひ、耳を傾けて下さい。

＊潮書房光人新社が贈る勇気と感動を伝える人生のバイブル＊

NF文庫

ナポレオンの軍隊　近代戦術の視点からさぐるその精強さの秘密
木元寛明
現代の戦術を深く学ぼうとすれば、ナポレオンの戦い方を知ることが不可欠である——戦術革命とその神髄をわかりやすく解説。

昭和天皇の艦長　沖縄出身提督漢那憲和の生涯
惠　隆之介
昭和天皇皇太子時代の欧州外遊時、御召艦の艦長を務めた漢那少将。天皇の思い深く、時流に染まらず正義を貫いた軍人の足跡。

空戦　飛燕対グラマン　戦闘機操縦十年の記録
田形竹尾
敵三六機、味方は二機。グラマン五機を撃墜して生還した熟練戦闘機パイロットの戦い。歴戦の陸軍エースが描く迫真の空戦記。

シベリア出兵　男女9人の数奇な運命
土井全二郎
第一次大戦最後の年、七ヵ国合同で始まった「シベリア出兵」。日本が七万二〇〇〇の兵力を投入した知られざる戦争の実態とは。

提督斎藤實「二・二六」に死す
松田十刻
青年将校たちの凶弾を受けて非業の死を遂げた斎藤實の波瀾の生涯を浮き彫りにし、昭和史の暗部「二・二六事件」の実相を描く。

爆撃機入門　大空の決戦兵器徹底研究
碇　義朗
究極の破壊力を擁し、蒼空に君臨した恐るべきボマー！　世界の名機を通して、その発達と戦術、変遷を写真と図版で詳解する。